中国轻工业"十三五"规划教材

皮 鞋 工 艺 学

（第二版）

弓太生　万蓬勃　**主编**

U0219862

中国轻工业出版社

图书在版编目（CIP）数据

皮鞋工艺学/弓太生，万蓬勃主编 . —2 版 . —北京：中国轻工业出版社，2024.8

中国轻工业"十三五"规划教材

ISBN 978-7-5184-2389-7

Ⅰ . ①皮… Ⅱ . ①弓… ②万… Ⅲ . ①皮鞋—生产工艺—高等学校—教材 Ⅳ . ①TS943.712

中国版本图书馆 CIP 数据核字（2019）第 033522 号

责任编辑：李建华 杜宇芳 责任终审：滕炎福 封面设计：锋尚设计
策划编辑：李建华 责任校对：吴大鹏 责任监印：张 可

出版发行：中国轻工业出版社（北京鲁谷东街 5 号，邮编：100040）

印 刷：河北鑫兆源印刷有限公司

经 销：各地新华书店

版 次：2024 年 8 月第 2 版第 2 次印刷

开 本：787×1092 1/16 印张：17.5

字 数：401 千字

书 号：ISBN 978-7-5184-2389-7 定价：52.00 元

邮购电话：010-85119873

发行电话：010-85119832 010-85119912

网 址：http://www.chlip.com.cn

Email：club@chlip.com.cn

再版前言

为适应我国高等教育的发展需要，《皮鞋工艺学》（第一版）于 2001 年正式出版了。该教材的出版不仅填补了我国高等教育在该领域中的教材空白，而且也得到了相关院校和行业企业的大力支持，迄今为止印刷次数已达到 15 次。

《皮鞋工艺学》（第一版）得到了广泛的认可，在 2003 年被评为"陕西省优秀教材二等奖"，其配套的多媒体课件曾荣获"陕西省教学成果二等奖"；"皮鞋工艺学"课程也先后荣获"陕西省精品课程""国家级精品课程"及"国家级精品资源共享课程"等殊荣。

如今，全球制鞋产业发生了诸多变化，鞋类生产技术更是突飞猛进。主要表现在一是计算机技术推进了设计与制造流程的机械化和智能化，二是各种新材料不断涌现，三是功能化、智能化的鞋类产品层出不穷。

为不断更新教学内容，笔者在第一版的基础上对以下内容作了修订：

一、删除了有关机器设备调整（调节）内容。一方面是因为本科教育注重学生知识体系的基础性和综合性，专业知识可以在就业后进一步强化。因此，专业课程的学时稍有压缩；另一方面，在高校的相关专业课程设置中，对学生设有"制鞋机器与设备"选修课，学生可以自主选修。

二、保留了线缝鞋的相关工艺内容。在民用皮鞋产品中，虽然线缝皮鞋的占比不高，但随着人们生活水平的升级，个性化的高端定制已形成趋势。无论是对于制鞋企业，还是对于毕业后要创业的学生而言，这部分内容是很有必要的。

三、调整、补充、更新了部分内容：如涂边油、数码印刷、智能生产设备、帮部件组合中的手工操作、绷帮成型工艺、水性胶粘剂、检验标准等。

全书内容共九章，其中绪论、第一至第四章由弓太生编写，第五章至第八章由万蓬勃编写，全书由弓太生统稿。

为便于读者学习，皮鞋工艺学国家级资源共享课程提供了全程教学视频、教学课件等资源，读者可登录爱课程网（www.icourses.cn）学习。

课程网址为：http：//www.icourses.cn/sCourse/course_ 3383.html

由于作者水平有限，书中难免会有许多缺点和错误，恳请广大读者批评指正。

弓太生、万蓬勃
2018 年 11 月

前　言

皮鞋不仅是我国出口创汇的一种主要产品，而且在繁荣市场、满足消费、拉动内需等方面具有重要的作用。如今，我国已经成为全球性的制鞋大国，而如何转大国为强国是摆在我们面前的主要任务。

制约我国制鞋工业发展的根本原因，是"科研和生产结合不够，产品附加值低，设计力量落后；科技、管理人才奇缺，消化吸收国外新技术、新成果的成功率较低。"我国即将加入世贸组织，面临更加激烈的全球化竞争，因此，培养高素质的专业人才已成为当务之急。

我国在高等院校中开设皮革制品设计专业始于 1985 年，到 1998 年才有了相应的本科专业。编写一套适合于皮革制品设计高等教育的教材是专业教育的需要，也是专业教师多年的夙愿。

本教材以胶粘皮鞋的生产工艺为主线，详细介绍了从裁断到成品检验的整个生产过程。对线缝、模压、硫化和注压工艺的有关内容仅做简要的介绍。因不再编写配套的《皮鞋工艺实验指导书》，故对胶粘皮鞋生产工艺流程中各工序的操作方法进行了较为详细的介绍。有关的加工操作手法及新的制鞋机械和设备需与配套的多媒体教材配合使用。

本教材也涉及有关皮鞋生产的材料学、机器设备、分析检验以及工艺设计等方面的内容，但仅做扼要的介绍，因此需与《革制品材料学》《皮革制品生产机器及设备》《皮革制品分析检验》以及《皮革制品设计专业毕业设计（论文）指导书》等统编教材配合使用。

全书共分三个部分。第一部分为裁断篇，分门别类地介绍了各种制鞋材料的性能特点，规格型号，裁断的步骤、方法、所用设备及注意事项，提高出裁率的原则和方法以及消耗定额的制订。第二部分为部件的加工、整型和装配篇，按照加工工艺流程介绍了帮、底部件的加工、整型及装配操作。第三部分为帮底组合篇，以胶粘工艺为主，对其组装工艺的原理、所用机器设备、加工工艺流程、操作方法和产品缺陷及其排除等进行了详尽的论述。对线缝、模压、硫化和注压工艺的有关内容也做了简要介绍。

全书内容共八章，其中绪论、第一章至第六章由弓太生编写，第七章及第八章由万蓬勃编写，全书由弓太生统稿，邢德海高级工程师任主审。

在本教材的编写过程中，中国皮革和制鞋研究院，山东、浙江、江苏、福建、广东、四川等地制鞋企业的技术人员以及西北轻工业学院皮革工程系的许多专家都给予了大力的支持和帮助；邢德海高级工程师对书稿进行了详尽的审定，并提出了许多宝贵意见，在此一并表示衷心的感谢！

由于作者水平有限，书中难免会有许多缺点和错误，恳请广大读者批评指正。

作　者

2000 年 12 月

目　　录

绪　　论

制鞋工业是一个劳动密集型和技术密集型产业，在繁荣市场、满足消费和出口创汇等方面具有重要的作用。

如今，我国已是全球最大的鞋类生产国、出口国和消费国。据统计：2017 年我国鞋类产量达 135.2 亿双，占全球产量的 57.5%；出口 96.78 亿双，占全球出口量的 67.5%；消费 35.98 亿双，占全球消费量的 18.4%。

然而，品牌积淀薄弱、专业人才匮乏、科技创新不足等是制约产业发展的瓶颈问题。因此，培养创新型高素质的专业人才责任重大。

一、皮鞋工业的发展过程

1. 概述

鞋是人类最早的文化产物之一。从我国古代鞋的名称上看，有用草编成的鞋，即屩（juē），也有用麻和葛编成的鞋，即屦（jù），还有用木料做鞋底的鞋，即屐（jī），以及用皮制成的鞋，即履（lǚ）。

为御寒保暖，防止异物损伤、野兽侵袭等，原始人逐渐学会了用动物的毛皮制作鞋靴、衣帽、帐篷和皮筏等生活、生产用品。在欧洲 10000 多年前的洞穴壁画中，画着一幅当时人类脚上裹着"兽皮袜"的图画。战国·韩非子在《五蠹》中写到"古者，丈夫不耕，草木之实足食也；妇人不织，禽兽之皮足衣也"。当时用皮制成的包裹脚的那种"产品"只是皮鞋的雏形，人们在日常生活中很快就发现了兽皮的易腐烂性和易变硬性，并渐渐地学会了处理兽皮的多种方法以及用其他材料做鞋的方法。

我国的制鞋业有着悠久的历史。北京周口店山顶洞出土了 18000 多年前的骨刀、骨锥和骨针等文物，说明我们的祖先已经学会了使用简单工具来加工兽皮了。法国人乔治·拉瓦利在《制革业技术史话》一书中指出：早在公元前 4000 年，中国人就已在使用烟熏鞣法了。1979—1980 年在新疆楼兰孔雀河、铁板河出土的女尸身上，有皮制女鞋和女靴（公元前 3880±95）；在哈密出土的男尸身上有男靴（公元前 3200）。相传在黄帝时代，大臣于则"用皮造履"；商周时期，宫廷中设有金、玉、皮、工、石五种官职。战国时期，孙膑设计出了类似于现代的高腰靴，被认为是制鞋业的始祖。

然而，在 17 世纪之前，鞋类产品基本上是在作坊中以手工的方式制作完成的。17 世纪后期，由于制鞋机械的迅速发展，推动了制鞋业由手工作坊向大规模工厂生产的转变，制鞋工艺中的线缝工艺有了长足的进步。20 世纪 50 和 60 年代，高分子合成工业迅猛发展，制鞋工艺中相继出现了胶粘、硫化、模压、注压等工艺方法。

20 世纪 80 年代初，国内外制鞋界的有识之士纷纷提出了"制鞋材料标准化、部件系列化、生产过程装配化和制鞋设备机械化、自动化"的倡议，各国在该领域中也进行了许多有益的尝试，从而逐步形成了现代皮鞋的生产模式。

2. 制鞋业的技术进步

随着现代科学技术的进步，制鞋业也发生着巨大的变革。主要体现在以下几个方面：

一是计算机技术推进了设计与制造流程的机械化和智能化。三维足形测量不仅为鞋楦设计与数控加工提供了快速测量的手段，而且也为个性化定制提供了便利。款式 3D 设计、智能排料切割机、样板数控切割机、数控片料机、数控缝纫机、数控绷帮成型机、智能帮脚处理、智能黏合面处理、机械臂、飞织机、3D 打印等设备已经在制鞋的各个工序中发挥作用。

除了设计与制造流程外，数字技术在营销中也发挥着重要作用。2016 年 ADIDAS 与英特尔携手，推出了被称为 adiVerse 的数字货架。这种数字货架是一种能让顾客触手可及所有鞋产品的虚拟鞋墙，消费者在店铺中不仅可以任意浏览，还能直接下单。据报道，戴尔和 NIKE 联手，使用触觉技术和 VR 头显进行交互，让设计师能够在虚拟现实环境中更准确地设计、测试运动鞋。

二是各种新材料的不断涌现。新研制的材料除了提升性能之外，更多的是突出环保理念。例如：2014 年西班牙研发出了一种以菠萝叶纤维制成的无纺布材料，2016 年美国研制出用茶叶副产品生产可降解的纤维材料，同年，中国台湾研制出以苹果皮及果渣为主要原料制成苹果皮革等。这些材料都可以代替皮革。2017 年 Reebok 推出了 "Cotton + Corn" 可持续产品计划，鞋面和鞋底分别采用 100%纯棉和玉米制成，采用了 100%可回收的包装。上述材料都由天然的可再生的材料制成，减少了对石化产品的依赖。

2016 年 ADIDAS 使用回收的废旧渔网和饮料瓶等 "海洋塑料碎片" 生产出了运动鞋帮面，2017 年 NIKE 研发出了一种新型再生皮革材料 Fly leather，2018 年荷兰使用从街道上收集的口香糖垃圾制备鞋底等。上述新材料主要是回收使用废旧材料，以减轻环境压力。

据报道，目前 ADIDAS 正在研制一种鞋面布料 Futurecraft Biofabric，该材料比普通布料轻约 15%，具有生物降解性。当鞋被废弃后，只要用一种特殊的酵素浸泡，它会在 35h 后分解。

三是功能化、智能化的鞋类产品层出不穷。除传统的按摩理疗、抗菌除臭产品外，针对拇外翻、扁平足等足疾或孕妇、糖尿病患者等群体的产品也已问世。继 2011 年 ADIDAS 推出 adizero f50 智能足球鞋之后，智能可穿戴设备如雨后春笋般不断涌现。如具有导航、监测运动数据、记录运动轨迹和步态与运动分析、辅助训练等功能的专业产品；具有教练或娱乐功能的智能舞鞋、智能高尔夫鞋；可自由控制鞋内温度、能充电、看视频、自动系鞋带等。

二、皮鞋的分类、结构及命名

作为服装的配套产品，鞋分为布鞋、胶鞋、塑料鞋和皮鞋四个大类。

随着消费水平的提高，人们对服饰的要求也日益提高。由于皮鞋在造型、款式、结构、功能、原料、加工工艺等方面存在着多样性，因而皮鞋的种类也很多。

（一）皮鞋的分类

1. 按穿用季节分

按照穿用季节，皮鞋可分为以下三类：

（1）凉鞋　夏季穿用的皮鞋，帮面以条带、网眼、编织、冲孔等形式为主。根据帮面的透空大小和透空部位的不同，凉鞋又可分为全满式（包括网眼鞋）、全空式、满头满腰空跟式、满头满跟空腰式、满头空腰空尖式、空头空跟满腰式和满跟满腰空头式七种。

（2）满帮鞋　春秋两季穿用的皮鞋。根据帮面结构的不同，满帮鞋可分为整帮式、分节式、对称式、舌盖式、旋转式、透空式和组合式七种。

（3）棉鞋　冬季穿用的皮鞋，多以毡、呢、天然或人造毛皮等保暖性材料为鞋里。根据鞋筒的高低又可分为半高腰鞋、高腰靴和长筒靴。

2. 按制鞋工艺分

按照制鞋工艺，皮鞋可分为线缝鞋、胶粘鞋、模压鞋、硫化鞋和注压鞋五类。

（1）线缝鞋　采用线缝的方法将鞋帮与鞋底结合。根据缝制方法的不同，线缝鞋又可分为透缝鞋、缝压条鞋、缝沿条鞋和翻绱鞋四种。

从总体上看，线缝鞋的加工工艺复杂，劳动强度高，生产效率低，某些成品鞋较重，现主要用于高档男女鞋、劳保鞋和军品鞋的生产。

（2）胶粘鞋　使用胶粘剂将鞋帮和鞋底黏合在一起。胶粘鞋的外底多数是成型外底，容易变换花色品种，成品鞋轻巧美观，而且加工工艺简单，劳动强度低，易于实现大规模的工业化生产，是现代制鞋工业采用最多的帮底结合法。

（3）模压鞋　根据橡胶的热硫化性能，在底模中加入未硫化的混炼胶，通过热、压的作用使橡胶硫化，同时实现帮底结合。模压工艺过程简捷，加工速度快；但需要大型专用生产设备、生产过程的能耗高、污染大，产品的成型稳定性和卫生性能较差，属中低档产品，多用于劳保鞋和军品鞋的生产。

（4）硫化鞋　硫化鞋的生产工艺与模压鞋有相似之处，但在帮底组合过程中不使用底模，而是将未硫化的胶底与帮套临时黏合，然后送入硫化罐，通过热、压作用，使胶料硫化成型，并实现帮底的牢固结合。与模压工艺相比，硫化工艺更为简便，生产效率更高，但产品的成型性和卫生性能差，属低档产品，多用于运动鞋、童鞋等产品。

（5）注压鞋　利用塑料、橡塑并用材料和某些橡胶的热流动性，将这类底料采用注射的方法注入底模，在底料成型的同时，实现帮底结合。在上述五种方法中，注压法的生产效率最高。但注压生产受底料性质的限制。多用于旅游鞋、劳保鞋等产品的生产。

此外，皮鞋还可以按照用途、穿用对象（或鞋的尺码大小）、鞋跟高度或根据材料、穿用方法、穿用场合、装饰手法等进行分类。广大消费者也有一些通俗的分类方法，如男鞋中的绅士鞋、休闲鞋等，这里不再一一介绍。

（二）皮鞋的结构

从整体结构上讲，皮鞋由鞋帮、鞋底、鞋跟和辅件四大部分组成。鞋帮包括帮面、帮里、衬料等；鞋底则包括内底、半内底、中底和外底等。

零件是组成最终产品的最小单元。由若干零件可以组成最终产品的一部分，我们称之为部件。在皮鞋生产企业中，习惯上将皮鞋的部件按照其所在的部位进行划分，因而产生了各种部位部件，如前帮部件、后帮部件、底部件等。

按照工艺操作规程和技术要求，将各种零件组合成部件，以及将各种部件组合成最终产品的过程分别称为部件装配过程和皮鞋总装过程。

除造型设计、结构设计、色彩搭配、楦型及材料的选用等设计过程外，将原、辅材料加工成各种零件、部件直至最终产品的全过程称为生产过程。

一个产品的完整技术资料除生产用的裁断刀模、楦体和原、辅材料的样品外，主要包括设计技术资料和工艺技术资料。设计技术资料包括产品的实物照片或彩色立体效果图、帮部件图、里部件图、底部件图、鞋跟部件图、部件组合图、全套生产样板（包括扩缩后的样板）及设计思想等；而工艺技术资料则主要包括部件组合过程图、工艺流程图和涉及各加工工序的操作规程、所使用的机器设备和工具、技术要点和质量检验标准等内容的工艺说明书。

（三）鞋的部位

制鞋工艺理论中将相对于脚的上、下、前、后、左、右的不同位置称为鞋或鞋楦的部位，如第一跖趾部位、第五跖趾部位、腰窝部位、踵心部位、踝上部位、腿肚部位、内怀和外怀部位等。

（四）鞋的部件

皮鞋的部件是由零件组合装配而成的，有的零件本身就是部件。零部件的名称是由其形状（如鞋耳、鞋舌）、所处的部位（如前帮、后帮）、所起的作用（如保险皮）或所用的材料和性质（如松紧布）等所决定的。各主要零部件在成鞋中所处的位置如图0-1所示。

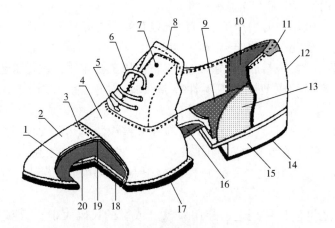

图 0-1　鞋的零部件

1—内包头　2—包头　3—缝帮线　4—中帮　5—锁口线　6—鞋带　7—鞋眼
8—鞋舌　9—后跟垫　10—后跟里　11—保险皮　12—后帮　13—主跟　14—鞋跟面皮
15—鞋跟　16—勾心　17—外底　18—内底　19—前帮里　20—鞋垫

1. 鞋帮

除底部件和鞋跟部件之外的其余部分称为鞋帮。鞋帮部件主要由帮面、帮里、衬件和辅件等组成。

（1）帮面　根据其所处的部位或功能，组成帮面的零部件主要有前帮、中帮、后中帮、后帮、靴筒等。

前帮是指包裹在脚背前部的部件。由于皮鞋款式的不同，前帮部件的名称也多种多样，如前帮盖、前帮围、包头、横条皮、鞋舌、鞋耳、前条皮等。

中帮是指前帮小趾端点以后、后帮以前的部件。

后中帮是指鞋耳与外包跟之间的部件，主要用于耳式鞋。

后帮是指包裹在脚跟部位的部件，包括外包跟、保险皮、提带皮等。

靴筒是半高筒、高筒及长筒靴中包裹脚腕以上及小腿部位的部件。

（2）帮里　主要包括条带式帮里、整帮里、前帮布里、后帮皮里、鞋垫、后跟垫、鞋舌里、护耳皮、护口皮、靴筒里等。

从鞋的卫生性能、穿用舒适性能及美观等要求来看，鞋里部件应具有吸湿、耐磨、耐曲折等性能，有一定的支撑作用，外露部位美观。

（3）衬件　主要是指夹在帮面和帮里之间的，起支撑、定型和保护作用的部件，如主跟、内包头、合缝衬布等。

（4）辅件　主要是指鞋带皮、鞋钎皮、沿口皮、编织件、穿条编花皮、装饰件、嵌线皮和毛口等。

2. 鞋底

鞋底部件主要由外底、内底、半内底、中底等零件组成。从材质上看，外底主要有皮底、橡胶底、塑料底、橡塑底和 PU（聚氨酯）底五类。中底主要用于军用鞋、劳保鞋等重型鞋靴。其他底部件还有包内底皮、前掌、前插掌等。

需要说明的是，在一些皮鞋企业中，人们往往把内底称为中底或趟底，这与企业以生产民用皮鞋为主有关。

3. 鞋跟

从材质上看，鞋跟可分为皮跟、胶跟、木跟和塑料跟等四类。鞋跟部件包括包鞋跟皮、鞋跟里皮、鞋跟面皮、插鞋跟皮和鞋跟围条皮等。

皮鞋零部件的名称及定义详见表 0-1。

表 0-1　　　　　　　　　　　零部件的名称及其定义

	零部件名称	定　　义
帮面部件	鞋 帮 部 件	包括帮面、帮里和装饰件等的部件总称
	前　　帮	包裹在脚背前部的部件的总称
	包　　头	分节式鞋中前帮小趾端点以前的帮面部件
	前 条 皮	中开缝式鞋中压盖前帮中心合缝的条形皮
	前 帮 盖	围盖式鞋中前帮中部的半椭圆形部件

续表

	零部件名称	定 义
帮面部件	前帮围	围盖式鞋中前帮边缘的 U 形部件
	横条	横条舌式鞋中横向安装在跖跗部位的条形部件
	中帮	前帮小趾端点以后、后帮以前的部件
	鞋舌	安装在跗背部位的舌形部件
	鞋耳	耳式鞋中安装在跗背部位的、形状像耳朵的部件
	后中帮	耳式鞋中鞋耳与外包跟之间的部件
	后帮	中帮之后的部件总称
	外包跟	包裹在后跟部位的部件
	保险皮	增强后帮合缝处强度的部件
	提带	安装在鞋后帮上口，便于提拉穿鞋的条形部件
	靴筒	半高筒、高筒及长筒靴中包裹脚腕以上及小腿部位的部件
	鞋带皮	旋转式及凉鞋产品中绕过脚背的条带形部件
	鞋钎皮	固定鞋钎用的条形皮
	沿口皮	起美化装饰和加固鞋口边沿作用的条形部件
	毛口	棉鞋和童鞋产品中起美化装饰和保暖作用的天然或人造毛皮等
	皮条	用于帮面编织、穿条、编花等用途的条形皮
	编织件	用天然皮革或其他材料编织而成的部件
	装饰件	美化装饰帮面、底沿及外底面的部件
里部件与衬件	嵌线皮	夹在两个部件之间的、起帮面分割和美化装饰作用的条形皮
	前帮里	安装在鞋前部的里部件，多为皮质、布质或代用材料
	鞋舌里	鞋舌的里部件
	中帮里	三节式鞋里中的中段里部件，多采用代用材料
	后帮里	安装在鞋中、后部等外露部位的里部件，多为天然皮里或代用材料
	后跟皮里	三节式鞋里中后跟部位的里部件，多采用绒面里革
	鞋带里	鞋绊带的里部件
	靴筒里	靴筒的里部件
	鞋垫	黏合在内底面上与脚底面直接接触的里部件
	中衬	夹在帮面与帮里之间的衬件，多数为衬布、衬绒或海绵衬
	合缝衬布	安装在后帮合缝处，起补强作用的条形衬布
	护口皮	对鞋口起保护作用的条形衬件
	护耳皮	鞋耳部位起增加鞋眼安装牢度的条形衬件

续表

	零部件名称	定 义
鞋底部件	外 底	直接与地面接触的底部件
	中 底	用于劳保和军品鞋等重型鞋靴的、位于内外底之间的底部件
	内 底	直接与脚底接触的,或粘有鞋垫的底部件
	半 内 底	位于内底之上或之下,增加内底硬度和衬托力的底部件
	前 掌	外底面上腰窝部位之前的底部件,起增加外底耐磨性的作用
	前 插 掌	位于内外底之间的、腰窝部位之前的底部件,起加固外底的作用
	沿 条	位于鞋底边缘,缝合在帮脚上起美化装饰及增强作用的条形部件
	盘 条	位于后跟部位与沿条相接的 U 形部件
	装饰性沿条	位于鞋底边缘,黏合在帮脚上起美化装饰作用的条形部件
	包内底皮	包裹在凉鞋内底边缘或将整个内底面包覆的,起美化外观作用的部件
	主 跟	夹在后帮面与里之间的,起支撑、定型作用的部件
	勾 心	位于内底之下,对腰窝部位起支撑和加固作用的增强件
	填底心材料	介于内外底之间的填充材料,起垫平作用,多为片材或碎料
鞋跟部件	胶 跟	用橡胶制成的鞋跟
	木 跟	用木料制成的鞋跟
	塑 料 跟	用硬质塑料制成的鞋跟
	假 皮 跟	具有皮跟外观的,由其他材料制成的鞋跟
	压 跟	安装时用鞋跟跟口部位将外底压住的鞋跟
	卷 跟	安装后外底与鞋跟跟口面(及鞋跟小掌面)黏合在一起的鞋跟
	长 插 跟	前端达到外底腰窝部位的长鞋跟
	包鞋跟皮	包裹在木跟、塑料跟或皮跟外面的天然皮革或合成革
	插鞋跟皮	装在盘条面上的皮革
	鞋跟围条皮	又称为外掌条,是安装在外底与鞋跟之间的,起垫平和垫高鞋跟作用的部件
	鞋跟里皮	制作皮跟用的皮革
	鞋跟面皮	安装在鞋跟小掌面上,起增加鞋跟耐磨性作用的部件

(五) 皮鞋的命名

原轻工业部与国家标准局在 1981 年颁布了 GB 2703—1981《皮鞋工业术语》,规定皮鞋的命名应按照以下顺序并涵盖以下内容:帮面材料→鞋帮式样→鞋底式样→帮底组合工艺→鞋底材料→使用对象、成鞋类别。

工厂中普遍采用简便、通俗的命名方法,也有按照以下顺序和内容对皮鞋产品进行命名的:帮底组合工艺→帮面材料、色泽→式样→穿用对象、季节→鞋号、型号。

企业命名法与部颁命名法均有局限之处。另外,在人们日常生活中和销售系统中又有多种习惯命名法,这里不再一一叙述。笔者认为:从科学、系统、全面的角度上看,皮鞋的命名顺序及内容应包括：帮面色泽、材料→鞋帮式样→鞋底、材料式样（包括跟型）→帮底组合工艺→使用对象、季节→穿用对象→鞋号、型号。

例：银灰色胎牛皮斜浅口组合底墙形磨砂跟胶粘晚装女鞋230（二型）

三、皮鞋工艺学的构成

皮鞋工艺学是研究皮鞋生产的理论和实践的一门科学。其研究对象为皮鞋生产的理论和加工技术，研究内容是将根据脚型规律、楦型结构及美学知识设计出的各个鞋部件，通过使用一定的机械设备、工具，经过一定的操作步骤，按照一定的技术操作要求和产品标准组合在一起的生产工艺过程。

制帮工艺是按照设计的样板和技术要求，将原材料裁剪成制帮所需要的各种帮部件，经过各种加工整型操作，将零散部件装配成一个完整帮套的过程。因此，制帮工艺分为裁断和帮部件整型装配两部分。

制帮工艺不仅是皮鞋工艺学的重要组成部分，而且是帮样结构设计的基础，也是制订制帮工艺规程和技术质量标准的依据。

帮底组合工艺是根据工艺操作规程和技术标准的要求，通过各种技术加工及辅助材料的作用，将完整的帮套与底部件和辅件组合成成品鞋的过程。因此，帮底组合工艺分为底料加工工艺和帮底组合工艺两部分。其中底料加工工艺内容包括底料的裁断、整型，皮底、胶底等底部件的装配；而帮底组合工艺内容则涉及线缝、胶粘、模压、硫化、注压等五种方法。

工艺设计是制帮工艺和帮底组合工艺的有机结合，它对节约原辅材料，优化工序流程，降低能耗，提高生产效率及产品质量具有重要意义。

如今，皮鞋工艺的研究重点放在了"制鞋材料标准化，部件系列化，生产过程装配化和制鞋设备机械化、自动化，不断开发新材料、新功能，提高劳动生产率"方面。

制鞋工艺技术是一门复杂的工艺技术，所涉及的内容十分广泛，包括运动学、生理卫生学、矫形学、微生物学、化学、机械、电子、美学、民族学等学科。近年来，激光、光电、自动控制、CAD/CAM等先进技术在制鞋工业中也得到了应用。例如，在皮鞋的色彩设计、造型设计和结构设计中，设计人员必须综合考虑美学、消费心理学、民族学等方面的因素；如何提高鞋的穿用舒适性能将涉及运动学、生理卫生学、材料学和微生物学等；对畸形脚具有保护和矫正作用的皮鞋，在其设计和加工过程中将涉及矫形学；帮料裁断中使用的刀模裁断、激光裁断、高压水束切割，对样板尺寸和帮料上伤残的自动识别系统，以及绷帮成型过程等，都与物理、机械、电子技术、光电技术、自控技术、CAD/CAM及人工智能等密切相关；皮鞋生产过程中主跟、内包头的回软，胶粘剂的固化，成品鞋的修饰，胶粘、注压、模压、硫化等帮底结合法，都涉及化学和材料学方面的知识。

皮鞋工艺学是服装设计与工程专业的主要专业课之一，其目的是使学生掌握皮鞋生产过程的原理，并结合工艺实验、生产实习、毕业实习及毕业设计等实践环节，掌握各主要工序的操作方法和技能，能够独立设计工艺流程、编写工艺操作规程，分析和解决生产过程中出现的技术和质量问题。

皮鞋工艺学是一门实践性很强的课程，其内容也随着科学技术的进步而不断地更新和扩充。要求学生注重理论联系实际，在实际操作中巩固和验证所学的理论知识，提高运用理论解决实际问题的能力，并不断地更新和充实专业知识。

思 考 题

1. 四种缝制鞋各有何特点？
2. 鞋部件的名称有哪些？各有何作用？
3. 皮鞋命名时应包括哪些内容？

第一章 裁 断

裁断是制鞋过程的第一道工序。它是根据设计要求，借助于下料样板、各种刀模、工具或裁断设备，将制鞋材料划裁成既定形状、规格的帮件、里件、底件、辅件等的过程。

裁断过程进行得好坏与产品质量和产品成本的关系很大。这是因为皮鞋有部位的主次之分（如前帮盖、后帮内怀等），而与合成革、毛毡、织物等材料不同的是，皮鞋生产的主要原材料——天然皮革，有部位的主次、好坏之分。因此，要"看皮下料"，即根据皮革的形状、面积、伤残、厚薄、绒毛长短、色泽等，选择适当的互套方法，合理利用伤残。

第一节 帮料概述

制作鞋帮的材料叫作帮料，主要包括面料、里料和衬料。

帮料裁断是以设计图中的部件图尺寸（或下料图尺寸）为标准，把整块的面料通过机器或用手工方式划裁成不同的鞋帮部件，为组装加工做好准备的过程。

一、各种帮料的特点

制鞋常用的帮料有：天然皮革（包括裘皮）、合成革/人造革、纺织材料（含无纺材料）三大类。其中天然皮革为最主要的制帮材料。

（一）天然皮革

各种天然皮革的共同特点是：柔软、透气、耐磨、强度高，其中高吸湿性和透水汽性（即卫生性能）以及天然的粒纹是其他材料所无法比拟的。但天然皮革存在部位差、表面伤残和力学性能的各向异性等缺点。

制帮用的天然皮革主要是鞋面革和鞋里革两类。

鞋面革一般采用铬鞣法或以铬鞣为主的结合鞣法制成，牛面革的厚度一般为1.2~1.4mm，较厚的可达1.4~1.8mm；山羊鞋面革的厚度一般为0.8~1.2mm。

鞋里革的鞣制方法以铬鞣和植鞣为主，分本色鞋里革和涂饰鞋里革两类，也可根据原料皮的来源分为头层鞋里革和二层鞋里革。

1. 天然皮革的分类

制鞋用天然皮革的种类很多，分类的方法也多种多样。

按照动物皮来源的不同，天然皮革可分为家畜类、野兽类、海兽类、鱼类、鸟类、两栖类及爬虫类七类。在现代皮鞋生产中，牛皮、羊皮和猪皮等家畜类皮革为主要面料，而鳄鱼皮、鸵鸟皮、袋鼠皮、蛇皮、鱼皮等则主要用于高端定制或高档成品的配皮。

按照加工处理或层次的不同，天然皮革可分为正面革、修面革、绒面革和二层革四种。

按照成品皮革的名称，天然皮革可分为：压花革、搓（摔）纹革、油浸革、打蜡革、磨砂革、苯胺革、漆革、金（银）革、缩纹革和剖层绒革等。

2. 制帮用主要天然皮革

制帮用天然皮革主要为牛皮、猪皮和羊皮。图1-1为三种天然皮革的粒面花纹示意图。

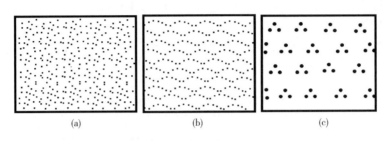

图1-1　三种天然皮革的粒面花纹示意图
（a）牛皮　（b）山羊皮　（c）猪皮

（1）牛皮　制帮用牛皮主要有黄牛皮、水牛皮和牦牛皮三种。黄牛皮的毛孔小，粒面细致、美观，部位差小，厚薄较均一，利用率高，抗张强度高；水牛皮的毛孔稀疏、粗大，粒面粗糙，张幅大，纤维编织疏松，弹性差；牦牛皮的毛孔密，粒面比黄牛皮的稍粗，因油脂含量高，纤维编织较疏松，部位差较大，背部有虻眼等伤残。从多方面的综合质量来看，三种牛皮的质量优劣顺序为：黄牛皮→牦牛皮→水牛皮。

（2）羊皮　羊皮分绵羊皮和山羊皮两种。绵羊皮的粒面细致、光滑，皮薄，延伸性大，强度较低，一般用于皮衣的生产；山羊皮的粒面较细致、光滑，纤维束较粗壮，编织紧密，强度高，常用于女鞋的生产。

（3）猪皮　猪皮毛孔粗大，三根一组，呈"品"字形排列；毛贯穿整个真皮层。猪皮透气性好，纤维束粗壮，编织紧密，强度高，耐磨，部位差大。

（二）人造革/合成革/超纤革

人造革、合成革和超细纤维合成革（简称超纤革）属于人工合成的第一、第二、第三代仿革产品。

1. 人造革

人造革是第一代人工皮革，通常以机织物或针织物为底基，由合成树脂添加各种塑料添加剂制成混合物为涂层材料涂覆或贴合在底基上而制得一种外观、手感似革的塑料制品。

人造革的分类方法很多，最常用的是按照所用树脂材料进行分类，主要有聚氯乙烯（PVC）人造革、聚氨酯（PU）人造革、PU／PVC复合型人造革三种，以及少量的聚烯烃人造革、聚酰胺人造革。

PVC人造革是早期产品，制造成本低，但不透气，不透湿，属于"仿形"阶段产品。在人造革发展过程中，PU 逐渐代替 PVC 作为涂层是一个里程碑。根据加工工艺不同，PU 人造革又分湿法 PU 人造革和干法 PU 人造革两种。

PVC 人造革的重量轻，手感柔软、丰满，但伸长率较大，不适宜制作受力较大的帮面部件，可用于女鞋和童鞋；不宜机缝，可采用高频热合法进行部件间的结合。大部分 PU 人造革具有一定的吸湿和透湿能力，在物理机械性能方面接近合成革。PU／PVC 复合型人造革是在 PU 面层和底基层之间夹入 PVC 泡沫层的产品，具备两种涂层的优点，且强度较高。

从成品来看，除 PVC 人造革、PU 人造革、PU／PVC 结合型人造革外，常用的人造革还有 PVC 泡沫面革和植绒人造里革。

鞋用人造革的理化指标与合成革相似，但强度低，一般用于沿口、鞋里、鞋垫等。表 1-1 为聚氯乙烯人造革的主要性能指标。

表 1-1　　　　　　　　　聚氯乙烯人造革的通用物理力学性能指标

性能指标		品　　种	
		平纹布 PVC 发泡人造革	斜纹布 PVC 发泡人造革
厚度/mm		0.7～1.0	0.7～1.0
拉伸负荷/N	经向	≥200	≥400
	纬向	≥150	≥300
断裂伸长率/%	经向	≥4	≥8
	纬向	≥10	≥13
撕裂负荷/N	经向	≥12	≥20
	纬向	≥12	≥20
剥离负荷/N		≥15	≥18
表面颜色牢度/级		≥4	≥4
耐折牢度/万次		≥20	≥20
耐寒性能（-20℃）		表面不裂	表面不裂
老化性		表面不裂	表面不裂

2. 合成革

一般说来，人造革是以纺织布或针织布为底基，而合成革是以非织造布（无纺布）或由天然皮革纤维制成的无纺物为底基的，以微孔或膜结构聚氨酯为面层，其外观和性能都与天然皮革相似。

早期的聚氨酯合成革是采用普通合成纤维制成的非织造布，经过 PU 树脂浸渍或涂层后加工制成的仿天然皮革结构的合成革。目前合成革行业主要采用离型纸转移涂层生产干法聚氨酯合成革，成革膜层致密，产品强度优异，黏合牢固，但卫生性能较差。与干法 PU 合成革相比，湿法 PU 合成革具有更加丰满的手感，较好的透气和透水汽性能。

合成革表面光滑，通张厚薄、色泽、强度等性能均匀一致，各项理化指标均接近天然皮革，其防水性、耐酸性、耐碱性，耐微生物性均优于天然皮革。但卫生性能差，不耐高温、高寒，易老化。

合成革除可制成粒面革和光面革外，还可以制成绒面革。合成革常用于女鞋、凉鞋、浅口鞋的帮面及沿口皮、鞋里皮、鞋垫皮等。因其延伸性小，设计时应适当加大加工余量。运动鞋用聚氨酯合成革主要性能指标见表1-2。

表1-2　　　　　　　　　　　运动鞋用聚氨酯合成革主要性能指标

性能指标		品　种		
		普通鞋面用	高剥离鞋面用	高剥离耐水解鞋面用
厚度/mm		≥1.0		
拉伸负荷/N	经向	≥250	≥300	
	纬向	≥200		
断裂伸长率/%	经向	≥35		
	纬向	≥40		
撕裂负荷/N	经向	≥30	≥40	
	纬向			
剥离负荷/N	经向	≥30	≥90	
	纬向		≥80	
顶破强度/MPa		≥1.6		
耐折牢度	23℃，20万次	无裂口		
	-15℃，6万次	—	无裂口	
耐摩擦色牢度/级	干摩擦	≥4		
	湿摩擦	≥3~4		
耐黄变性/级		≥3	≥4	
耐磨耗性		—	涂层未磨穿	
透水气性/[mg/(cm²·h)]		≥1.0		
柔软度/mm		2.0~4.0		
耐热粘着性/级		≥4		
耐水解性-水解后剥离强度/(N/3cm)	经向	—	≥70	
	纬向			

3. 超纤革

人工仿制皮革的产业化生产已有几十年历史，经历了从低档到高档，从仿形到仿真的发展过程，其某些特性甚至超越了天然皮革。近年来超细纤维合成革（超纤革）异军突起，性能指标有了很大的提高。

超细纤维合成革是指用海岛纤维制成的非织造布为底基，经 PU 树脂浸渍或涂层，减量（甲苯或碱减量）后形成超细纤维/聚氨酯复合材料，再经过不同的后整理工序制成具有类似天然皮革微观结构的高档合成革。

超纤革具有类似于天然皮革的外观和三维立体的网状纤维结构，具有极其优异的耐磨性能，优异的耐寒、透气、耐老化性能。此外，还具有良好的撕裂强度、拉伸强度，耐折性、耐寒性、耐霉变性等，成品厚实丰满，VOC（挥发性有机化合物）含量低，表面易清洗。不足之处是产品价格高。

按照产品外观形式，超细纤维合成革可以分为光面型和绒面型。表 1-3 为烟台万华合成革集团有限公司聚氨酯束状超细纤维合成革的主要性能指标。

表 1-3　　　　　　　　鞋用聚氨酯束状超细纤维合成革的主要性能指标

性能指标		厚度/mm			
		1.20±0.10	1.40±0.10	1.60±0.10	1.80±0.10
表观密度/(g/cm³)		≤0.60			
拉伸负荷（经纬向）/N		≥120			
断裂伸长率（经纬向）/%		≥25			
撕裂负荷（经纬向）/N		≥60			
剥离负荷/N		≥35			
崩裂性	高度/mm	≥7.0			
	负荷/N	≥100			
耐折牢度/级	23℃，50 万次	≥4			
	−10℃，2.5 万次	≥4			
表面颜色牢度/级	干摩擦	≥4			
	湿摩擦	≥3			
	汗液摩擦	—			
透湿度/[g/(cm²·h)]		≥0.5			
耐水度/min		≥1			
吸水度/%		≥15			
耐热黏着性/级		≥4			

（三）织物及辅料

1. 织物

制帮中常用的织物有细帆布、绵维混纺布、维纶布、平纹布、亚麻布、富荣布、丽新布、格子布、尼龙网格布、衬绒、双面绒、仿羊绒、起毛绒、天鹅绒、蜂巢绒、毡等。合成绒面鞋里革则属于无纺类材料。

织物材料的特点是：轻、薄、透气、延伸性小且规整；能改善鞋的卫生性能、保暖性能、穿着舒适性及成鞋的成型稳定性；通片均匀一致，有利于套裁、叠裁；价格低，可降低鞋类产品的原材料成本。

在皮鞋生产中，织物一般用作鞋里。

2. 辅料

辅料具有连接、装饰的作用，如常见鞋眼（圈、钎）、铆钉、四合扣、带环、鞋带、橡筋布、尼龙粘扣、拉链及丝、棉、麻缝线（绳）等。辅料也可赋予成鞋以一定的功能，如固型支撑用的非织造布、纸板，用于内包头和主跟的皮革、热熔胶片、黏合用的各种胶粘剂等。

二、天然皮革的部位划分与鞋帮部件下裁间的关系

天然皮革存在着部位差别，即不同的部位其纤维的编织、强度、厚薄、用途等也不相同。因此，对天然皮革进行部位划分和研究是"看皮下料"的前提。

（一）天然皮革的部位划分

天然皮革的部位划分是根据动物的形体特征来进行的，一般说来，大牲畜的皮可以分为以下七个部位，如图1-2所示。

①背部：表面光滑，粒面细致，纤维编织紧密，面积大，质量仅次于臀部。用于鞋头、外侧、靴筒等主要部件。

②臀部：纤维束粗壮，编织紧密，强度和耐磨性最好，使用价值最大。用于前帮等主要部件。猪皮臀部最厚，局部处理后仍较硬，毛孔也较明显。马皮臀部有两块椭圆形皮，俗称"股子皮"，特别坚硬、光滑、平整，但透气和透水汽性小，用于重定型的鞋头、鞋盖、外侧、凉鞋前条带等主要部件。

③颈肩部：纤维编织比背部松，表面粗糙，皱纹多，质量位居第三，用于后帮、包跟、靴筒。猪皮颈部长有鬃毛，毛孔特别粗大。用于内侧和外侧后片、包跟皮、靴筒等。

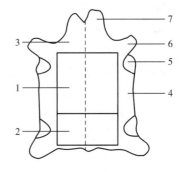

图1-2　天然皮革的部位划分
1—背部　2—臀部　3—颈肩部　4—边腹部
5—腋部　6—四肢部　7—头部

④边腹部：纤维编织更疏松，皮薄，延伸性大，弹性差，物理强度低。用于内侧后片、鞋舌、鞋带、后垫、拉链皮、中底包条、搭位、护口条、帮脚等次要部件。

⑤腋部：薄、松软、质量最差。用于护耳皮、鞋舌等次要部件。

⑥四肢部：大牲畜才有。组织较为疏松，质地僵硬，面积小，属于次要部位，用于鞋舌、后垫等次要部件。

⑦头尾部：大牲畜才有。面积小，下裁次要部件。

（二）天然皮革各部位的物理性质

由于皮革各部位的纤维粗细程度、编织紧密程度以及主纤维走向的不同，各部位的抗张强度、耐曲折性、耐磨性、延伸性及弹性等物理性能均不同。根据力学性能可将皮革部位划分为以下四类，如图1-3所示。

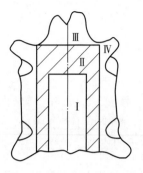

图 1-3 天然皮革的力学性能

①Ⅰ类部位：背臀部。纤维束最粗壮，编织最紧密；抗张强度最大，延伸性最小；以抗张强度为 100 分计，当其承受 22.5MPa 的应力时，伸长率小于 20%。

②Ⅱ类部位：肩背部。物理机械性能稍次于Ⅰ类部位，抗张强度为 74~100 分。在定应力 22.5MPa 下，伸长率为 20%~26%。

③Ⅲ类部位：颈腹部。物理机械性能稍次于Ⅱ类部位，抗张强度为 49~74 分，在定应力 22.5MPa 下，伸长率为 26%~60%。

④Ⅳ类部位：腹肷部。物理机械性能稍次于Ⅲ类部位，抗张强度小于 48 分，在定应力 22.5MPa 下，伸长率为 60% 以上。

（三）天然皮革各部位的延伸方向

天然皮革是由以胶原纤维为主要成分编织而成的，其织角介于 0~90°。

纤维编织紧密且织角大，该部位的延伸性就小；反之，纤维编织疏松、织角小，该部位的延伸性就大。

当某一部位的主纤维走向与其受力方向垂直时，该部位的延伸性就大；反之，若某一部位的主纤维走向与其受力方向相同时，该部位的延伸性就小。

由上可知，在天然皮革上裁鞋帮部件时，必须综合考虑部件的受力情况和下裁部位的力学性能。若下裁部位及方向出现失误，不仅会增加工序中的操作难度，更重要的是会影响产品的外观和使用寿命。因此，凡在延伸性明显的部位进行套划时，必须按照工艺操作要求进行。天然皮革延伸性较明显的部位及其延伸性较大的延伸方向如图 1-4 所示。

（四）鞋帮部件的下裁部位与皮革纤维走向间的关系

在天然皮革上下裁鞋帮部件时，必须综合考虑部件的受力情况和下裁部位的力学性能。图 1-5 为几种鞋帮部件的受力示意图。不同的鞋帮部件，其受力情况是不

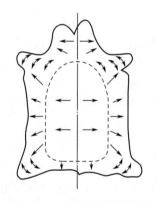

图 1-4 天然皮革的延伸性

同的，所以应在不同的部位，按照不同的方向进行下裁。但由于皮鞋的款式千变万化，难以用较小的篇幅一一叙及。因此，在套划前必须熟悉样板结构，对每一个部件都要进行受力分析，了解该部件在生产过程中及成鞋穿用过程中受力的大小和方向，从而确定下裁部位和下裁方向。

常见的帮部件下裁方向如下：

①包头：是鞋靴前尖部件，取横向，其两侧会自然包裹鞋楦，帮脚褶皱少，容易服楦。

②中帮：需要较高的强度，必须取纵向，可防止绷帮歪斜。

③鞋盖：一般按所使用皮革的延伸情况而定。皮革厚且结实的，其伸长强力大延伸性较小，因鞋盖需要较大的延伸性，故取横向；皮革较薄又柔软时，其延伸率一般较

大，所以应该取纵向。

④围条：取纵向，以满足较大抗张力的需要。但前帮围条呈 U 形，其内外两侧纹缕必然存在差异，容易造成前帮歪斜现象，故在确保外侧后部应是直纹的情况下，前部围条两侧可以是斜纹。

⑤后帮：受纵向拉力，需要较大的抗张强度，必须取纵向。

⑥鞋耳：受系带方向较大的抗拉伸力，故采用纵向。

⑦鞋口：包括护口皮部件，在穿用时承受着很大的张力，一般采用纵向下裁；而包软口的鞋口部件，需要在弯折面上平顺并尽量减少皱褶，应采用横向或斜向。

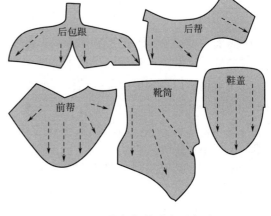

图 1-5 鞋帮部件受力示意图

⑧后包跟：虽然受力较大，但有主跟等内衬的作用，采用纵向下裁。

⑨鞋舌：一般为纵向下裁。

⑩条带：一般都承受较大的抗张强力，必须纵向下裁。

⑪保险皮：经受剧烈摩擦和拉伸，是最易磨损的部件。为了增强牢度防止断线或裂缝，需要在优质部位纵向下裁。

总的来说，部件在生产过程中及在成鞋的穿用过程中的受力方向应该平行于皮革的背脊线方向，因为在这个方向上皮革的抗张强度最大，延伸性最小，耐折性也最好，皮鞋在穿用过程中不容易产生变形。需要注意的是：在皮革的主要部位（如皮心部位），皮革力学性能的各向异性不明显，因此，在裁断过程中往往不刻意追求下裁方向。

三、天然皮革的等级划分与伤残利用

1. 天然皮革的等级划分

根据其利用率的高低，天然皮革是在检验后进行等级划分的。同时要综合考虑所制备的鞋的档次、客户能够接受的瑕疵、皮料的强度和张幅大小等因素，通常分为五个等级，见表 1-4。

2. 天然皮革的伤残利用

在动物的饲养及皮革的制造过程中，天然皮革往往带有各种各样的伤残和缺陷，在皮鞋帮料上的使用有如下要求：

①烙印：牧场主人为辨认自己的动物而做的标记。鞋面的任何部位均不可使用。

②描刀伤：制革过程中伤及皮的网状层甚至乳头层而留下的刀痕。鞋面的任何部位均不可使用。

表 1-4 天然皮革的等级划分

等级	利用率/%	
	进口	国产
A	≥85	≥90
B	75~85	80~90
C	65~75	70~80
D	55~65	60~70
E	≤55	≤60

③开口伤：由外因而引起的擦伤、刮伤、划伤且伤口未愈合的伤痕。鞋面的任何部位均不可使用。

④裂面（浆）：在制革过程中原皮受损部位受细菌侵蚀而使毛孔变粗变大或涂饰不当造成的缺陷。鞋面的任何部位均不可使用。

⑤闭口伤：由外因而引起的擦伤、刮伤、划伤且伤口已愈合的伤痕。轻微闭口伤可用于鞋面内外怀部件。

⑥横纹：皮革表面的天然粗条纹（特别是颈部和腹部）。仅可用于鞋的后跟位置，其他部位均不可接受。

⑦松面：皮革乳头层与网状层分离。仅可用于鞋的后跟位置、包边条位置，其他部位均不可接受。

⑧虫斑：由虱子、飞虫叮咬而在皮面上留下的伤痕。不得用于鞋盖等主要部件，可用于内外怀部件。

⑨血管纹：处理时生皮血液未排尽而留下的纹路。鞋盖等主要部件不可使用血管纹较明显的皮料。

⑩色差：由于革厚度不同等原因造成染色不均匀或不同批次生产而产生的颜色差异。要求配双作业。

⑪污染：皮革加工过程中防污工作不当或不够而造成的缺陷。

总之，由于天然皮革的售价较高，在整个成鞋成本中的占比较大，因此，合理利用伤残是节约原材料、降低成本的主要内容。在制鞋企业中，凡是不影响成鞋强度和外观质量的伤残一般都会用在鞋的次要部件及次要部位上。

第二节　底料概述

用于鞋靴底部的材料以及固型补强材料（主跟、内包头）称为底料。按照设计要求，将整块底革或其他底料下裁成具有一定形状、规格的底部件的过程，称为底料的裁断。

一、各种常用底料及其特点

常用底料的种类很多，总体上可以分为天然类和合成类。天然类底料主要包括天然底革、木材、竹等；合成类底料主要包括橡胶、塑料、橡塑并用材料、再生革、弹性硬纸板等。

木材在皮鞋的生产过程中应用较少。据报道，生长于我国陕西秦巴山脉及欧洲地中海地区的栎木树的树皮是一种性能良好的鞋材。由于六边形中空充气的细胞结构，使得这种鞋材具有质轻、极好的弹性和减震性、隔热保暖性能，外观保持着天然软木的贝壳纹，并且具有防滑、防水、耐折和耐磨等优点，可以用于皮鞋、运动鞋、休闲鞋、沙滩鞋、凉鞋、拖鞋等产品的外底、中底、中底内衬及鞋面衬等。

（一）天然底革

用于制作鞋靴外底、内底等底料的专用皮革称为天然底革。因其重量大，并且按照重量单位进行计量、销售，故又称为重革。

1. 天然底革的种类及部位划分

根据所用的原料、鞣制方法、部位或层次以及用途等的不同，天然底革的分类方法也不同。同面料一样，用牛皮生产底革时，一般都沿背脊线分割成两片；也有为了保证产品质量而将牛皮分割成小块，分别制成牛皮心革、牛肩革、牛头革和牛边革等；一般都用整张的猪皮进行底革的制造。

按照所用原料皮的不同，天然底革可分为黄牛皮底革、水牛皮底革、猪皮底革等。按照用途的不同，天然底革可分为外底革、内底革、主跟、内包头革等。按照鞣制方法的不同，天然底革可分为植鞣革、铬鞣革、结合鞣革（重植轻铬、重铬轻植）等。按照部位或层次的不同，天然底革可分为牛皮心革、牛肩革、牛边革、牛头革、二层革等。

①牛皮心革：原料取自牛皮的臀背部，成品在所有底革品种中质量最好。其纤维束粗壮，纤维编织紧密，革身坚韧、平整、富有弹性。主要用于外底、沿条、跟面皮等主要部件。

②牛肩革：也叫牛前截革，原料取自牛皮的颈肩部，是沿牛前肢两腋部的横向连线划分的，质量仅次于牛皮心革。但牛肩革的部位不同，其质量也不同。靠近肩部的革其纤维束较为粗壮，编织也较为紧密，故质量较好，具有一定的弹性和强度；而靠近颈部的革，其纤维编织较为疏松，表面的横纹较大，横向的延伸性大。肩部可以下裁外底，其余部位主要用于内底、半内底等部件。

③牛边革：原料取自牛皮的边腹部，由前后肢部、腹部和腋部组成。其纤维束较细，编织疏松，厚薄不匀，软硬不一，缺乏弹性，横向的延伸性大。主要用于半内底、主跟、内包头等部件。

④牛头革：原料取自牛皮的头部。其成品的面积较小且多孔，厚薄不匀，手感僵硬，质量最差，主要用于主跟、内包头等部件。

此外，按照其厚度的不同，天然底革还可以分为特厚类、厚类、中等类、薄类和特薄类五种。

2. 天然底革的主要特点

天然底革相对密度较大，颜色为较深或浅淡的褐色，表面具有皮革特有的光泽，质地强韧，耐曲折，不断裂，有优良的透气性、吸水性和排湿性，是一种优质的天然鞋底材料。从粒面、纤维编织到物理机械性能，天然底革的一般性能与面革相似，但鞣制方法不同，底革的性能也不同。

①植鞣底革：从外观上讲，根据鞣制时所用的鞣剂不同，植鞣底革可能呈黄色、橙色或红棕色。与其他鞣制方法的底革相比，植鞣底革革身厚，硬度高，可塑性强，持钉力大，吸水性小，卫生性能好。但植鞣底革的耐热性差，其收缩温度仅为80℃左右。

②铬鞣底革：是专用于制底的铬鞣革。具有强度高、吸水性大、耐磨性好等特点。特别突出的是耐热性，其收缩温度可达100℃。适用于模压、硫化等工艺，但其硬度小，成型性差。

③结合鞣底革：结合鞣底革是指采用铬、植两种方法结合鞣制而成的革。其表面性

质接近于植鞣革，但强度、耐热性、耐磨性等均已提高。

重铬轻植鞣革具有薄、软，耐高温、耐磨等特点，适用于模压、硫化工艺；重植轻铬鞣革又称为三明治革，具有成型性好、可塑性强等特点。

3. 天然底革的质量鉴别

天然底革的质量鉴别方法分为感官鉴别法和实验鉴别法两种。

感官鉴别法主要是通过手摸、眼看来观察、鉴别底革的革身、革面、革里、切口和色泽等。这种方法迅速、方便，但需要检验者具有丰富的经验，否则结果不一定可靠。

实验鉴别法又分为化学检测和物理–机械性能检测两个方面。化学检测是对天然底革的水分含量、吸水性和油脂含量等指标进行化学检测；物理–机械性能检测则是对天然底革的厚度、抗张强度、伸长率、密度和收缩温度等进行检测。

4. 天然底革的利用率

与面革一样，在物理和化学性能都达到产品标准的前提下，天然底革也可以按照其利用率的大小进行等级划分。

底革的利用率是指其有效使用面积与总面积的百分比。可按式（1-1）进行计算：

$$U = \frac{A - A_1 - A_2/2}{A} \times 100\% \tag{1-1}$$

式中：U 为底革利用率；A 为总面积；A_1 和 A_2 分别为主要伤残缺陷面积和次要伤残缺陷面积。

由上式可知底革的伤残率 $P = 1 - U$。

天然底革的主要伤残缺陷指粒面破裂深度在革厚的 1/3 以上、纤维组织已全部或部分受损害而毫无使用价值的伤残缺陷，包括生心、僵硬、虻眼、起层、血筋、刀伤等。

次要伤残缺陷指粒面未破裂、深度在革厚的 1/3 以下、纤维组织未受损害而尚有使用价值的伤残缺陷，包括色花、蚤疔、痦癞、霉斑、虻点等。

天然底革的伤残缺陷按其分布的形式又可分为聚集型和分散型。聚集型是指伤残缺陷之间的距离小于 7cm；而分散型是指伤残缺陷之间的距离在 7cm 以上。

由于部分次要伤残缺陷可以利用，故在底革利用率的计算中，次要伤残缺陷的面积只取了其 1/2。

5. 底革类型与制鞋工艺间的关系

不同类型的底革是按不同的工艺生产的，因而具有不同的性能和特点，其主要的应用范围也就不同。一般说来，植鞣革适用于线缝鞋和胶粘鞋，重铬轻植鞣革适用于模压鞋和硫化鞋，重植轻铬鞣革适用于注压鞋、模压鞋和冷粘鞋，而再生革则适用于冷粘鞋。

（二）合成类底料及其特点

合成类底料主要包括橡胶、橡塑并用材料、塑料、弹性硬纸板、再生革等。

1. 橡胶类

橡胶是天然的或合成的高分子化合物。皮鞋工业中所用的橡胶类材料具有高弹性、耐磨性、耐曲挠、绝缘、防水、耐酸碱等特点。

按照化学成分，皮鞋工业中所用的橡胶类材料可以分为天然橡胶、合成橡胶和其他橡胶材料。

按照成品的种类，橡胶材料可分为成型底、橡胶片材、条形材料和橡胶胶料四种。

（1）成型底　是指橡胶混炼后，经模具压制并硫化成型的一种橡胶底材，包括：

①全掌成型底：主要用于胶粘和线缝工艺。在胶粘鞋生产中可以使用由全掌成型底制成的组合底。它由全掌外底和后跟两部分组成，有厚型、薄型两类和不同的尺码，厚型适用于皮靴、棉鞋和劳保军品鞋，薄型适用于单鞋。

②带跟成型底：主要用于胶粘工艺。在民品胶粘鞋中用量最大。采用这种外底进行生产时，操作方便、迅速，可以大大提高生产效率。带跟成型底有不同的尺码和规格，分别适用于男、女、童鞋的生产。由于带跟成型底较重以及外观及质量等原因，近年来其用量逐渐减少，多用于中低档产品。

③橡胶前掌：指只有外底前掌部位的成型外底。它是为了增加天然底革前掌部位的耐磨性，广泛应用于军品和劳保鞋，以延长其使用寿命。

（2）橡胶片材　指加工成一定厚度的片状橡胶材料，包括女式压跟鞋和卷跟鞋用外底和中底、发泡胶片、跟面皮、包鞋跟皮等，主要用于胶粘工艺。在硫化工艺中也使用片状的中底、主跟和内包头。

（3）条形材料　指加工成一定形状和规格的条形橡胶材料，包括线缝鞋用沿条，胶粘鞋用装饰性沿条，硫化鞋用内、外胶条等。

（4）橡胶胶料　指橡胶经过混炼后，仍然处于生胶状态的、不稳定的混炼胶，多采用模压、硫化工艺制作外底，同时实现帮底结合。

2. 橡塑并用类及热塑性弹性体

橡胶材料具有高弹、耐磨、耐曲挠、绝缘、防水等优良性能，但是，橡胶材料在加工时需要大型的专业加工设备，且加工过程中的能耗及污染都很严重，生产周期也较长；而塑料材料具有耐腐蚀、耐油、耐磨、绝缘、质轻、价廉等特点，特别是其易于加工成型，但塑料材料的弹性和耐热性较差。如今，橡塑并用材料和热塑性弹性体已经广泛应用于各行各业，它们是由橡胶和塑料经过物理共混或化学方法制成的一种新型材料，而热塑性弹性体则是通过化学合成方法制成的高分子材料。

在制鞋行业中使用的材料有仿皮底、轻胶片、高压聚乙烯橡胶底、聚氯乙烯橡胶底、SBS 底、EVA 橡胶底、PU 热塑性弹性体等。

3. 塑料类

塑料材料是由天然或合成材料为主要成分制成的高分子材料，可以采用注压工艺加工成型。塑料材料具有耐腐蚀、耐油、绝缘、价廉等特点，可以制作外底、半内底、主跟和内包头。

在制鞋行业中使用的有 PVC、EVA、PU 底等。

4. 弹性纸板类

弹性纸板类由硫酸盐木浆或棉浆经过打浆、抄纸、脱盐、层压黏合、老化、干燥和整饰等工序制成，厚度一般为 1.0~3.0mm，规格有 1350mm×920mm 和 1320mm×920mm 两种。其特点是平整、结实，质地硬，弹性好，遇高温不收缩，便于成型，适用于做模压鞋、注塑鞋的内底，也可以做模压鞋的勾心及高跟鞋的半内底。

近年来，弹性硬纸板革类的材料在胶粘鞋生产中的应用日益广泛。

5. 再生革类

再生革由皮革下脚料与其他纤维性材料混合在一起，经过粉碎、施胶和压片等操作制成。其外观呈灰褐色，具有耐热性高、加工性能好和价格低廉等特点，主要用于内底、（足球鞋）中底等。在低档产品中也可以使用由再生革制作成型的主跟和内包头。表 1-5 为再生革——铬鞣革长网成型内底革的主要理化指标。

表 1-5　　　　　　　　铬鞣革长网成型内底革的主要理化指标

项　　目	指　标	项　　目		指　　标
厚度/mm	2.4~2.8	密度/(g/cm³)		0.8~1.1
抗张强度/MPa	9.8~12.2	pH		4.0~4.5
延伸率/%	10~40	水分/%		12~18
耐曲挠性/万次	1~3	吸水性/%	2h	<30
			24h	60

6. 合成底料的利用率

与面料一样，合成底料特别是合成底料片材是在测定其厚度的基础上，按照利用率的大小进行等级划分的。

一般说来，合成底料片材的形状为长方形。将一片合成底料平铺在操作台上，在 4 个角上距边 10cm 处分别确定 4 个点，测定其厚度后，求出平均值，即为底料的厚度。

与天然底料相比，合成底料在外观及内在质量都比较均匀一致，但也存在着某些缺陷，如薄档是指在低于标准厚度下限 10% 的部位；操作伤是指在合成底料生产中所形成的缺陷部位，包括成网针刺折叠，收缩初始荷叶边，上胶不匀，真空干燥初始折叠轧伤等缺陷。这些缺陷也分为聚集型缺陷和分散型缺陷两种，具体参照天然底革的有关部分。

合成底料的利用率是指其有效使用面积与其总面积的百分比。

$$U = \frac{A_Z - A_Q}{A_Z} \times 100\% \qquad (1-2)$$

式中：U 为合成底料利用率；A_Z 为总面积；A_Q 为缺陷总面积。

二、天然底革的部位与底部件下裁间的关系

同面料一样，天然底革也存在着通张厚薄不匀、表面有伤残以及力学性能具有各向异性等缺点。而不同的底部件有不同的质量要求，甚至同一底部件的不同部位也有不同的质量要求。因此，为确保产品质量和材料的合理利用，必须掌握天然底革的部位划分及其与底部件下裁间的关系。

成品底革一般可以分为背臀部（Ⅰ类部位）和肩腹部（Ⅱ类部位）。

（一）外底部件的质量要求

外底，俗称大底，是皮鞋的主要部件，其质量的优劣直接影响着产品的外观及穿用质量，因此必须给予足够的重视。

1. 外底的受力分析

在制鞋生产及穿着使用过程中，外底部件的不同部位要经受不同的外界因素影响，因而对不同部位有不同的质量要求。图1-6给出了外底不同部位的受力情况。

①外底前尖处：承受地面障碍物的撞击，尤其是当鞋的前跷偏低时及在穿用初期，该部位的磨耗剧烈，因而也是断线、开胶的主要部位。同时，该部位也是鞋的主要外露部位，因此，要求具有良好的耐磨性、可塑性和外观质量。

②前掌心部位：呈锅底形，与后跟共同支撑躯体。它是鞋的最先着地点，也是行走时脚的后蹬力作用点，所以磨耗最严重。要求具有较高的耐磨性。

当人体处于负重状态或掌心部位已被磨损时，掌心四周部位才开始承受磨损，是磨耗逐渐扩散的部位。

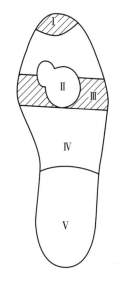

图1-6　外底的受力分析

Ⅰ—外底前尖　Ⅱ—前掌心　Ⅲ—跖趾关节部位
Ⅳ—腰窝　Ⅴ—后跟

③跖趾关节线部位：在穿着使用过程中承受频繁的曲折，是外底折断、断线、开胶的主要部位。该部位处于从前掌向腰窝的弧形过渡处，因此要求具有一定的耐折强度、弹性和可塑性。

④腰窝部位：不与地面接触，所承受的摩擦力较少，但承受一定的压力和拉伸应力。由于有勾心和半内底的辅助补强作用，除特殊产品外，一般不强调要求该部位的抗张强度和硬度。但它也属于主要的外露部位，因而要求其外观质量较好。

⑤后跟部位：被鞋跟部件所覆盖，既不与地面接触，又不外露，要求具有较高的持钉力。

2. 外底的质量要求

外底在穿用过程中要经受摩擦、弯曲、撞击、水浸等外界因素的影响，因此要求外底部件具有较高的耐磨性、耐折性、硬度和耐水性。外底部件在穿用过程中属于外露部件，因此要求具有一定的外观质量。由于后端要钉跟，故外底前端的质量要好于后端质量。

在制鞋工艺过程中，外底部件又要经受压缩、针刺、钉钉、黏合、压型等物理或机械的加工。因此要求外底部件具有一定的抗张强度、持钉力、可塑性和弹性。天然皮革外底的选裁时应在背臀部裁取，纤维以纵向较适宜，要求每只外底的材料厚度基本一致，满足外底加工后的质量要求。

穿用对象和制鞋工艺的不同，对皮质底料的厚度要求也不相同。表1-6列出了外底厚度要求。

表 1-6　　　　　　　　　外底厚度要求　　　　　　　单位：mm

底革类型	男鞋外底		女鞋外底		童鞋外底	
	线缝工艺	胶粘工艺	线缝工艺	胶粘工艺	线缝工艺	胶粘工艺
黄牛底革 猪底革	3.5~4.0	>3.3	3.0~4.0	>2.8	>2.5	>2.2
水牛底革	4.0~6.0	>4.0	3.5~5.0	>3.5	>3.0	>2.7

（二）内底部件的质量要求

内底部件主要包括内底和半内底。由于这些部件所起的作用不同，因而它们的厚度及质量要求也不同。

1. 内底

内底，俗称腔底，很多企业又称之为"中底"。实质上鞋靴产品结构中的确有"中底"这个部件，它位于内底和外底之间，多用于军品鞋和安全防护产品。而运动鞋类的大底是由中底和与地面接触的外底组成。由于此类中底往往使用了轻质发泡材料，因此成鞋非常轻便，而其外底则是一层薄薄的耐磨层。

内底位于外底和鞋垫之间，在穿着使用过程中要承受曲挠、拉伸及脚汗等外界因素的影响。要求内底材料的耐折性能高，吸湿、耐汗及透湿性能好，具有弹性和一定的硬度，表面平整，不松软。

鞋类产品品种及加工工艺不同时，对内底材料的质量要求也不同。一般规律是：线缝鞋内底优于胶粘鞋内底，男鞋内底优于女鞋内底，高跟鞋内底优于平跟鞋内底，凉鞋内底优于满帮鞋内底，外露的内底优于被遮盖的内底。

①缝沿条工艺所用内底：要经受针锥扎孔的穿刺力、收线时的拉伸力等，要求内底具有一定的厚度，其纤维编织应紧密，以保证缝沿条时纤维不断、锥孔不裂、粒面无皱褶、针码不外露。

真皮材质的内底部件应在背肩部和质量较好的边腹部下裁。当外底为天然底革且采用纵向下裁时，内底则应横向下裁，使鞋底易弯曲。若外底为橡胶底时，内底则纵向下裁，以增加外底的成型性，防止外底长度的收缩或延伸。

②胶粘工艺所用内底：应具有良好的可塑性和弹性，忌用僵硬无绒的底革。女式中、高跟鞋内底的后端要具有一定的硬度，钉跟的内底要求紧实、不松软，具有持钉力。

③模压、硫化工艺内底：在制鞋过程中要经受高温作用，要求具有好的耐热性。天然底革在高温下容易焦化变脆，因此现今鞋厂多采用合成底料。

表 1-7 列出了真皮内底的厚度要求。

2. 半内底

半内底位于腰窝至后跟部位，用于增加内底硬度，增大对腰窝部位的托力，也是装跟的基础，增加装跟牢度。因此，要求半内底材料应具有一定的硬度和弹性。皮质半内底可以在颈肩部和四肢硬度较好的部位下裁，也可以使用弹性硬纸板。表1-8列出了真皮半内底的厚度要求。

表1-7 　　　　　　　　　　　　真皮内底的厚度要求　　　　　　　　　　　单位：mm

工艺类型		男　鞋	女　鞋	童　鞋	凉　鞋
线缝	手　工	>3.0	2.8~3.0		
	机　缝	>3.5			
胶粘		>2.5	1.8~2.0	1.8~2.0	2.2~2.5

表1-8 　　　　　　　　　　　　真皮半内底的厚度要求　　　　　　　　　　单位：mm

男　鞋	女　鞋		童　鞋
	平跟鞋	高、中跟鞋	
3.2	2.5~3.0	3.0	2.0

（三）主跟、内包头的质量要求

主跟和内包头分别位于鞋的前后端，其作用是支撑定型，保持鞋的成型性，同时对脚起到保护作用。因而要求所用材料具有一定的可塑性、弹性和硬度。不同的产品，其穿用对象及穿用场所不同，所受到的外力也不同，因此对主跟、内包头材料的要求也会不同。如安全防护鞋所用的主跟、内包头材料要优于民品鞋所用的主跟、内包头材料，男式三接头鞋所用的主跟、内包头材料要优于轻便软帮鞋所用的主跟、内包头材料等。

采用天然底革做主跟、内包头时，一般在边腹部及颈肩部下裁。下裁方向主跟选横向，避免产生坐跟；内包头选纵向。表1-9给出了常用主跟、内包头的厚度。

表1-9 　　　　　　　　　　　常用主跟、内包头厚度　　　　　　　　　　单位：mm

部件名称	男　鞋	女　鞋	童　鞋
主　跟	3.2~3.5	2.8~3.2	1.6~1.8
内包头	2.8~3.2	1.5~2.0	1.0~1.2

（四）鞋跟面皮、鞋跟里皮、包鞋跟皮、插鞋跟皮的质量要求

1. 鞋跟面皮

鞋跟可分为皮跟、胶跟、塑料跟、木跟等，其与地面接触的一面称为鞋（后）跟小掌面。若无任何保护措施，小掌面则极易被磨损。鞋跟面皮是鞋跟小掌面上与地面直接接触的一个部件。在穿着使用过程中，鞋跟面皮要承受重力和摩擦力，特别是随着鞋跟高度的增加、鞋跟小掌面的面积减小，与地面的摩擦力则增大。因此，鞋跟面皮的质量要求等同于或高于外底的质量要求。另外，鞋跟面皮是主要的外露部件，要求外观质量好。鞋跟面皮的厚度一般为5mm以上，如今已很少使用皮质的鞋跟面皮，而是使用由代用材料制成的鞋跟面皮。

2. 鞋跟里皮

鞋跟里皮又称为拼鞋跟皮。皮质鞋跟（即皮跟）是由鞋跟里皮一块块、一层层地拼接、堆积而成，其堆积的层数和高度是由鞋的跷度、跟高及鞋跟里皮的厚度所决定。拼接时要求所用的真皮底革材料尽量一致，否则在制作浅色鞋跟时，烫蜡后的色泽深浅不一。鞋跟里皮可以在边腹部和肢肷部下裁，也可以用小块的边角料拼接。如今皮鞋所装配的鞋跟已不再使用真正的皮跟了，而是使用仿皮跟。

3. 包鞋跟皮

包鞋跟皮是包裹在皮跟、塑料跟或木跟外面的轻革或底革部件。底革包鞋跟皮是底革经过多层黏合、压制、切片等操作制成。包裹后的鞋跟外观光亮、真皮感强。包鞋跟皮应在臀背部纵向下裁，厚度一般控制在 3.5~4.0mm，其要求每层的厚度基本一致。包鞋跟皮材料必须具有较高的强度，皮质松软或僵硬、有浮肉的材料都不宜使用。因为皮质松软的底革经黏合切片后，没有较强的韧性，用于包鞋跟时经不起拉伸，极易发生断裂和开胶；或者由于软硬搭配不当，易使产品表面产生高低不平和松壳现象，严重影响产品外观。因此，材料必须纤维编织紧密，有较高的抗张强度。目前制鞋企业已不再使用由真皮底革切片制成的包鞋跟皮了。

4. 插鞋跟皮

插鞋跟皮位于线缝鞋盘条与外底之间或外底与胶跟之间，形状同鞋跟大掌面，有垫平后跟处或调节后跟高度的作用。插鞋跟皮材料要求具有一定的硬度，可以在边腹部下裁。其厚度要求为：男鞋 3mm 以上，女鞋 2.2~2.5mm，童鞋 2mm。

（五）条形底部件的质量要求

条形底部件主要包括沿条、装饰性沿条、盘条和外掌条等。

1. 沿条

沿条位于鞋底边缘，分别与帮脚和外底缝合，是帮脚和外底之间的连接物，起到增加帮底结合的作用，同时也可以遮盖绷帮皱褶。非装饰性沿条必须结实而具有韧性，硬度和可塑性适中，外观平整，无明显的缺陷，以保证缝线线迹清晰、美观。下裁时应选用革背部，下裁方向与所用材料有关。当选用牛皮底革时，为了能使沿条在操作时顺势盘转，则应取横向下裁；选用猪皮底革时，如果仍然采用横向下裁，在操作中经过盘转拉伸，其表面的毛孔就会更加明显，且在收紧缝线时，易造成纤维断裂的现象，因此应该纵向下裁。其厚度要求见表 1-10。

沿条皮要求结实、紧密、柔韧，硬度和塑性要适当，外观平正不松壳，质地均匀一致。黄牛底革可在背部取横向顺序排列，而猪底革沿条应取纵向裁断。

由于革背部坚韧，腹部较疏松，鞋外侧对沿条的品质要求较高，因此需将背脊的一边用作鞋外侧的沿条，故靠背脊处用笔画一条虚线以示区别；而内腰窝对沿条的要求较低，可在靠腹部下裁。

2. 盘条

同沿条一样，盘条也是位于鞋底边缘但仅在后跟部位的一个 U 形部件，分别在跟口线处与沿条连接，是帮脚和外底之间的连接物，起到增加帮底结合，遮盖绷帮皱褶，并使鞋跟大掌面与后跟帮面子口严丝合缝的作用。盘条材料要求结实，不能用僵硬的材料。下裁时应选在颈肩部，取横向下裁。其厚度要求见表1-10。

表1-10	沿条、盘条厚度要求		单位：mm
部件名称	男　鞋	女　鞋	童　鞋
沿　条	3.5~4.0	3.0~3.5	2.0
盘　条	4.0~4.5	3.0~3.5	2.0~2.5

3. 外掌条

外掌条也称为外盘条，位于外底和鞋跟之间。与盘条一样，其形状也是U形，但由于它位于外底之下（而盘条位于外底之上），故称之为外掌条。其作用、下裁部位和方向以及质量、厚度要求同盘条。

第三节　提高出裁率的原则

无论是天然底革，还是合成底料，如果排料得当，部件穿插严密，伤残利用正确，就可以提高底料的利用率；相反，如果排料套划不合理、不严密，没有正确使用伤残，不仅会造成材料的浪费，而且还会影响产品质量。

天然皮革是制鞋用主要面料，其成本占原料总成本的50%~70%。因此，提高天然皮革面料的有效利用率，对降低产品成本、提高经济效益具有极其重要的意义。

前已叙及，在纤维粗细和编织紧密程度、革身厚薄、粒面状态、力学性能等方面天然皮革存在着部位差别，而皮鞋上不同部件对皮革外观及力学性能的要求也不相同。由于鞋帮部件样板形状各异，块数的多少和面积的大小也不一样，因此，为了寻求合理的套划方法，在套划之前必须对所划品种的全套样板进行仔细分析研究，找出部件之间的套划规律。

提高出裁率即提高原材料的利用率，其基本的原则主要有先主后次、先大后小、好坏搭配、合理利用伤残、合理套划。

一、先 主 后 次

皮鞋部件有主次之分。所谓主是指帮或底的主要部件，如前帮、前帮盖、三接头式的中帮、外底、内底、主跟、内包头等。这些部件在皮鞋生产及产品的穿着使用过程中要承受较大的作用力，因而要求所用皮革具有良好的物理力学性能。这类部件应该在臀背部优先下裁。而后跟皮、鞋舌、后帮内怀皮、中底、鞋跟里皮、插鞋跟皮等属于次要部件，在皮鞋生产及产品的穿着使用过程中承受的作用力较小，可在次要部位进行划裁。

二、先 大 后 小

天然皮革的形状、面积大小不同，其伤残的深浅、位置、面积大小也不同；而鞋的尺码有大有小，鞋部件的形状、大小、质量要求也不同。先划裁大尺码、大面积的部件，不仅可以综合考虑部件的受力大小和方向等力学性能问题，而且有利于避让或利用伤残，划裁时有回旋的余地。另外，在检查套划好的大部件时，若发现有质量问题，尚可改划小部件。在套划完大部件后，如部件之间尚有空隙，可在空隙处划裁次要部件（如保险皮、鞋舌等），做到物尽其用。

三、好坏搭配

同一批天然皮革其粒面粗细、色泽、厚薄基本一致，但质量不同。因此，要在好皮上多裁主件，次皮上多裁次件，即在好皮的次要部位上也可以下裁主要部件，而在次皮的主要部位上可下裁次要部件，做到好坏搭配。

四、合理利用伤残

在帮面方面，有伤残、缺陷的皮革用在那些可以被掩盖起来的部位，例如帮脚处，因为经过绷帮和胶粘，帮脚夹在内、外底之间，对产品的外观质量无影响，但疮疤、管皱等伤残影响胶接强度，不可用于帮脚处；其他可以利用伤残、缺陷的部位有：内怀腰窝处（可利用的伤残有虻眼、鞭花、轻微松面、轻微裂面等）、部件的镶接处、片边茬折边处、压印商标处、鞋舌处、沿口处；使用真皮里料时，鞋前腔部及护耳皮等部位的里料可以使用有伤残、缺陷的皮革。

从底部件在皮鞋中的作用来看，并非所有底部件的质量要求都是一样的。有些部件要求具有弹性、耐磨性、延伸性及可塑性，有些部件要求具有硬度，还有些部件在厚度上有特殊的要求，即使在同一部件上也有前后和主次之分。因此，需根据不同底部件所起的作用来决定其质量要求。在不影响产品质量和外观的前提下，采用拼接等方法，充分利用各类伤残缺陷。例如，除外底前掌外，虻点可用于各种底部件表面；深度不超过 1/4 的干裂可用于主跟、内包头和半内底；除外底前掌外，虫点可用于各种部件；脱色可用于外底、内底、主跟和内包头被覆盖的部位；虻眼、痂癞及深度不超过 1/3 的划伤可用于主跟、内包头和半内底。

底部件正确使用伤残缺陷的方法如下：

1. 遮盖法

将底革上的一些轻微缺陷放在成鞋被掩盖的部位或不外露的部位上使用。

底革上的轻微缺陷一般是指粒面略粗，有蚤疗、鞭花、虻点、脱色等。这类伤残缺陷的特点是革的内在质量较好，具有一定的硬度和厚度，但外观上有轻微的伤残缺陷。因此，根据底革部件的质量要求，可以采用遮盖法使用这类伤残缺陷的底革。

如果成品鞋需要粘鞋垫，其内底部件就可以使用带有这类伤残缺陷的底革，如果成品鞋不需要粘鞋垫，而且属于满帮鞋，其鞋前尖内腔处及后跟部位粘后跟垫处均可以使用带有这类伤残缺陷的底革；半内底夹在内底和外底之间，除皮质松软的材料不能使用外，其他有轻微伤残缺陷的底革均可以充分利用；主跟、内包头是装在帮面和帮里之间的，也可以使用这类有轻微伤残缺陷的底革。

2. 拼接法

由于天然底革的张幅大小和伤残的位置、深浅、大小等均不一致，因此在下裁较大的部件时，往往难以做到严密套划。为了保证底革的充分利用，可以在部件的次要部位采用拼接的方法，合理使用伤残缺陷。如外底裁断时，在保证前掌部位质量的前提下，其后跟部位可以采用拼接的方法使用一些有伤残缺陷的底革，但拼接长度不得大于后跟部位的 2/3，拼接处不得使用影响牢度的伤残缺陷。另外，鞋跟里皮也可以使用拼接法，充分利用有伤残缺陷的底革。

3. 下脚料利用法

当底革厚度达不到底部件厚度要求时，可以从下脚料中选取一些软硬适中的底革，粘接衬贴在厚度不足的底革上，制作主跟、内包头等部件，也可以衬垫在腰窝部位勾心的四周，起填底心作用。

五、合 理 套 划

帮部件和底部件的形状多种多样，且均不规则，在裁断时，部件与部件之间不可能严丝合缝，没有空隙，这样势必产生原材料的损耗。另外，天然皮革的形状不规则，存在着部位差、力学性能的各向异性和表面伤残等，这些因素同样也会影响原材料的有效利用。因此，掌握合理的套划方法对于提高出裁率，降低产品成本具有重要的意义。在生产实践中大量使用的套划有以下几种方法。

1. 纵向平行互套法

部件的主纤维走向与皮革背脊线平行，如图 1-7 所示。采用纵向平行互套法裁断出的部件符合工艺要求，下裁后的余料边缘整齐，有利于套划其他部件。

这种方法常用于前帮、前帮盖、后帮、鞋舌、外底、内底、主跟、包头等部件的下裁。

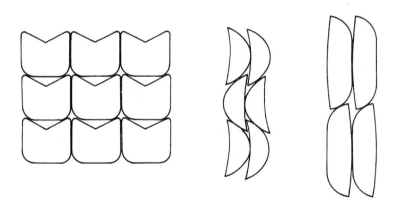

图 1-7　纵向平行互套法

2. 斜向平行互套法

斜向平行互套法又称斜形互套法、梯形互套法、一上一下互套法。部件间主纤维走向平行，且与背脊线呈 20°~25° 夹角，如图 1-8 所示。使用斜向平行互套法容易做到排料严密，裁断出的部件也基本符合工艺要求。裁断时，由于是左右脚的部件同步进行，因而同双鞋部件的粒面粗细、色泽、纤维编织、绒毛、强度及厚度等指标基本一致。这种方法常用于前帮、外底、中底、内包头等部件的下裁。

图1-8 斜向平行互套法

3. 人字形互套法

部件的主纤维走向呈人字形排列，且与背脊线呈30°～40°的夹角，如图1-9所示。这种方法用于造型简单、受力小的部件，如包头、鞋舌、高筒靴后帮、内包头、外底等部件的下裁。

4. 等差间续互套法

部件呈纵向排列或斜向排列，间隔相同（间隔为一个部件或多个部件），部件间互相插入，连续套划如图1-10所示。这种方法常用于高筒靴后帮等的下裁。

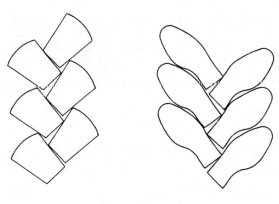

图1-9 人字形互套法

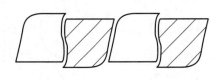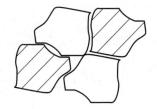

图1-10 等差间续互套法

5. 条形部件的下裁

条形部件（主要指沿条）的裁断分单根法和黏合法两种。采用单根法时，可先在底革上截取一块方料，其长度等于条形部件的长度，宽度随底革张幅的大小而定。由于底革背部坚韧，腹部较为松软，而沿条要求外怀部位质量好，内怀较次，因此在未开裁的方料上靠近背脊线的地方用色笔画一条直线，为缝条工提供主次部位的依据。单根法裁断如图1-11所示。

单根法裁断出的条形部件其长度都大于所要求的长度，以便在缝条时沿条的两端在内怀部位结合严密，这样势必会造成一定的浪费；另外，在采用缝条机缝条时，要求条形部件为一根等宽的超长沿条，以便于机械化的连续加工。

若采用单根法下料时，所裁出的条形部件的长度不足，而黏合法则可以解决这一问题。将截取的底革方料通片后砂粒面，然后将其两端片成45°的斜坡，用氯丁胶刷在斜坡的断面上，待指触干时将方料粘成桶状，最后按照沿条的宽度要求螺旋冲裁，形成一条等宽的超长沿条。黏合法裁断示意图如图1-12所示。

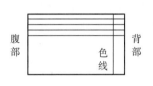
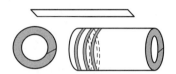

图1-11 单根法示意图　　　　　　　图1-12 黏合法示意图

第四节　裁断设备及注意事项

裁断是制鞋过程中的第一道工序。裁断过程进行得好坏直接影响产品成本和企业的经济效益。因此，绝大多数工厂都设有独立的裁断车间，对生产所需的各种材料进行分类管理和裁断。

一、裁断所用工具和设备

制鞋材料的裁断主要有手工裁断、机器裁断和计算机控制自动刀具裁断三种。

手工裁断所用工具主要是水银笔、剪刀、三角刀和垫板。

机器裁断所用设备主要有裁断刀模、摇臂式裁断机（又称动臂式裁断机）、龙门裁断机、活动刀头裁断机（又称动头式裁断机）、高速平面裁断机、切纸机、电剪等。

近年来，国内外设备厂商不断研发自动化程度高的裁断设备，以解决日益突出的劳动力成本问题。除了已有的计算机控制的振动刀裁断机、激光裁断机、高压水束切割机之外，更多的智能设备也不断出现。

如，英国USM公司生产一种投影裁断机，这种设备的下料台上设有振荡型刀具及目视观察装置，用于对皮革进行轮廓扫描，或在皮革上进行投影以引导裁断工安排下料样板在皮革上的套排。

爱玛数控2016年为制鞋业带来全新的"全物料智能裁剪模式"，该公司研发的X2-1218C是集智能全自动排版、全自动传送、智能分页、可连续作业等技术为一体的生产线式切割设备，工作效率大大提升。

德尔科技推出的全自动皮革彩印激光切割机，融合了FPGA、ARM等控制系统，光、电、自动机械等控制手段有机结合，彻底改变了目前冲裁下料、刀模定型、图案丝印的工艺流程，多工序合为一体，印制图案色彩鲜艳，分辨率高，并在印制过程中同时进行激光高速切割，实现高效率生产。

三种裁断方法的对比见表1-11，各种裁断刀具对比见表1-12。

表1-11　　　　　　　　　　　　三种裁断方法的对比

项　目	手工刀模裁断	机械刀模裁断	计算机控制自动刀模裁断
对刀模工具运动的控制	手工	机械化，劳动强度高，单刀模裁断，精确度差	自动化，精确、迅速，多刀模同时并进
对材料运动的控制	手工，必要时可用马达机械辅助	一般为手工，可机械送料，但控制移动不精确，不适用于成张的片材	自动装料、下料，自动卸料，对成张的片材和卷材均适用，精确度高
自动程控裁断	手动，可利用冲头辅助进行冲击	局限于简单的单刀模在料上的套裁，也可在手工套划的基础上进行刀模下料	全自动下料，可对整批鞋料套排，材料的利用率高

表1-12　　　　　　　　　　　　各种裁断刀具的对比

项目	标准刀片	振动刀片	超音速刀片	高压水束	激光	铣削裁断	冲功
材料类型	合成材料	合成材料，皮革	合成材料，皮革	合成材料，皮革	薄合成材料	硬合成材料	硬合成材料
裁切厚度	薄	中等，薄	中等，薄	厚	薄	中等，厚	中等，厚
裁切速度	中等，低	中等，低	中等	高	中等	中等	中等，低
裁切质量	中等，低	中等，低	中等	高	中等	中等	中等，低
材料夹紧程度	强	强	强	最低程度	无须夹紧	强	强
成本费用	低	低	中等	高	高	低	低

二、裁断质量要求

对裁断好的部件主要进行外观质量、厚度和内在质量的检验。在底部件中，外底和鞋跟面皮的外观质量要求最高，内底及沿条的外观质量要求仅次于鞋跟面皮。表1-13列出了各种底部件的技术要求、检验内容和检验方法。

表1-13　　　　　　　　　　　　各种底部件的技术要求和质量检验

部件名称		检验内容	技术要求	检验方法
外底	皮底	厚　度	按品种要求，结合允许误差幅度，主要检验前掌部位	测厚仪
		内在质量	软硬度符合标准，无生心、返栲、裂面现象	感官检验
		外观质量	粒面平整，无松面、管皱、刀伤和明显的色差	目测
		同　双	基本对称，均匀一致	感官检验
	橡胶底		按橡胶底成品标准进行检验	综合检验

续表

部件名称		检验内容	技术要求	检验方法
内底	皮质类	厚度	厚薄基本均匀，同双接近一致	测厚仪
		内在质量	无返栲、裂面、僵硬等现象	感官检验
		外观质量	表面基本平整	目测
		延伸方向	使用皮革外底时为横向，使用橡胶底时为纵向	手感
	合成类	厚度	按品种要求厚薄基本均匀，同双接近一致	测厚仪
		内在质量	无裂面、僵硬、过于松软等现象	感官检验
		外观质量	表面基本平整	目测
沿条		厚度	按品种要求厚薄基本均匀，同双接近一致	测厚仪
		内在质量	无裂面、僵硬、过于松软等现象	感官检验
		外观质量	表面平整，内外怀主次分明，接口平整无棱	感官检验
		延伸方向	使用黄牛、水牛底革时为横向，使用猪底革时为纵向	感官检验
主跟	皮质类	内在质量	不能过于松软	感官检验
		延伸方向	纵向	感官检验
	合成类	厚度	按品种要求厚薄基本均匀一致	测厚仪
		内在质量	不能过于松软或僵硬，吸水性不能过高	浸水测试
内包头	皮质类	内在质量	具有一定的硬度，无松软现象	感官检验
		外观质量	表面基本平整，无伤残	目测
	合成类	厚度	按品种要求厚薄基本均匀一致	测厚仪
		内在质量	无僵硬、过于松软等现象，吸水性不能过高	浸水检验
半内底	皮质类	内在质量	皮质好，有硬度，不松软	手感检验
		外观质量	表面平整，厚薄一致	目测
	弹性硬纸板	内在质量	同皮质类的要求	感官检验
		外观质量		目测
鞋跟面皮	皮质类	内在质量	皮质坚实，无疏松、烂斑等现象	感官检验
	橡胶类	外观质量	表面平整，厚薄均匀一致	目测
		内在质量	按橡胶成品标准进行检验	综合检验
		外观质量		
鞋跟里皮		厚度	同双厚薄均匀一致	测厚仪
		内在质量	同双软硬基本相同，使用同种材料，无烂斑	感官检验
		外观质量	颜色一致，相接处平整无棱	目测
插鞋跟皮		厚度	同双厚薄均匀一致	测厚仪

续表

部件名称	检验内容	技术要求	检验方法
包鞋跟皮	内在质量	无返楞、裂面、生心和松软等现象	感官检验
	外观质量	颜色均匀一致，粒面平整，无浮肉	感官检验
盘　条	内在质量	皮质结实，无松软现象	感官检验
	外观质量	粒面平整，无伤疤、烂斑等现象	目测
	延伸方向	横向	感官检验

三、裁断步骤

（一）手工裁断

手工裁断步骤：熟悉样板结构→领料→配料→标记伤残→套划→编号→裁断→分号验收。

1. 熟悉样板结构

皮鞋款式千变万化，因而部件的形状也多种多样，无统一的模式。在套划之前，首先应仔细研究样板，摸索、寻找最佳的套划方法。熟悉主要部件的样板，这样在套划时才能做到有条不紊。

2. 领料

根据裁断任务通知单从原材料库领取原材料，核对面积数量，评估质量。

3. 配料

由于天然皮革在张幅大小、粒面粗细、色泽深浅、绒毛长短、毛被浓密、革身厚薄等方面存在差异，因此，要根据裁断的需要，将领回的皮革进行搭配和分档，以便按照"好坏搭配"的原则进行套划。

4. 标记伤残

标记伤残又称为点伤。它是将粒面、肉面、绒毛及毛被等处的伤残用水银笔、特种铅笔、粉笔、画粉片等标记出来。肉面伤残应在粒面上的对应部位处标记出。标记伤残时应力求准确，既不扩大又不缩小伤残面积，以免影响产品质量或造成浪费。

5. 套划

将皮革粒面向上，平铺在工作台上，然后将下料样板摆在面革上，按照套划及合理利用伤残原则，确定好下裁的方案。左手按压样板，右手握笔，沿着样板的周边，画出清晰的线条。

在传统制鞋工序中，用人工进行伤残标记和套划不仅需要大量的劳动力，而且效率低、精度差，一些特殊材料甚至无法用笔画线做标记。若采用丝网印刷时，同样存在效率低、网版成本高、不良率高等缺点，同时还会造成环境污染。

东莞德尔激光科技有限公司研发出智能全自动画线机，该设备可自动识别材料轮廓及部位，精准定位裁片的位置并根据设定图形进行非接触喷墨画线，大幅缩短了画线工艺的时间，提高了裁片的成品率，生产效率提高4~5倍。画线核心部件为高速喷阀，性能稳定、耐用，可适用多种类型的油墨。不但有高温消失（60℃）和遇水消失这些消失型的油墨，也有荧光、永不消失等特殊功能的墨水。墨水全部都已经通过了欧盟测试。画线机还带自动上下料装置，鞋面自动画线完成后，机器会将画好的裁片自动送出。

6. 编号

手工裁断时，在一张皮革上可能会同时套划几种尺码的帮部件，而且各种帮部件的数量也可能不同。因此，为防止发生差错，便于以后各工序的进行，需要在每一双部件上标明尺码及货号。编号的位置应在部件的隐蔽处，以不影响产品外观为原则。编号字迹应端正、清晰、一目了然。

7. 裁断

帮料裁断时，应沿着线迹的外缘进行，以保留套划线迹。若相邻部件的边缘线迹重叠，则应对正线迹居中裁断。若相邻部件的局部有重叠，则应保持主要部件的完整性。

底料裁断时，先将套划好的底革粒面向上平放在操作台上，用三角刀刀尖切入底革，另一只手抓住底革同时向上撕。三角刀刀口与底革面近似垂直，刀与革面夹角介于70°~80°。要求裁断后的切割断口光滑，线迹流畅。

8. 分号验收

将裁断好的部件，按照货号分类按照尺码大小分档，清点数量后捆扎，装入料盘，送交检验员检验。

（二）机器裁断

机器裁断步骤：检查刀模→调试裁断机→裁刀冲程的调节→裁断→分号验收。

1. 检查刀模

根据产品货号领取刀模，确保核对无误。使用刀模之前，应先将刀模上的防锈油擦净，然后检查刀模变形或刀刃有无缺口，如有上述情况，应调换或修整刀模。刀模用完后，应按保养要求，在刃口上涂抹防锈油。

裁断刀模都是使用钢片经过冷压成型后再进行热处理，以提高刀模的硬度和韧性。皮鞋生产过程中所使用的刀模一般有19、32和50mm三种标准高度，及2、2.5和2.8mm三种标准厚度。

由于在部件的周边上用号码机进行编号的方法费工费时，且容易沾污帮面，因此采用在部件周边切口的方法做尺寸标记，即在裁断刀模上制出切口，在裁断的同时对部件进行尺寸标记，如图1-13所示。

刀模上的切口有尖角形、方形和半圆形三种，分别代表不同的尺码，见表1-14。也可以用同一种、两种或三种切口的组合来代表部件的尺码。

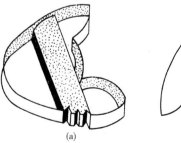
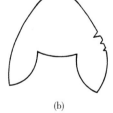

(a)　　　　　　　(b)

图1-13　刀横切口与下裁后的部件

（a）带标记切口的裁断刀模　（b）下裁后的带标记切口的部件

表 1-14 刀模切口与中国鞋号的对应关系

刀横切口形状	鞋号	刀横切口形状	鞋号
一个尖角形	210 号或 310 号	两个半圆形	170 号或 270 号
两个尖角形	220 号或 320 号	三个半圆形	180 号或 280 号
三个尖角形	130 号或 230 号	四个半圆形	190 号或 290 号
四个尖角形	140 号或 240 号	无齿形	200 号或 300 号
无齿形	150 号或 250 号	一个方形	半号
一个半圆形	160 号或 260 号		

此外，用切口的大小还可以表示部件组合的方式。切口的大小有三种，如图 1-14 所示。

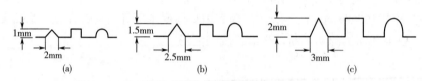

图 1-14 三种刀模切口尺寸

（a）面-里组合 （b）压茬 （c）绷帮

在对底部件进行标记时，内底的标记部位在离前尖内侧 30mm 处，如图 1-15（a）所示；带底舌的外底的标记部位在底舌的内侧，如图 1-15（b）所示；整只外底不做标记，只是印号；半内底的标记部位在平截头处，如图 1-15（c）所示；鞋垫、衬垫的标记部位始终都在后跟部内侧的踵心部位，如图 1-15（d）所示。

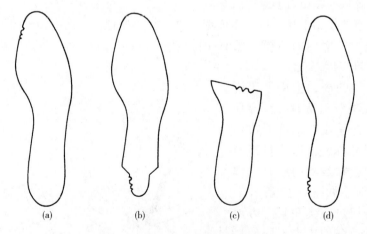

图 1-15 底部件的切口标记部位

2. 调试裁断机

首先在机器的运转部位加润滑油，并检查是否有影响机器转动的障碍物；然后接通电源，使机器空转 1~2min，听机器在运转中是否正常。

3. 裁刀冲程的调节

将表面平整的裁断垫板平稳地放在机台上，然后将裁刀置于其上，把裁断机的上压板拉至刀模背的正上方以调整冲程。调节时上压板的下降应由高到低逐步调节准确。以刀模口压进垫板 0.5~1.0mm 为宜。上压板距刀模背太高时，不易将面料切断，而太低时刀模刃口压入垫板太深，难以取出，且容易造成刀模变形和缺口。

裁断垫板一般都是用高分子复合材料制成的。裁断垫板的硬度分低、中和高三种，分别制成红、绿和白三种颜色。红色垫板适用于 PU 革、面革、海绵、橡胶和布料的裁断，绿色垫板适用于牛津布、箱包革、底革、纸、纸板和丝质材料的裁断，而白色垫板则适用于纺织品、毡、布、PVC、橡塑合成材料和热熔型主跟、内包头的裁断。

4. 裁断

将材料平铺于垫板上，右手握刀模，将其放在材料的正确位置上；左手将上压板拉至刀模背的正上方，待上压板停稳后，右手即离开刀模；按动电钮，使上压板下降，完成部件的裁断动作；然后将上压板推回到原位置，右手取出刀模，并从刀模中取出裁断好的部件。重复执行上述步骤，完成其他部件的裁断。

5. 分号验收

根据粒面粗细、色泽、绒毛等外观指标，将裁断好的部件左右配套成双，按照货号分类；按照尺码大小分档；清点数量后捆扎，装入料盘，送交检验员检验。

（三）智能裁断

目前，智能生产越来越多地出现在制鞋过程中。从切割方式来看，在裁断工序中使用的智能裁断设备主要包括高压水束切割、激光切割和振动刀切割三种。

智能裁断的流程一般是：铺料→轮廓与伤残的自动识别→智能套排→（投影→调整电脑套排方案）→自动裁断→分号验收。

如果被裁料是成卷或整片的代用材料，如合成革或织物，则通过机械手自动进料机构，将材料送到指定的工作平台。智能裁断机均配备了计算机套排系统，可按照工效最高、损耗最低的原则，将设计好的各种部件自动排版。将电脑设定好的所需要加工的各种样式的图案导入控制系统，由切割头自动切割。

东莞市爱玛数控科技有限公司于 2017 年发布第二代智能视觉识别技术"I VISION 爱视"，具有秒速智能识别、智能排版、左右分区操作等多重优势，能为客户在有图案花纹、对纹对格等裁切要求领域提供高效的智能识别裁切方案，而且综合性价比仅为国际同级产品的 1/2 左右。

1. 高压水束切割

高压水束切割机主要由数控平台、CNC 控制器、超高压发生器、水束流切割头、数控操作系统、计算机及 CAD/CAM 软件等组成。

高速水束切割的原理是：用高压泵将普通水介质增压至 200~400MPa，然后通过一个直径 0.05~0.25mm 的小孔，以约 1000m/s 的速度喷出，从而形成高速、高能、高穿透力水束，进而进行切割裁断。

高压水束切割的优点是：加工过程清洁，无气体或油污染；无须更换加工刀具；适应性好，可加工不同材料、不同形状的制品；可叠裁，软质材料的切割厚度可达120多毫米。

早在20世纪80年代，英国制鞋同业研究协会就已研制了用电子计算机控制的制鞋材料裁断系统。该系统利用高压水束下料，保持切割水束的直径为0.25mm，可切断15mm厚的弹性微孔材料。

意大利设备制造商ATOM公司研制出了皮革裁断用单喷嘴高压水束切割机Flash Jet。首先通过无线红外鼠标将可用的皮革区域及伤残区域进行标记，计算机根据标记情况将所需下裁的部件进行智能套排；将标记后的皮料平铺在工作台上后，高压水束喷嘴按照计算机的套排方案自动进行切割。该设备配备了投影系统，便于检查套排后的部件位置，同时也方便取下切割件。该设备还使用了双工作台模式，在A工作台进行切割时，可以在B工作台上进行前期准备工作。工作台由特制钢针排布组成，可防止水束的反溅。

2. 激光切割

激光切割机系统一般由激光发生器、（外）光束传输组件、工作台（机床）、微机数控柜、冷却器和计算机（硬件和软件）等部分组成。

激光切割的原理是：利用从激光发生器发射出的激光束，经光路系统聚焦成高功率密度的激光束并照射在工件上，激光热量被工件材料吸收，工件温度急剧上升，到达沸点后材料开始气化并形成孔洞，随着光束与工件相对位置的移动最终使材料形成切缝。

激光切割的优点是：切割精度高、速度快、可切割任意形状的部件；热影响区小、部件不易变形，切割件无毛边、黄边和黑边现象；使用成本低、无刀模损耗；与相关软件结合可实现智能套排，节省人工和时间，连续工作效率高。缺点是切割过程中会产生烟气，需要做相应的处理。

东莞市光博士激光科技股份有限公司研发的GBOS全自动双头异步影像切割机，可将冲孔、雕刻、切割、画线等多种工序一次完成。东莞德尔激光科技有限公司研发的多功能全自动皮革印切机集成了先进的烟尘过滤系统，实现了全程自动化控制，不间断连续生产。该公司还专门针对人造皮毛材料性质，研发出混合气体激光管，以避免烧焦材料。

表1-15为传统的刀模裁断与激光智能裁断的成本对照表。

表1-15 传统刀模裁断与激光智能裁断成本对照

设备类型	机械裁断	激光裁断
生产周期	长	短
模具	有	无
功率/kW	5	3.5
所需员工/人	3	1
耗材	模具	无
价格/万元	4~100	4~38

续表

设备类型		机械裁断	激光裁断
年度支出	员工工资/元	3500×3×12＝126000	3500×1×12＝42000
	电费/元	5×12×365×2＝43800	3.5×12×365×2＝30660
	耗材费用/元	100000	5000
	合计	269800	77600
节约原材料成本/元		0	60000

3. 振动刀切割

振动切削加工是 20 世纪 60 年代发展起来的一种先进制造技术，它通过在常规的切削刀具上施加高频振动，使刀具和被切割材料发生间断性的接触，从而对材料进行切割。目前，制鞋行业使用的智能裁断设备以振动刀切割为主。

振动刀切割机主要由切割系统、传动系统、控制系统和真空吸附系统组成。切割机的机头一般要配置有震动刀、笔、压轮、拖刀等。

振动刀切割的优点是：可切割各种柔性面料，切口不黄不焦，多层切割厚度达 12mm；具有自动夹取送料系统，送料过程更平整；采用双头异步切割系统，实现快速切割。

广东瑞洲科技有限公司采用振动刀切割技术，无须打制刀模，节省了生产开发过程中刀模制造、管理、存贮等费用和时间；采用多功能切割机头设计，高度集成多组加工工具，可在一个工作单元内进行交互式的切割、冲孔、画线等操作，是传统人工操作速度的 4~6 倍；能够完成样式复杂、刀模难以实现的材料切割；功能强大的排料、算料系统可以做到自动排料、准确算料，从而精确计算成本，准确控制物料发放；通过投影仪投影或相机拍摄捕捉皮料轮廓，可有效识别皮料瑕疵，并可依据皮料的天然纹路，任意调整切割方向，提高成品率，降低损耗，材料使用率平均提高 5%以上。

2017 年，东莞市爱玛数控科技有限公司宣告第十三项注册核心技术突破诞生——imax（爱厚）多层裁切技术，并将其应用在爱玛 G 系列多层全自动智能裁切机上。该设备可精确、快速裁切柔性鞋材，如人造革、网布、TPU 材料等。根据贴合工艺、材料软硬度的不同，一次可下裁 4~16 层、下裁厚度达 24mm。

四、注意事项

（一）天然皮革

在标记伤残和套划时，普遍使用水银笔。

成品牛皮革是将一张皮沿背脊线裁成两片，因此在套划时应将一双鞋的相同部件放在同一部位或相邻近的部位，这样可使同双鞋所用的皮革在厚薄、粒面粗细和色泽等方面基本相同。

成品猪皮革、羊皮革为整张，一双鞋的部件应沿背脊线对称下裁，从而使同双鞋所用的皮革在厚薄、粒面粗细、色泽、绒毛长短、延伸方向等方面基本相同。

划裁羊面革时，为提高出裁率，有时不能完全按纵向要求进行划裁。如其面积在 $1m^2$ 以上时，可以沿背脊线横向对称下裁，但后帮必须粘贴衬布，防止帮料的延伸度过大；若其面积在 0.6m^2 以下时，则应按纵向对称下裁。

由于底革具有一定的韧性和弹性，在压板下压的瞬间易使刀模滑动，造成裁下的部件缺边少角。因此，在放置刀模时，应与前一个刀模留有一定的间隙。

（二）合成材料

合成革表面光滑，基本上无伤残缺陷，但其底基具有延伸性，因此在划裁时应按工艺要求进行，使同双部件的延伸方向及大小相一致。

合成革弹性好，使用机器多层下裁时，材料在刀模的外边缘处易翘起，层与层之间易产生滑动，此时应注意放大刀模间的空隙，以免裁出的部件缺边少角。为了提高划裁速度，可选一块面积等同于最大裁断面积的纸板，并按照套划要求，将若干部件样板在纸板上互套排列，连接成一体。然后用刻刀将样板之间的空隙、边、角等处刻空，从而制成"套板"。划裁时，将套板平铺于合成革的正面（或反面），用笔或粉袋将空隙处标出，然后进行裁断。这样，一次可以套划出较多的部件，减少了套划时往返拿样板的时间，提高了套划、裁断速度，还可以节省材料。

由于合成底料通张质地均匀，大小规格一致，所以非常适合于机器裁断。用机器裁断合成底料的关键是紧密而合理的套划（裁）。

合成底料采用多层下裁时，层数的多少要根据材料的厚度、硬度以及部件要求的精度来决定；同时也要考虑裁断设备的负荷能力和刀模的状态。对于精度要求较高的、在裁断后不再进行修整加工的部件，一般采用单层裁断，并从刀模下口出料，而多层裁断多为刀模上口出料。多层裁断时，在刀模内上下层的部件所受的挤压力是有差别的，因此，不要让部件添满刀模的内腔，以免影响部件精度或涨坏刀模。

（三）织物

由于织物类材料的理化性质均匀一致，伤残缺陷极少，故可使用套板进行套划，这样可以减少边角料，降低产品成本，提高效率。套划要求与合成革的套划要求基本相同。

人造革、合成革及织物类材料在料长方向上的延伸性小，一般认为没有延伸性，而在料宽方向上的延伸性较大；特殊材料在料宽及料长方向上均有一定的延伸性，因此在套划时需要注意部件的受力与材料的延伸性问题。

织物类材料的下裁除可以使用手工和裁断机外，还可以使用电剪进行裁断。将被裁断的织物多层叠置，用电剪一次性裁断多层，可以大大提高裁断效率。

（四）毛毡

毛毡是一种无纺型材料，其纵、横向的延伸性基本一致。因此，在套划时主要考虑排料紧凑。为了进一步提高出裁率，在不影响产品质量的前提下，允许有限地拼接。

由于毛毡是成卷或成片地提供给用户的，其面积大小基本相同，因此也可以使用套板进行套划以及用裁断机或电剪进行叠裁。

电剪裁断时，同样采用先套划后裁断的方法，重叠的层数为 6~8 层，裁断步骤与织物类的裁断基本相同。

使用裁断机裁断时，重叠的层数最多为 4 层。因为毛毡的弹性好，若重叠层数过大，在叠裁时上面的一层因压力的作用而易卷起，造成裁出的部件大小不一致。

（五）毛皮

皮革制品生产中常用的毛皮品种有绵羊皮、狗皮、兔皮、猫皮。在裁断之前应先将皮板上的伤残标记出来，然后在皮板上套划。

毛皮类材料的下裁以毛顺向帮脚的方向为主，可斜向摆放但角度不得超过 45°。

毛皮下裁时主要使用割皮刀。若使用剪刀，则只能使用其尖端，以防止毛绒被大量剪断。用割皮刀下裁时，应沿线迹居中将皮板割开。

由于毛被易将接缝掩盖，所以，在不影响产品质量的前提下，允许毛皮有限地拼接，以尽量节约这种高价原料。在拼接时要注意毛绒的方向、长短、色泽及皮板的厚薄等应基本一致。

（六）裁断工具、设备的保养及其他

为保证生产的正常进行以及裁断质量，必须加强对裁断工具和设备的保养。裁断机要经常进行清洁、润滑等方面的保养和检查，发现问题及时解决。手工裁断所用的三角刀应始终保持其刃口的锋利，这样在操作时才能运用自如。

目前，绝大多数制鞋厂家都采用机器裁断。因此，在机械传动、刀模、电力等方面的安全措施十分重要。除应定期检修传动、电源外，还应该检测裁断机的操作安全系统。

（七）刀模间距与下料层数

1. 刀模间距

由于制鞋材料具有一定的厚度和弹性，当使用刀模裁断机进行裁断时，无论是单层还是多层下裁，在压板下压的瞬间易出现刀模滑动，材料在刀模的外边缘处易翘起，层与层之间易产生滑动，造成裁下的部件缺边少角。因此，在放置刀模时，应与前一刀模留有一定的间隙。常用的鞋材与刀模间距见表 1-16。

表 1-16 常用鞋材刀模间距

材料种类	材料实例	安全间隙/mm	刀模间距/mm
天然皮革类	常用帮面皮革	0~1	1
PU、PVC 类硬质材料	包头、中底板	0~2	2
二层贴合料（发泡层<5mm）	泡棉+T/C；毛巾布+T/C；布+EVA	2~3	3
三层贴合料（发泡层<15mm）	T/C+泡棉+T/C 布类+泡棉+T/C	3~4	4
泡棉类（发泡层>15mm）	20mm 泡棉、15mmEVA	5	5
特殊四面伸缩布		5	5

注：T—涤纶，C—棉。

2. 下裁层数

在进行裁断操作时，为了提高下裁效率，通常会进行多层材料同时下裁。由于不同材料具有不同的性能及厚度差异，因此多层下裁时的层数也有所不同，见表 1-17 至表 1-19。

表 1-17　　　　　　　　　常见帮面材料的下裁层数

层数	材　　料
单层	天然皮革、有花纹或图案的织物及 PU 革
2 层	用于帮面的、无花纹或图案的织物及 PU 革
4 层	PU 鞋里革、厚度为 0.3~0.6mm 的衬布
8 层	本白纯棉起毛布
16 层	厚度小于 0.2mm 的衬布

表 1-18　　　　　　　　　辅料下裁层数

材料名称	材料厚度/mm	下裁层数	材料名称	材料厚度/mm	下裁层数	材料名称	下裁层数	材料名称	下裁层数
包头	0.4	16	乳胶	2	8	PU 革	10	泡棉	10
包头	0.6	10	乳胶	3	4	布料	8~10	隔板	10
包头	0.8	10	乳胶	5	2	硬衬	10	真皮	1
主跟	1.2	8	棉垫	16		纸板	10		

表 1-19　　　　　　　　　中底下裁层数

材料名称	材料厚度/mm	下裁层数	材料名称	材料厚度/mm	下裁层数
纸板贴合乳胶（1~2mm 乳胶）	0.90	2	弹性硬纸板	1.00	2
纸板贴合乳胶（1~2mm 乳胶）	1.25	2	弹性硬纸板	1.50	2
纸板贴合乳胶（1~2mm 乳胶）	1.50	2	弹性硬纸板	2.00	1
纸板贴合乳胶（1~2mm 乳胶）	1.75	2	弹性硬纸板	2.50	1
纸板贴合乳胶（1~2mm 乳胶）	2.00	1	纸板	0.90	3
飞机板	0.90	2	纸板	1.25	2
飞机板	1.50	1	纸板	1.50	2
飞机板	1.75	1	纸板	1.75	2
飞机板			纸板	2.00	1

第五节　消耗定额的制定

在大规模的皮鞋生产过程中，企业一般都要制定材料的消耗定额，以便于生产和经营管理。在消耗定额中，面料的消耗定额尤为重要，因为面料成本占原材料成本的60%以上。

一、制定消耗定额的意义

根据消耗定额企业可以有计划地购买原材料，保证生产的顺利进行，减少库存积压量；便于核算产品成本和利润，提高企业的科学管理水平；考核裁断工的技术水平，从而促进员工努力提高技术水平，降低产品成本。

二、消耗定额的制定依据

消耗定额的制定应该具有先进性。在裁断工序中，员工操作的熟练程度不等，技术水平有高有低，因而在合理套划、有效利用伤残、提高出裁率方面差别很大。因此，在制定消耗定额时，应以先进的、在生产实际中使用的、裁断工经过努力学习能够掌握的技术水平为定额的制定基础。

消耗定额的制定应该具有科学性。制定出的消耗定额先进、合理、实用，必须以科学的理论为依据。在选用原材料时，要选用具有代表性的、综合质量（包括粒面、绒毛、色泽、纤维编织、力学性能、伤残、等级、利用率等）居中等水平的原材料；选用下料样板时，男鞋选250号半，女鞋选230号；套划时遵循和灵活运用套划原则，制定出的消耗定额应经过科学计算的检验。

消耗定额不能一成不变。随着员工技术水平的提高，原材料的单位产品消耗也随之降低；另外，由不同供应商提供的原材料，或在不同时间采购回的原材料其质量及利用率也不尽相同，因此，必须不断地修订、调整和完善消耗定额。

三、基 本 概 念

（一）净用量

①部件净用量 J_B：某个帮（底）部件的净用料量（m^2或kg），包括下料样板最紧密排列时样板之间的正常缝隙——自然跑缝量。

②部件净用量总和 J_Z：某个产品的某个部件的净用量总和（m^2或kg）。

③单位产品净用量 J_D：某个产品平均每双的净用料量（m^2或kg）。

（二）损耗量

天然皮革及产品部件的形状均不规整，在套划时样板之间不可避免地存在着空隙，原材料的某些伤残不能被利用，故存在损耗量。

①总损耗量：　　　$X =$ 皮革总面积 A（或质量 m）－所有部件净用量总和 J_H 　　　　　(1-3)

②损耗率：　　　　　　　$\beta = \dfrac{\text{总损耗量} X}{\text{总用量} A_Z} \times 100\%$ 　　　　　　　(1-4)

③单位产品损耗量：　　　$X_D = \dfrac{\text{总损耗量} X}{\text{产品总数} N}$ 　　　　　　　(1-5)

（三）单位产品原材料消耗定额

单位产品原材料消耗定额 $D =$ 单位产品净用量 $J_D +$ 单位产品损耗量 X_D 　　　　　(1-6)

四、消耗定额的制定

（一）面料

1. 实验测定法

实验测定法就是用做好的下料样板直接在一片面革上进行套划，这块面革从粒面、色泽、绒毛、伤残、等级、利用率到力学性能等方面都具有代表性。套划时，应严格遵循先大后小、先主后次、好坏搭配、合理套划、合理利用伤残、顺丝套裁等原则进行，并尽可能地套划成双，以便于计算。如果不能套划成双，应将剩余的材料集中起来，最后按式（1-7）进行计算：

$$D = \frac{原料总面积 A - 剩余面积 A_S}{套划双数 N} \qquad (1-7)$$

实验测定法具有简单、快速等优点，制定出的定额比较准确，切实可行，适用于小批量、多品种生产的产品消耗定额的制定。缺点是未考虑部件消耗定额，所以不能准确计算因皮革等级变化而引起的损耗量的变化。

2. 计算法

实验测定法中所使用的计算公式可以改写为：

$$D = \frac{单位产品净用量总和 + 损耗量总和}{套划双数} \qquad (1-8)$$

但在生产实践过程中，对损耗量总和及套划双数的统计既繁琐又不符合生产实际，因而往往采用单双测定计算法。

将准备好的下料样板直接在厘米纸上套划，同样要严格遵循先大后小、先主后次的原则，并且要尽量使样板排列成矩形或平行四边形。将一双鞋的样板套划完毕后，描绘出所有样板的轮廓线，利用平行四边形求积法，计算出单位产品净用量 J_D，如图 1-16 所示，按照式（1-9）进行计算：

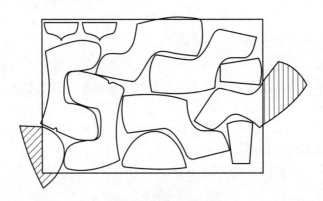

图 1-16 消耗定额的计算

$$D = J_D + X_D = J_D \cdot (1+\beta) \qquad (1-9)$$

式中：β 为损耗率。损耗率的大小是由帮部件的大小和皮革的等级高低所决定的。常见的损耗率值见表 1-20。

表 1-20 鞋帮部件款式与皮革损耗率

鞋帮款式	高帮靴鞋（大块）	高帮棉鞋（中块）	满帮鞋（小块）	凉鞋（条带）
损耗率/%	22~27	18~22	6~10	3~5

也有一些企业在计算单位产品消耗定额时，采用以下公式：

$$D = J_D / \alpha \qquad (1-10)$$

式中：α 为原材料的利用率。根据原材料的等级、质量的不同，天然皮革的 α 一般为 80%~97%；鞋里革的 α 为 90% 左右；合成革、无纺布、布里等材料的 α 为 90%~100%。

（二）底料

制定合成底料的消耗定额较为容易，也能做到准确，因为其面积、厚度、表面及内在质量均基本一致。其损耗量基本等于自然跑缝量。而天然底革的张幅大小、厚薄、外观及内在质量均存在部位差别，因而其消耗定额的制定有一定的难度。

1. 称质法

由于天然底革是以质量为单位进行计算和销售的，因此采用称量法来制定其消耗定额。由于现代皮鞋生产中，底料常常不全用天然底革，或不全用头层底革，因此，工厂往往不制定一双鞋全部底料的消耗定额，而是只制定出单一底部件的消耗定额。

称量法制定消耗定额的步骤是：

①选取标准鞋码：如果客户订单为全码，在工厂的大规模生产中女鞋取 230 号、男鞋取 255 号为标准鞋码来制定消耗定额。若客户订单为部分鞋码，则应选取中间号的鞋码为标准鞋码。

②取样：在天然底革上截取一双底部件，作为某个底部件消耗定额的标准实样。要求标准实样在下裁部位、粒面情况、厚度、纤维走向等方面完全符合质量标准。

③部件净用量 J_B 的确定：在天平上直接称取下裁好的标准实样，所得到的质量值即为净用量。

④部件损耗量 X_B 的确定：用直接称量法称量一块底革，得出其总质量 m_Z，然后按照实际的套划方法进行排料，要求套划严密、下裁部位正确、质量符合标准，直到套划完毕。裁断后，用直接称量法称量裁断好的底部件的质量 m_B，清点裁断双数 N；底革总质量与底部件质量的差值为总的损耗量 S_Z，该值除以裁断双数所得的商即为部件损耗量 X_B。

$$S_Z = m_Z - m_B \qquad (1-11)$$

$$X_B = \frac{S_Z}{N} = \frac{m_Z - m_B}{N} \qquad (1-12)$$

⑤部件消耗定额 D 的确定：部件消耗定额为部件净用量与部件损耗量之和。

$$D = J_B + X_B \qquad (1-13)$$

底部件消耗定额的确定一般要参考经验数据，或在试用后再进行调整和完善。

除上述单双底部件的消耗定额外，还有单位产品（即一双鞋）底部件消耗定额和单一底部件消耗定额。

2. 面积测定法

由于合成底料是以面积为单位进行计算和销售的，而且它的粒面情况、面积大小、厚薄、力学性能等都一致，因此往往采用面积测定法来制定其消耗定额。

合成底料消耗定额的制定方法是：在一张合成底料上按照先大后小、互套严密合理的套划原则进行套划和裁断，然后清点裁断出的部件数目，即为单张合成底料的消耗定额，其单位为双/张。

也可以按照每吨合成底料有多少张，计算出单位产品的消耗定额，其单位为 kg/双。

由于生产厂家不同，合成底料的质量也就不一定完全一致；在合成底料的储运过程中也难免会出现一些问题；加之员工的技术水平不等，操作时也会出现损伤等，因此，合成底料的消耗定额往往在计算值的基础上适当调整，一般每 100 双增加损耗量 0.1 ~ 0.5 双。

面积测定法（包括单位面积质量法和密度法）也可用于天然底革，但密度法较繁琐。

单位面积质量法如下：选取代表性天然底革，截取一定面积的试片，然后称量，并计算出其单位面积质量：

$$m_D = \frac{m}{A} \tag{1-14}$$

式中：m_D 为单位面积质量（kg/m^2）；m 为试片质量（kg）；A 为试片面积（m^2）。

用平行四边形求积法求出底部件的面积（含自然跑缝量），然后乘以单位面积质量，即可得出单位底部件的用量，其单位为 kg/双。该值在适当放大的基础上，可以作为单位底部件的消耗定额 D。

$$D = m_D \cdot A_D \tag{1-15}$$

式中：D 为单位底部件消耗定额（kg/双）；A_D 为单位底部件用料面积（m^2）。

单位面积质量法往往用于装具、皮箱等皮革制品。

五、损耗率的影响因素

对损耗率有影响的因素主要有以下几个方面：

（一）部件的大小及形状

大块的部件，如高腰靴靴筒、整帮式鞋的前帮等，由于面积大，又位于鞋靴的明显部位，不能带有明显的伤残，因而皮革的利用率较低，即损耗率较高；而小块的部件，如条带、鞋舌等，面积小，容易避让和利用伤残，因而皮革的利用率较高，即损耗率较低。另外，损耗率的大小与部件的形状也有关系。部件的形状规整，则容易进行套划，出裁率则大；部件形状不规整，则不易进行套裁，出裁率则低。例如：传统的三接头式鞋，包头线为一直线或近似直线，而意大利的式样中还有燕尾式，相比之下前者容易进行套划，损耗率较低；后者不易进行套划，损耗率较高。

对于某种产品，由于其部件大小或形状的原因而不易进行套划时，可以将两种或三种产品进行混合套划。

（二）天然皮革的等级与质量

天然皮革的等级或质量越高，材料的利用率也就越大。因此，对于优质皮革，损耗率应小，随着皮革等级的降低，损耗率也相应增大。在某些情况下，虽然皮革的等级较高，但由于伤残的深浅、面积大小及分布情况而不适合某种部件或某种产品的套划，损耗率也会较高。因此，必须根据具体情况，灵活调整损耗率。

（三）产品品种和档次

产品的品种和档次不同，其质量要求也不同，皮革的利用率也必然有差别。高档产品的生产中，对皮革的要求高，其利用率较低，损耗率则较高；而低档产品的生产对皮革的要求不高，因而其利用率较高，损耗率较低。某些产品品种，如劳保鞋，要求产品具有相应的保护功能（如防静电、防穿刺、防油、绝缘、防砸等）和基本的质量要求（如不开胶、不断线、不断底等），对外观质量的要求不高，因而皮革的利用率较高。

（四）尺码大小

尺码大小不同，其消耗定额也不同。中号一般是指企业要对某个产品进行全码生产而言，若进行定码生产时，基本消耗定额的制定应该按照定码的平均尺码进行。

目前，产品品种日益增多，在制定消耗定额时，应综合考虑产品的档次、部件的大小和形状、皮革的等级与质量等因素，灵活调整皮革的损耗率，制定出准确、合理、实用的消耗定额，努力降低生产成本，提高经济效益。

思 考 题

1. 常用的皮革帮料各有何特点？
2. 天然皮革分哪些部位？各部位的性能、特点及延伸方向是什么？
3. 在皮革面料的裁断过程中为何要"看皮下料"？
4. 在天然皮革上下裁时部位及方向的确定原则有哪些？
5. 各类合成类底料有哪些性能和特点？
6. 简述底革种类与制鞋工艺之间的关系。
7. 对内底有哪些通用的质量要求？不同的产品品种及加工工艺对内底的质量又分别有何要求？
8. 不同的产品品种对主跟和内包头的要求有何不同？采用天然底革做主跟和内包头时，为什么它们的下裁方向不同？
9. 提高出裁率的原则有哪些？
10. 天然底革伤残的利用方法有哪些？可以用在哪些部件或部位上？
11. 机器裁断时，调整裁刀冲程的作用是什么？
12. 天然皮革、合成革、织物、毛毡及毛皮等面料在裁断时应分别注意哪些问题？
13. 掌握"计算法""称量法"制定消耗定额的方法。
14. 影响消耗定额的因素有哪些？

第二章　鞋帮部件的加工整型

在现代工业化的皮鞋生产过程中，无论是制帮、制底，还是帮底组合，一般都采用标准的帮部件和底部件，按照标准的装配工艺进行装配化生产，以提高生产效率和产品质量。而由裁断工序所得到的帮部件和底部件只是具有标准尺寸的"毛坯"，必须经过不同的加工和整型，才能成为标准部件，进而进行标准化的装配。

鞋帮部件的加工是帮部件组合的基础工序，也是鞋帮装配过程的重要组成部分。鞋帮部件的加工主要包括片料、折边及装饰性加工等；帮部件组合主要包括镶接及缝合等工序。

第一节　片　　料

通过手工或机器的片削来调整部件整体厚度或局部厚度的操作称为片料。

一、片料的目的

1. 调整帮部件的厚度

不同的产品品种具有不同的厚度要求，即使是同一品种的产品，其不同部位的厚度要求也不同。由裁断工序所得到的帮部件因来自于不同的皮张或同一皮张的不同部位，因而在厚度上有所差别；另外，某些需要补强的部件在粘贴补强材料后，其整体厚度超过了规定厚度，因而也需要进行厚度的调整。

2. 使帮部件的镶接处整齐、美观

经过片边和折边，帮部件的镶接处线条流畅，轮廓清晰，镶接部位平伏。而一刀光产品或部件经过片边及油边处理后，断口处毛茬不外露，因而也不会影响产品的外观。

3. 确保成品鞋的穿用舒适性及后续工序的进行

需要折边的帮部件如果不进行片边，折边后的局部厚度为原厚度的两倍，这不仅使成品鞋在穿着过程中硌脚，而且不利于后面的缝纫工序的进行。

二、片料的种类

（一）通片

当帮料厚度或裁断后的帮部件厚度与规定的厚度要求不符时，或当需要补强的部件在粘贴补强材料后，其整体厚度超过了规定厚度时，需要对厚度进行调整。按规格要求将整块原料或整个部件片薄的过程称为通片，也叫片平面。表2-1列出了常用面革的厚度要求。

表 2-1　　　　　　　　　　　　　面革厚度要求　　　　　　　　　　　单位：mm

材料	男　皮　鞋			女　皮　鞋			童　皮　鞋		
	面　料		里料	面　料		里料	面　料		里料
	满帮鞋	凉鞋		满帮鞋	凉鞋		满帮鞋	凉鞋	
猪面革	1.0~1.5	0.9~1.4	0.6~0.9	0.9~1.4	0.9~1.2	0.5~0.8	0.9~1.4	0.8~1.2	0.5~0.7
牛面革	1.0~1.8	0.9~1.5		0.9~1.4	0.9~1.2		0.9~1.4	0.8~1.2	
羊面革	0.9~1.2	0.8~1.1	0.6~0.9	0.8~1.2	0.8~1.1	0.5~0.8	0.8~1.2	0.8~1.1	0.5~0.7

　　帮部件的厚度随部件的功能、使用要求及产品质量要求的不同而异。某些帮部件如保险皮、沿口皮、包跟皮、穿条编花皮等常常需要进行通片。表2-2列出了常用部件厚度要求。

表 2-2　　　　　　　　　　　　　常用部件厚度要求　　　　　　　　　　单位：mm

部件名称	厚度要求	备注	部件名称	厚度要求	备注
沿　口　皮	0.4~0.5	窄口	嵌　线　皮	0.2	9mm 宽
	0.6~0.7	宽口	包　跟　皮	0.5~0.6	
保　险　皮	0.5~0.6	薄型	鞋　　垫	0.8~1.0	
	0.7~0.8	厚型	鞋　钎　带	0.7~0.8	
穿条编花皮	0.3~0.5	细型	内底包边皮	0.6~0.8	凉鞋
	0.6~0.8	粗型	统包内底皮	0.5~1.0	

　　在工业化的大生产过程中，一般采用通片机和带刀片皮机进行通片，对于面积尺寸较小的部件也可以更换压脚后，用圆刀片皮机进行通片。

　　（二）片边

　　按规格要求将部件边缘片成坡茬状的操作称为片边。

　　根据片边后部件截面的形状，片边可以分为片边出口和边口留厚两种，如图2-1所示。

　　根据片边后的操作工序或用途，片边又可以分为片折边、片压茬和片切割边三种。

　　根据部件的片剖面，片边还可以分为片粒面和片肉面（网状层）两种。

　　一般地，片边出口适用于部件的折边，而边口留厚则适用于部件之间的镶接（片压茬）及断口毛茬的处理（片切割边）。

图 2-1　片边种类
（a）片边出口　　（b）边口留厚

　　1. 片边出口

　　片边出口适用于需要进行折边的部件。折边又称为抿边、拨茬等，是将片边后的部件边缘折回一部分并粘牢、敲平的一种操作。位于成鞋明显外露部位的帮部件之间进行镶接时，一般都采用折边工艺，可使得部件轮廓清晰，线条流畅、美观，或者体现设计者的其他意图和风格。

需要进行折边的帮部件，若不对其边缘进行片剖，则因厚度太大而难以操作，即使勉强折回，也不能达到外观质量要求，对后续工序的进行也造成了一定的困难。

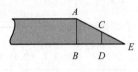

图 2-2 片宽与厚度

片折边时有一定的片宽和厚度要求。片宽是指部件被片剖的宽度，如图 2-2 中 BE 所示，厚度则是指片宽的 1/2 处的厚度，如图 2-2 中 CD 所示。

片边的宽度一般略大于折边宽度（折边量）的两倍，通常采用"片8折4"。当皮革较薄时，片边宽度要适当减小，使得折边后的边缘厚度能达到规定的厚度；如果皮革较厚时，为使折边后的部件边缘精巧、纤秀，则可以适当增大片边宽度。

在皮革厚度、片边宽度、折边量及留厚之间存在着相似三角形的比例变化关系，如图 2-2 中 $\triangle ABE \backsim \triangle CDE$。利用这一关系可以计算因皮革厚度或留厚发生变化时，其他参数的值。

折边后的边缘厚度要求不同，片边时的留厚也就不同；折边宽度要求不同，片边宽度也随之变化。不同品类、不同款式、不同部件、不同部位的留厚及折边宽度要根据设计要求或生产工艺规程来确定，进而结合皮革厚度来确定片边宽度。例如：三接头式男鞋后帮上口要厚一些；包头则薄于后帮上口；中帮压接后帮的折边处则要薄于包头处。表 2-3 给出了三接头帮部件相应的经验数据。

表 2-3　　　　　　　　　三接头帮部件片边参考数据　　　　　　　单位：mm

材料厚度	部件名称	片料部位	片料类型	片宽	留厚	折边或压茬量
牛面革 1.2	包头	接前中帮处	片边出口	8~9	0.6	5
	前中帮	接包头处	边口留厚	9~10	0.8~1.0	9~10
		压后帮处	片边出口	9~10	0.5	5
	后帮	鞋口折边处	片边出口	8~9	0.7	5~6
		接前中帮处	边口留厚	9~10	0.8~1.0	9~10
		合缝处		5~7	0.8~1.1	合缝 0.6~1.0
	鞋舌	上三边	边口留厚	8~9	0.5~0.8	
		接前中帮处	边口留厚	12~14	0.8~1.0	12~14
羊里革 0.8~1.0	保险皮	中帮垫皮	通片		0.3~0.4	
		后帮护口皮	通片		0.6~0.8	
	后帮里	合缝处	边口留厚	6	0.5	合缝 1.0
		接耳处	边口留厚	5~6	0.5	5~6
	鞋耳里	接后帮里	边口留厚	5~6	0.5	5~6
		前边缘	边口留厚	10	0.2	
	鞋垫		通片		0.8~1.0	

片边的宽度一般为折边宽度的 2 倍，但品类、款式、部件或部位不同，片宽也会随之变化。例如：横条舌式男鞋，其鞋舌是主要的暴露部件，为表现男性的沉稳、刚毅，鞋舌折边后的边缘应饱满、圆润。所以其折边宽度定为 6mm，而片边宽度为 10~11mm，片宽值比理论值小 2~3mm。

2. 边口留厚

对于边缘不进行折边的部件即一刀光部件，同样要进行片边，作用在于使帮部件在缝合时平伏、通畅无阻；绷帮时平整无棱；穿用时不硌脚、不磨脚，避免上压件网状层纤维外露而影响外观质量。边口留厚型的片边分为片压茬边和片切割边两种。

部件与部件相互重叠后结合在一起称为压茬，相互重叠的量称为压茬量。压茬时位于上面的部件叫作上压件，位于下面的部件叫作被压件或下压件。

上压件如果需要进行折边，则采用片边出口。当多层部件压茬时，上压件则必须片得比常规片边厚度更薄一些，一般留厚为 0.4~0.5mm。

（1）片压茬边　上压件片压茬边时，只片网状层，片宽 4~5mm，边缘留厚 0.8~1.2mm；薄软型女鞋的部件可以薄于常规厚度，片压茬后的边缘厚度可降低至 0.5~0.9mm。被压件片压茬边时，片边宽度要大于压茬宽度 1mm，且片边出口，边口不留厚。

绒面革片压茬边时，上压件只需要片接触面，且片宽为 4~5mm，边缘留厚 0.8~1.2mm；被压件的片边宽度小于压茬宽度 2mm，片边出口。

里部件的片边与帮部件的片边不同。当皮里与代用材料里压茬时，皮里为上压件，片边宽度 5~8mm，边口留厚 0.2mm；代用材料里较薄，不需要进行片边。当皮里与皮里压茬时，上压件片宽 4~6mm，边口留厚 0.2~0.6mm；被压件片宽 4~6mm，片边出口。里部件搭接处若不缝合，而是采用黏合法时，搭接量为 10mm，片宽 10~12mm，边口留厚 0.3~0.4mm。

（2）片切割边　某些部件即不要压茬，也不需要进行折边，但为防止其肉面层的绒毛外露而影响产品的外观，也需要进行片边，这种操作称为片切割边。

不同的品类、不同的部件，在片切割边时的要求也不同，例如：内耳式鞋的鞋舌为暗鞋舌，其下口片压茬，与前帮（或中帮）结合，其余三边也要片去一部分网状层，且片宽 8~9mm，边口留厚 0.5~0.8mm。因这三边即不是压茬边，也不是折边部件，故称为切割边。

鞋后帮合缝处也是切割边。为了合缝、劈缝平整无棱，缝线整齐流畅，需要进行片切割边。面料片宽 3~5mm，边口留厚 0.7~1.0mm；里料片宽 5~6mm，边口留厚 0.5mm。

鞋后帮上口若不进行折边，而是进行沿口等装饰性的操作时，也属于切割边，但进行什么类型的装饰加工，采用何种加工方法都会影响切割边的边口留厚。如女式浅口鞋，后帮上口沿细口时，片切割边后的边缘厚度可薄至 0.6~0.9mm；而男式鞋沿宽口时，片切割边后的边缘厚度可达 1.0~1.2mm；劳保鞋后帮上口的边缘厚度甚至可以达到 1.2~2.2mm。

三、片料操作

片料操作分手工和机器两种。目前，通片和片边一般均采用机器操作。个别情况下片边后如有质量问题，可以用手工的方法进行调整处理。

（一）片料操作步骤及质量要求

1. 操作步骤

机器片料操作步骤如下。

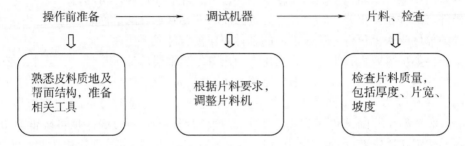

操作前准备 ⟶ 调试机器 ⟶ 片料、检查

| 熟悉皮料质地及帮面结构，准备相关工具 | 根据片料要求，调整片料机 | 检查片料质量，包括厚度、片宽、坡度 |

2. 片料质量要求

①片剖后的鞋帮部件边口不得有卷边、厚薄不均、宽窄不一、片削面呈波浪状以及皮料延伸现象。

②内包头、主跟的片宽为 8mm，边口留厚 0.3mm。

③需定型的前帮盖在定型后再片皮，前帮盖衬布处的片宽不得超过 4mm。

④有些棉皮鞋头帮在定型后须进行两次开料（定型后核对跷度，再按样板修剪整齐），头帮则要在定型后再片皮，较厚皮里的帮脚位也需要片皮，片宽为 4mm。

⑤若松紧布需要片削，则需用胶粘剂粘牢敲平后才能进行。

（二）机器片料

1. 通片

通片时采用的设备主要是带刀型剖层机和圆刀片皮机。带刀型通片机主要用于片削大面积的面革和部件的通片；圆刀片皮机主要用于部件边缘的片边操作，也可用于面积较小的部件的通片，如沿口皮、穿条编花皮、保险皮等。高端带刀片皮机（图2-3）能够显示片皮厚度，自动调整刀具压力板间隙以提高片皮精度，还可以在片削不同的皮革时调节片削压力。

带刀型通片机的主要工作机构为带刀、传动轮、上下夹板、上下送料辊及磨刀装置。机器开动后，传动轮带动带刀高速旋转，上下夹板控制带刀，避免其上下波动；上下送料辊将面革（或部件）送进，遇到刀刃时，面料被剖开，废料进入机器底部的废料出口，片削后的

图 2-3 带刀片皮机

面料由上口送出，如图 2-4 所示。

　　使用带刀通片机时，先将上下夹板和上下辊的位置调整准确，再用零碎皮块试片，当片出的厚度达到规定值时，才能开始正式通片。操作前先将面革摊平，在革面上用油浸棉布擦拭，以利于通片操作的顺利进行。双手将摊平的面革送进通片机的滚辊，使皮料自然进入通片机，不要硬推硬拉，否则片刨后的厚薄不匀。

　　被片料件的形状多种多样，应选择料件形状比较完整的、缺口较小的部位进刀，如图 2-5 所示。

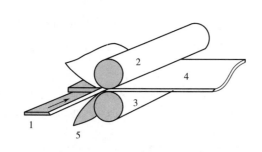

图 2-4　带刀片皮机片剖示意图
1—带刀　2—上压辊　3—下压辊　4—片剖料件　5—废料

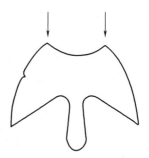

图 2-5　通片的进刀位置

2. 片边

　　一般都采用圆刀片皮机进行片边，当机器片边有轻微的质量问题时，常常使用手工方法进行修整。图 2-6（a）为圆刀片皮机，可用于皮革、人造革、橡胶等材质部件的片边。图 2-6（b）为调速吸尘片皮机，适用于不同材质与复杂形状的片边，这种片皮机设有全封闭除尘装置，对皮条和粉末进行分级收集，并可以通过手动或踏板来控制送料速度。

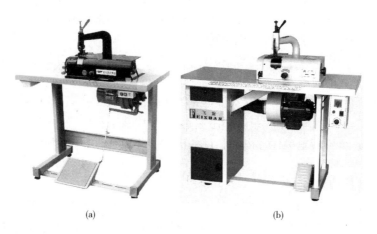

（a）　　　　　　　　　　　　　　　　（b）

图 2-6　片皮机
（a）圆刀片皮机　（b）调速吸尘片皮机

圆刀片皮机的主要工作机构为圆刀、送料轮、压脚、挡板和磨刀砂轮。通过调整压脚的角度，可以改变片削面的形状；调整挡板的位置可以控制片削宽度。当机器开动后，料件被送料轮的旋转摩擦力带动，推向高速旋转的圆刀刃口并被片削，废料从刀刃下的废料口排出，片削后的料件从刀刃上面通过。

采用圆刀片皮机时，先要将压脚的弧度与圆刀的弧度调整至同心圆的位置，试片后才能正式进行片削。片削时，左手将料件送入压脚和送料轮之间，右手接住片削后的料件。

片边时，用左手的拇指、食指和中指握住被片料件，使料件的一边与挡板接触，从机器的左边平稳地将料件送入压脚与送料轮之间，料件被送料轮推至旋转的圆刀刀口处，经过刀刃的片削后，从压脚的右侧送出；用右手大拇指和食指接住片过的材料顺势往右牵引，此时不可用力往外拉以免造成片剖面呈波浪形或有边口延伸现象。片好第一片后，对照实物样板或样品帮进行自检。

在片削内圆弧边时，左手使帮料后端翘起，前端送入压脚与送料轮之间，右手稍用力捏住帮料，配合其弧度而转动方向；片外圆弧边时，左手送料时放平送入，右手稍用力捏住帮料，配合其弧度而转动方向。

在片削较薄、较软的料件时，采用直压脚，圆刀必须锋利。先将部件抚平，然后再送入压脚进行片削，不可硬推硬拉，否则会出现片边宽窄不一、破洞、缺边少角等现象，造成次品或废品。

对于厚、硬的部件，在片边时应先片去一角，然后再送入压脚进行片边，否则由于皮革厚、硬而容易将送料轮压低，造成片破、片洞等缺陷。英国 USM 公司生产出了片剖厚、硬材料专用的片皮机。

对于发涩的部件，在片边时应先用蘸过机油的软布擦拭部件表面，然后再进行片边。在梅雨季节，由于空气潮湿，在皮革的表面上容易附积水分，特别是用树脂涂饰的面革，其表面上的水分不易被吸收，在片削时往往出现送料不畅的情况，也应该按照上述方法进行预处理，如果硬推硬拉，部件容易产生变形或形成皱褶，使片出的边缘残缺不齐或有片洞。在片边之前，用一种类似于透明胶带纸的塑料薄膜粘在压脚的下端，在片削发涩的料件时就不会出现送料不畅的现象了。

在整个片削操作过程中，要经常检查片削质量，防止由于刀刃磨损或送料轮、压脚、圆刀刃口三者的位置发生松动而影响片削质量。

在大规模的生产过程中，被片料件都是按部件的形状或种类分类捆扎在一起的，一般每 10 个料件为一捆。操作者一般都用左手一次拿 10 个料件，并连续不断地将料件送入，而右手在连续不断地接住片出的料件的同时，将料件重新整理好。这样可以提高工作效率。

（三）手工片料或改刀

由于天然皮革纤维的编织紧密程度不一致，原料皮的厚度或部件厚度不一致，部件形状复杂等原因，某些部位（如转弯处、两部件的相叠处、交接处等）机器片剖不到位、片边后不符合规格要求。对机片后不符合规格要求的部件进行手工改片、修整、补削的操作称为改刀。

常见的改刀情况有：

①折边部件片边时未片边出口，边口留厚过大。

②片边后斜面宽窄不一致、厚薄不一致，或高低不平，呈波浪状。

③部件形体复杂、转角较多，形成机器片边的"死角"部位。

手工片料或改刀操作时，左手大拇指与食指捏紧部件边缘，同时食指第二关节顶住片石或垫板边口。右手握紧片刀，刀呈倾斜状态，对准需要改刀的部位，按照工艺需求进行片料、修整。注意右手将片刀压紧，手腕要稳，避免忽高忽低，以免出现片口斜坡不一、厚薄不均匀或者片破帮部件等情况。

第二节 折边前工序

折边是制帮过程中的一道重要工序，它直接影响着产品的外观及内在质量。为了做好折边操作，在折边之前，需要进行以下工序。

一、检 点

经过片削加工后的帮部件，在进入折边工序之前，都必须逐一通过质检。质检人员根据工艺操作规程及产品质量要求，主要检查部件的外观（如帮面有无皮疤、色差）及内在质量，主次部件的用料是否合理，部件在上道工序中是否有操作伤等。如发现部件较薄、较软，则必须在折边前加衬补强；片坏的部件必须剔除。

检点后需要对帮面、帮里部件进行初步的检点、清理、配齐（色泽、皮纹粗细等），避免不同尺码的部件混淆。

二、粘 贴 衬 布

（一）目的

为提高成鞋的成型稳定性，改善皮面的丰满度和质感，都需要对帮面进行粘贴衬布。如下列情况：

①经过片削处理的帮部件边缘，其皮革的纤维组织受到了一定程度的破坏、抗张强度有所降低。

②薄软的皮革面料（如山羊皮和犊牛皮）或厚度低于规定厚度的帮部件。

③需要通过补强来提高部件强度或成型稳定性的部位（如鞋口部位、装饰件安装部位，耳式鞋的鞋耳、高腰靴、半高腰鞋的脚腕部位等）。

④纤细的、硬挺度不足或在穿用过程中受力较大的条带形部件（如鞋钎带、凉鞋条带等）。

⑤多个部件重叠在一起，使得鞋身表面出现"凹凸"现象的部位。

⑥采用内、外怀两片组合结构的后帮。

（二）衬布的种类及作用

常用的粘贴用衬布主要有定型布、热粘衬、细布、衬绒、无纺布、薄里革等。如帮面使用 0.4mm 厚的白色定型布，鞋带使用 0.4mm 厚的单面胶纤维片，折边使用

5.0mm×0.2mm 的双面胶保险带，鞋帮后合缝处使用 10.0mm×0.2mm 的双面胶保险带，舌式鞋的鞋舌则使用 0.4mm 厚的单面胶纤维片等。

为适应制鞋工业的装配化快速生产的需要，具有一定厚度、宽度或面积的衬条、衬料分别被制成无胶的、单面背衬胶的和双面背衬胶的多种品种，以适应不同的用途。粘贴用衬布的类型及作用见表 2-4。

表 2-4　　　　　　　　　　　　粘贴用衬布的类型与作用

类 型		特 点	适用范围
衬布类	纺织布类	伸缩性能有经纬方向的差异，裁断时需注意方向，弹性小	衬贴小牛皮和软面革，可用于绅士鞋、时装鞋、凉鞋
	针织（螺纹）布类	伸缩性和弹性大，裁断时无须注意方向	衬贴纳帕革，可用于休闲鞋、套帮工艺鞋、运动便鞋、沙滩鞋、靴子，主要做定型布
	无纺布类	薄、硬、挺 具有各种厚度规格	时装鞋的鞋舌粘衬、耳式鞋的鞋耳内衬、条带凉鞋的定型与补强衬，各种皮革的添补厚度和补强
加强带类（补强带、保险带）	织带	丰满厚实	鞋口边缘补强
	尼龙带	薄、强度高	女鞋鞋口边缘及条带的补强
	金属丝		细条带凉鞋的补强
鞋里内衬革类		多用第三、四层皮革，或皮纤维制成的皮浆板，无须涂饰或染色，透气性好	填补皮革厚度的不足，可做鞋舌、鞋耳的内衬
微孔泡沫片类（切片）		EVA 轻泡片、聚乙烯微孔片材，0.2~1.0mm	用于填补人造革的厚度

（三）使用方法

粘贴衬布工序流程如下：

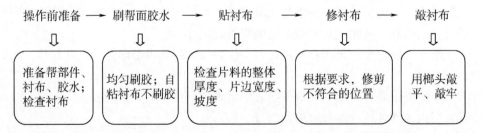

粘贴衬布时，必须根据生产企业自身的工艺、设备、所用皮革等情况加以选择，不可盲目套用。

使用衬布之前，一般要先在衬布上刷胶，然后与帮部件粘贴在一起，也可以将衬布与前帮布里黏合在一起使用。

使用单面背衬胶的衬布时，只需要将衬布平放在帮料肉面的正确位置处，然后用电熨斗或烫布机在衬布上熨烫，即可将衬布中的热熔胶熔化，并使用衬布与帮料黏合在一起。冷粘时通常控制温度在 70~80℃，热烫温度通常为 100~110℃。黏合必须牢固，不得有起壳、起皱现象。烫布机皮带要保持清洁，防止污染鞋面。

需要说明的是：如果粘贴衬布的部位是曲跷的部位，在粘贴衬布时则必须使用手工曲跷台，使粘贴衬布后的部件自然形成一定的跷度，这样，在以后的绷帮定型中，帮套容易伏楦，帮面也不易产生皱褶。

图 2-7 为女式浅口鞋的粘贴衬布示意图。一般要求在鞋口处粘贴补强带；衬布下口边缘距帮面底口 8mm，衬布的上口边缘距帮面上口 5mm，且要超出主跟上口 3mm。

需要说明的是：为便于绷帮定型，内包头部位的衬布应斜向套裁，而主跟部位的衬布则应顺着织物的织机方向套裁。这样，对绷帮操作及帮套定型均有利。

图 2-8 为围盖式鞋粘贴衬布示意图。要求衬布下口边缘距前帮围底口 8mm，衬布的上口边缘距前帮围上口 3mm；鞋舌用 EVA 乳胶绵补强，其边缘缩进鞋舌边缘 3mm；对前帮补强时，衬布的上口要缩进 5mm，其余处超出 3mm；后中帮则采取全贴的方法进行补强。

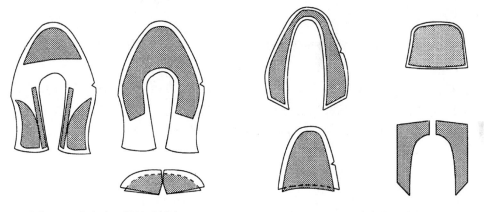

图 2-7　女式浅口鞋粘贴衬布　　　　图 2-8　围盖式鞋粘贴衬布

图 2-9 为耳式鞋粘贴衬布示意图。要求衬布的下口边缘缩进前帮底口 8mm，衬布的上口边缘距前帮上口 3mm；鞋眼处也粘贴补强片；对后帮进行补强时，衬布的上口要缩进 3mm，下口处缩进后帮底口 8mm。

图 2-10 为高腰靴前帮部位粘贴衬布示意图，以提高靴面跗背部位的定型效果。

由于经过片削处理，帮部件边缘处的皮革纤维受到了一定程度的破坏，在折边的同时粘贴衬带，不仅可以起到补强的作用，而且还可以使折边后的边口饱满、挺括，不易变形。操作时，只需要将双面背衬胶的衬带沿着帮部件的折边边缘粘好，在折边时将其包裹即可，如图 2-11 所示。

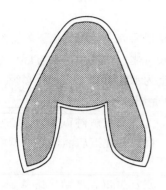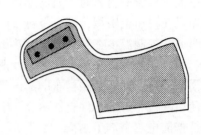

图 2-9　耳式鞋粘贴衬布

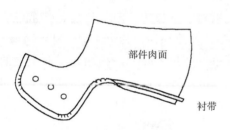

图 2-10　高腰靴前帮部位粘贴衬布　　图 2-11　粘贴衬条

部件肉面

衬带

后帮合缝处一般都使用规格为 10.0mm×0.2mm 的双面胶补强带进行补强。大型制鞋企业现今多采用机器粘贴补强带的方法，设备制造商也开发出了后帮合缝处上条压粘机，可以实现自动粘贴、压伏补强带的操作，工作效率显著提高。

第三节　折　　边

折边是皮鞋制帮过程中的一项重要操作，折边后的部件边缘光滑整齐，增添了产品的美感。折边后产生的不同的边缘厚度及形体给人以不同的质感。

折边操作中所用的样板称为折边样板，常规产品的折边量一般为 4~6mm。

一、折 边 类 型

皮鞋款式的千变万化，主要表现在帮面结构、帮面的美化装饰、头式、跟高、底型及所用材料的色泽、材质等方面。帮面结构或帮部件的形状不同，导致折边的类型也不同。常见的折边类型如下几种。

1. 直线型

部件边缘呈直线型，其外轮廓线与折边线平行且间距相等。常见的有条带式凉鞋的条带，穿条编花用条带，横条舌式鞋的横条，部件边缘用的沿口皮，及部分帮部件的分割线等。这类部件要求片边均匀，宽窄、厚薄一致，折边平直。

对于长且直的条带，最好使用专用设备进行折边，以保证折边质量。

2. 凸弧型

部件边缘呈外凸弧线型，如耳式鞋的鞋耳部位。片边后部件的外轮廓线弧长大于对应的折边样板的轮廓线弧长。因此，在折边时，欲使折边平伏、整齐，则必须在折边时将部件多余的部分打褶。要求打褶细密、均匀，折边后的部件边缘光滑、自然、平伏，无棱角，如图2-12所示。

3. 凹弧型

部件边缘呈凹弧型，折边的轮廓线弧长比相应折边样板的轮廓线弧长要短，如女式圆口鞋的圆口部位。为使折边平伏，则必须使部件边缘的轮廓线

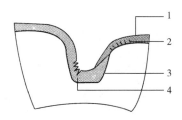

图2-12　凸、凹弧型部件折边
1—部件边缘线　2—样板边缘线
3—折边皱折　4—剪口

弧长大于相应样板的轮廓线弧长。而仅仅依靠天然皮革的延伸性是很难达到这一目的的。如果部件凹弧的曲率半径很大，部件边缘的弧线近似于直线，这时可以不进行任何处理，而按照直线型部件的折边方法进行折边。如果部件凹弧的曲率半径很小，若不进行任何处理，则很难将部件边缘折得平伏。这时，只有在部件边缘上打"剪口"，才能补充所需要的伸长部分。剪口的疏密、深浅要根据部件凹弧的曲率半径的大小来决定，如图2-12所示。

凹弧的曲率半径较大，打剪口要疏、浅；凹弧的曲率半径较小，打剪口要密、深。即所谓的"弯大疏浅，弯小密深"。

打剪口时，剪口的深度一般为折边宽度的2/5~3/5，剪口过浅，折边时难以折得平伏，剪口过深或剪口打至折边线的边口处时，在绷帮及脱楦时易将边口撕裂。

剪口的密度一般以剪口间距为1~2mm为宜，剪口过稀，折边时难以折得平伏，剪口过密，则影响部件边口的强度。

剪口的方向与部件边缘线垂直。

操作时要求剪口的疏密、疏浅程度一致，折边后部件的边缘平伏、光滑、流畅，无棱突、皱褶现象。

4. 尖角型

帮部件需要折边的部位呈尖角形，如横条舌式鞋的横条四个角。折边时，按照折边方向（逆时针方向），在先折的一边靠近尖角处打一剪口，剪口深度距样板的尖角0.2~0.5mm，剪口斜切向肉面层，以保证尖角轮廓鲜明，不露白茬和肉面。切口角度β要小于样板尖角角度（α）的2/3。折回另外一边后，将多余的边缘剪去，如图2-13所示。

5. 角谷型

帮部件的折边部位呈两边夹一谷的状态，常见于装饰性的条带。为了保证两边的形体不变，而且角谷转折鲜明，在折边时，应在角谷底部的尖角处打一剪口，剪口深度距

谷底0.2mm，剪口深度不得超过谷底，以免折边后露茬。这类帮部件在片边时要十分注意，若片料太厚，折边时难度大，且不易平伏；若片料太薄，折边时易撕裂边口。因此，一般要在谷底缺茬的三角区粘贴衬布如图2-14所示。

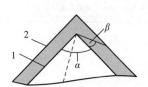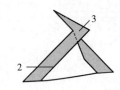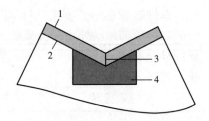

图2-13　尖角型部件的折边　　　　　　图2-14　角谷型部件的折边
1—样板边缘　2—部件边缘　3—多余的边缘　　　　1—部件边缘　2—样板边缘
　　　　　　　　　　　　　　　　　　　　　　　3—剪口线　4—衬布

二、折边用胶粘剂

胶粘剂是制鞋过程中的主要辅料。帮料和底料的材质不同，所用的胶粘剂也不同；制备胶粘剂时所用的原料及配方不同，胶粘剂的性质和用途也不同。因此，必须根据黏合用途、被粘材料的性质及特点，在众多胶粘剂中选择合适的品种，否则会影响黏合强度和产品外观及内在质量。

制帮过程中常用的胶粘剂主要有以下几种：

1. 橡胶胶粘剂

橡胶胶粘剂又称为汽油胶，企业俗称"粉胶"，为白色或淡黄色黏液，是将加硫橡胶溶解于120号汽油中制成的，橡胶与汽油的比例为5∶95。汽油胶具有初期黏合强度高的特点，是制帮过程中使用范围最广的一种胶粘剂，可用于贴楦、粘贴样板、折边、粘贴补强衬件、粘贴帮里以及部件之间的镶接等。

2. 聚乙烯醇胶粘剂

聚乙烯醇胶粘剂又称为化学糨糊，是由聚醋酸乙烯酯经皂化制得聚乙烯醇，然后再与甲醛进行缩聚反应而制成的。它是一种水溶性胶粘剂，无毒、不易发霉，在制帮过程中主要用于粘贴前帮布里及鞋舌里等，在绷帮过程中可以黏合主跟及内包头。刷胶后的主跟及内包头可以存放较长的时间，在绷帮前略加烘烤，主跟及内包头即可回软。不过用聚乙烯醇缩醛黏合的主跟、内包头在变干后的硬度较低。

3. 热熔型胶粘剂

热熔型胶粘剂的种类较多，制鞋工业中使用的主要有聚酯型、聚酰胺型和聚烯烃型三类。热熔胶不含有毒性的溶剂，形成的胶膜富有弹性，克服了以往制帮用胶粘剂使刷胶部位变硬、透气性下降的缺点，对整型布和定型布不产生位移、起泡、分离和起皱，使鞋靴帮面美观、平整且透气排汗。制帮过程中低熔点的聚酰胺型热熔胶主要用于机器折边，喷涂在无纺布上可制作热粘衬、热熔型主跟、内包头，也可以直接喷在鞋帮的前尖和后跟部位。

4. 氯丁胶胶粘剂

氯丁胶胶粘剂以由氯丁二烯乳液聚合而成的氯丁橡胶为主要成分，配以其他的金属氧化物、树脂、防老化剂、溶剂、填充剂、交联剂和促进剂等而制成。氯丁胶胶粘剂分溶剂型、乳液型和无溶剂型三类，制帮过程中可使用氯丁胶的情况有以下几种：需要折边的部件很窄或折边后部件边缘不缝线；女鞋中花结与帮面的粘贴；花结腰箍的镶接等。

三、折边操作

目前，制鞋企业中折边操作仍然以手工为主、机器为辅。

1. 操作步骤

①手工折边操作流程如下：

操作前准备 ⟶ 刷胶水 ⟶ 贴补强布条 ⟶ 粘补强丝带 ⟶ 打剪口 ⟶ 比样板 ⟶ 折边 ⟶ 点标志点

准备折边样板、工具、胶水

口门周圈刷胶12mm，距边5mm粘丝带

②机器折边操作流程如下：熟悉机器→调整机器→折边。

机器折边适用于造型简单的部件。在折直线边和简单弧线边时，其折边效率远高于手工折边，但对于造型复杂，转弯较多的部件，其折边效果较差，尤其是同双鞋的对应部件，很难折得对称一致。

机器折边不需要预先刷胶，而是采用热熔胶。开动机器后，喷胶口对准折边部位边喷胶边折边，包括粘贴衬带、打剪口等操作均为联动操作。

对于织物类部件的折边，有些企业使用浸蜡的方法（蜡液配方：黄蜡 11%，白石蜡89%，温度 100~120℃），浸蜡后晾至 10~20℃，然后使用机器折边，可以防止纤维型料件的毛茬外露。

图 2-15 为一款自动上胶折边机，是自动上胶与鞋面折边机的组合。具有自动控制剪口，自动慢速、电机控制定位、自动抬压脚等功能，从而可以对凹弧型、凸弧型的部件进行折边。另外，采用热熔胶，也可以对已上胶部件进行折边，光敏电阻可稳定、准确地控制自动出胶，并通过按钮调节热熔胶温

图 2-15　自动上胶折边机

度及流量，实现了鞋帮折边作业智能化。

设备制造商，如 USM 和 SAGITTA 等公司已开发出了电脑折边机，适用于任何形状部件的折边。

2. 质量要点

折边后的部件边口平伏、线条流畅，无捶伤、无崩裂、无棱突、无尖角歪斜现象，丝带、剪刀花不外露，左右部件的形状对称一致。

第四节 涂 边 油

一、目 的

一刀光的部件边口在抛光后易产生毛边。如果部件边缘不进行折边、滚边或者包边操作，而是采用一刀光时，为提高一刀光部件的外观质量，一般情况下需要使用边油进行涂边。边油是一种用于皮革制品的半液态涂料，具有多种颜色，可以对边缘起到美化与修饰作用。

二、操 作

涂油边包括手工和机器两种方式。

1. 手工涂边油

操作流程如下：了解工艺→调试油墨→涂边油→检查。

了解工艺：一般情况下，对不透染的一刀光皮质部件涂本色边油，但也有涂反差边油的特殊工艺。

图 2-16 单边油边机

调试油墨：按照工艺配方调试边油，用本色碎皮试涂。边油干后边口与皮面基本呈本色。若没有对应的颜色，则需要调色。

涂边油：剪一块大小适中的海绵，左手捏住需涂边油的帮面，将边口朝上，右手拿海绵沾上适量边油，先在帮脚或边缘涂一小段检查颜色是否与帮面相符；检查无色差后，则用力均匀地从前往后涂。

2. 机器油边

采用机器油边，则需要将机器调试好之后，用边角料试涂边油，调整合适之后方可对鞋帮一刀光部件进行油边操作。图 2-16 为单边油边机，可以对不规则的部件进行油边，且速度可以根据需要来调整。

<h2 style="text-align:center">三、注意事项与质量要求</h2>

①每一片涂好边油后，有顺序的间隔排放整齐，不可重叠，以免油墨未干而互相串染。

②操作时如有边油溢到帮面或鞋里上时，立即用海绵擦干净。

③涂边油厚薄均匀，边口无漏涂和油墨堆积现象。

第五节　皮鞋帮面的美化装饰手法

皮鞋是人们生活中必不可少的一种日用消费品，不仅要求它具有使用价值，而且还应该有美化生活的作用。皮鞋的魅力不仅仅在于其穿着的舒适性，更重要的是它能够体现穿着者的美学修养及个人品位。

作为一种艺术产品，皮鞋的美化手法主要表现在头式、跟型、底型和材料的色彩、色泽、材质等方面的变化与组合，而帮面的美化装饰是其中的一个重要组成部分，包括刻、凿、穿、编、缝、镶、嵌、装等内容。

<h2 style="text-align:center">一、刻</h2>

刻是指使用刻刀或机器设备将帮部件刻穿，形成一定形状和规格的孔洞或花纹的操作。

机器裁断时，使用特制的刀模，在裁断的同时对帮部件进行刻穿，这种方法最为简便。但对于生产批量不大的产品，或刀模加工不便的企业来说，则不宜采用这种方法。

采用花眼冲将帮部件冲穿，也可以达到"刻"的目的。也有一种刻花孔机，专门用于春秋鞋或者凉鞋雕刻花孔。

刻穿操作所用的刻刀与三角刀不同，其刃口与刀柄垂直。刻穿操作一般在底革或塑料垫板上进行。为了保持孔洞边缘光滑、整齐，一般都采用先缝后刻，即按照标志线先缝线一周，然后在某一点下刀，刻穿后，左手按住部件，右手持刀，用力平稳、均匀地向前推进，直至与起刀处相接。要求刀口光洁，曲线圆滑，刀口距缝线0.8~1.0mm。

如果刻穿帮料是为了后工序的穿条或编花时，刻穿孔洞的宽度应该比条带皮的宽度大1~2.5mm，使得穿条、编花后的帮面平整无皱。

如今，激光技术越来越多地被用于鞋靴美化装饰当中，例如鞋面激光打孔、花样镂空等。其优点在于快速、不抽丝、不毛边，任何复杂花样都可以进行雕刻与镂空。另外，用激光雕刻商标，可实现无缝贴合，在宣传品牌的同时，也对帮面起到装饰美化作用。

<h2 style="text-align:center">二、凿</h2>

凿是指使用冲子在帮部件上冲出孔洞或花边的操作。冲眼分装饰性花眼和功能性花

眼两种。

1. 装饰性花眼

按照比例与分割、对称与均衡、节奏与韵律、主次与强调和视错、统一与变化等美学原则，将不同孔径和不同形状的花眼进行排列、组合，以产生动与静、明与暗、象征与暗示、显露与含蓄等视觉效果。

装饰性花眼在皮鞋帮面的修饰中使用广泛，有时也会与穿条配合使用。花眼的形状主要有不同孔径的圆形、三角形、菱形、波浪形、长方形、正方形及其他不规则的几何形。

2. 功能性花眼

功能性花眼以其在产品中的实用功能为主，兼具装饰功能。如凉鞋、旅游鞋帮面上的透气孔，系带鞋上的鞋眼孔、系卡带的鞋钎孔等。

为了提高其装饰性效果，这类花眼不仅在花眼的形状及排列组合上加以变化，而且所用的材料也多种多样。如鞋眼形状有圆形、六棱形、挂钩形，材质有铝质的、铜质的、镀金的等。

图 2-17　A2-G2-R4 高速机双组八冲头

传统的制鞋工艺中，往往采用手工方法冲孔，不仅劳动强度高、生产效率低，而且产品质量不稳定。目前，智能裁断设备都具有画线、冲孔、切割等多种功能，可以一次完成多项操作，不过，该方法适用于冲孔数量少的部件加工（如冲鞋眼孔或部件边口的装饰性花孔等）。安泽电工有限公司研发了 A2 系列数码皮革冲孔机，如图 2-17 所示，属于机械式冲孔，具有吸尘系统、设备监控系统、误差补偿、路径优化及断点续冲等模块与功能，适用于冲孔数量多的部件加工（如网眼鞋用的整块皮料或部件的冲孔）。

3. 花边

使用裁断刀模、花形冲、刻刀、剪刀等工具，将帮部件边口冲切成各种花形，从而对帮部件进行装饰。这种方法多用于童鞋和年轻女性等消费群体的产品上，给人以活泼、雅致、跳跃等动感。将此手法应用于男鞋上，则可以赋予产品活力、豪华感等。

三、穿

用一刀光皮条或折边后的皮条在帮部件上冲好花眼的位置穿、编，从而形成一定的形体图案的操作称为穿。穿主要用于帮面的美化修饰。不同的穿条手法会产生不同的修饰效果。

条用的引针可以是发夹、竹针，也可以是缝纫用针。使用前要将针尖磨秃，既可以防止在穿条时扎伤手指，又使得穿条更加容易。竹针在使用前将针尾劈开，使用时将皮条夹入劈缝即可。

由于天然皮革在粒面粗细、色泽等方面有差别，因此，在选用皮条时要保证同双鞋所用皮条的外观质量对称一致。

在穿条操作过程中，要注意穿条的松紧程度应始终一致，以穿条后部件平伏为准，切忌忽松忽紧。

在刻洞、凿眼及穿条等操作过程中要谨防孔眼口处起毛，从而影响产品的外观。

四、编

编是指用皮条或成型条带（多为塑料或橡塑材料）交叉编织，从而形成平面或立体的图案的操作。编花分手工和机器编花两种，机器编花优点在于整齐一致，手工编花则比较灵活。

编花可以用于整个部件，也可以对部件进行局部修饰，美化部件边缘或表面，从而起到丰富鞋靴外观、体现精致工艺与艺术价值的作用。编花的种类很多，编出的图案也多种多样，通常有网眼纹、芦席纹、辫子等，如图2-18所示。

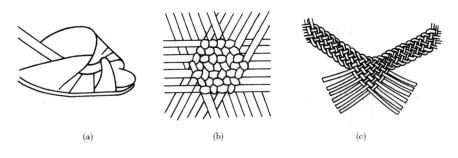

(a)　　　　　　　　　　(b)　　　　　　　　　　(c)

图2-18　编花图例
（a）局部修饰图例　　（b）六角形　　（c）辫子形

五、缝

缝是指用手工或机器的方法，在一整块帮面上缝出花形线迹，或者将两块帮部件缝合在一起，同时产生一定的美化装饰效果。

采用普通的工业缝纫机就可以在帮面上缝出简单的花形图案。目前，普遍采用电脑控制的缝纫机或绣花机进行帮面的美化装饰。后者可以产生具有丰富的色彩、各式各样的字母或花形图案，常用于童鞋和女鞋等产品。电脑刺绣机采用电脑控制操作系统，具有图文显示操作、存储图形花样、自动补绣、自动上下剪线等功能。特别是在停电或中断操作时，机内的存储器可记忆停机前的刺绣状态，再开机后便可以接着停机前的刺绣状态继续进行未完的操作。另外，花样能够在50%～200%的范围内扩大、缩小，在90°甚至360°内以1°为单位进行自由旋转。

传统的缝埂是将一整块或两块帮部件的肉面相对重叠，对缝出埂，这种操作称为缝埂。缝埂一般包括缝埂式、挤埂式和皱头式等几种形式。

1. 缝埂式

缝埂分为整块前帮缝埂（图2-19）和围盖缝埂两种，用于舌式鞋。

2. 挤埂式

挤埂法（图2-20）也是使用整块前帮，先手工挤埂，然后机器缝埂。同缝埂一样用于舌式鞋的装饰。挤埂也可以不夹埂线，而是在挤出埂后直接进行挤缝，当然肉面要进行粘贴加固。

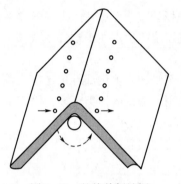

图2-19　整块前帮缝埂

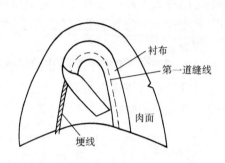

图2-20　挤埂

挤埂造型的不同，其表现力和风格也不同。埂线粗大，使产品显得粗犷豪迈；埂线细小则赋予产品柔韧、流畅、富有女性的线条美。如果内夹的金、银或彩色的埂线可以外露，则可呈现闪光，具有跳动、华贵、浪漫等气息。图2-21为挤埂结构。

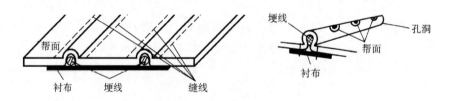

图2-21　挤埂结构

3. 皱头式

皱头式缝埂一般用于前帮盖与前帮围的缝合。由于前帮围弧长大于前帮盖弧长，用蜡线或尼龙线缝合时，在缝线力的作用下，前帮围上的孔距缩短，与前帮盖上的孔眼对齐，从而形成皱褶。用于皱头式缝埂的面革应柔软、丰满、有弹性，便于起皱。

根据缝制手法的不同，皱头式分为单线缝交叉皱头式（俗称烧麦式）、双线缝皱头麦粒式（俗称皱头麦粒式、围包盖式）和包缝皱头式（盖包围式）三种，如图2-22所示。

CIUCANI公司已开发出名为"马克结帮式帮面缝结机"的设备，这种机器不仅可以完成上述各种手工缝帮的操作，而且增加了缝合的方式，提高了缝合质量，缝合速度是手工操作的10倍。

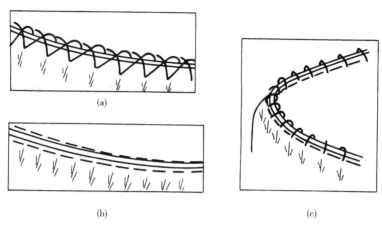

图 2-22 皱头式缝埂

（a）单线缝交叉皱头式 （b）双线缝麦粒皱头式 （c）包缝皱头式

六、镶

镶是指在一只鞋帮上有两种或两种以上的不同颜色或不同材料的搭配使用，从而组成一个多色或多材料的完整帮套，又称为镶饰，多用于女鞋和童鞋。

镶饰既可以用于部件与部件之间的镶接，也可以用在一个部件上不同颜色或不同材质之间的镶接，如图 2-23 所示。

图 2-23 镶的应用

七、嵌

使用与主要部件近色或异色的材料嵌在主要部件的边缘或中间，以"线"的手法产生不同美学效果的操作称为嵌。嵌线属于装饰性工艺，多用于女鞋。根据嵌线的位置不同，嵌线可以分为粘贴嵌线和机缝中嵌线两种。

（一）粘贴嵌线

粘贴嵌线主要用于部件的边缘，所以又称为嵌边线。

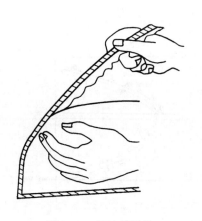

图 2-24 嵌边线操作

嵌边线时，可以使用成型的嵌线皮，也可以自制。自制嵌线皮时，从面革或其他材料上截取一定宽度的料条，料条的宽度等于嵌线皮在主要部件边缘的外露宽度加上压茬宽度（6~8mm）。将料条的一边折边，另一边片边出口。如果嵌线皮为皮革材料时，则要在粒面处片边出口，以便于嵌线皮的粘贴。

粘贴嵌线时，将部件粒面朝上，平置于垫板或片石上；右手将嵌线皮置于部件边口下，并根据设计要求外露一定的宽度（一般为1mm），从左向右开始粘贴；左手的食指和中指在部件的边缘将嵌线皮按压粘住，右手拉嵌线皮，使之在部件边口露出的宽度保持一致，左手的手指边移动边按压，如图 2-24 所示。

同折边操作一样，粘贴嵌线皮至下凹型弧线部位时，需要在嵌线皮的边口上打剪口，并根据弧线曲率半径的大小来决定剪口的密度和深浅；粘贴嵌线皮至上凸型弧线部位时，为避免嵌线皮在转弯处形成棱突尖角，一般需要将嵌线皮的边口剪成三角形缺口而不是进行打褶；粘贴嵌线皮至尖角处时，同样需要打三角形剪口，剪口不得过深或过浅，过深时尖角端点处的嵌线皮易断，而剪口过浅时，嵌线皮在转角处不易形成尖角。

嵌线皮的外露宽度宜窄，以突出女性柔美、纤细的特点；外露宽度应始终保持一致。

粘贴嵌线皮完毕后，用榔头捶平。

由于嵌边线操作较为复杂，许多鞋厂大都采用沿口对女鞋的部件边口进行装饰。

（二）机缝中嵌线

在两个部件的中间缝上一条嵌线的操作称为机缝中嵌线。

机缝中嵌线的嵌线皮是由面革经过通片后冲裁而成的，其宽度一般为5mm。

操作时，将嵌线皮条与部件 1 粒面相对，边口对齐，距边 0.8~1.0mm 缝线一道，如图 2-25（a）所示；在嵌线皮条的肉面缝线处刷胶、晾干后，肉面相对折回、黏合如图 2-25（b）所示；再将嵌线皮条的另一边口与部件 2 粒面相对，边口对齐，距边 0.8~1.0mm 缝线一道，如图 2-25（c）所示；在嵌线皮条的肉面缝线处刷胶、晾干后，肉面相对折回，黏合，最后将两侧的部件展开，嵌线就显露在两部件中间，如图 2-25（d）所示。

机缝中嵌线时，要严格控制嵌线皮条的宽度及两次缝线的距边宽度，否则两部件中间的嵌线就会显得粗细不匀。

欲使两部件中间外露的嵌线皮条很窄时，可以先将皮条肉面刷胶、晾干，肉面相对，边口对齐，折回，粘牢；然后将两侧的部件粒面相对，中间夹折边后的皮条或花齿边皮条，缝合后展开，敲平即可，如图 2-26 所示。

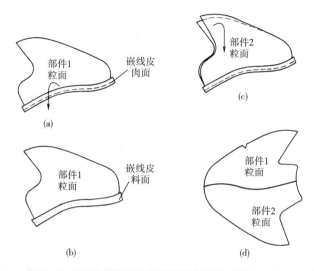

图 2-25　机缝中嵌线操作

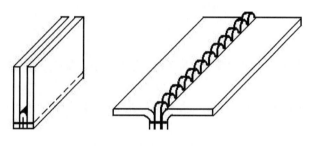

图 2-26　机缝窄条中嵌线

八、装

在帮部件上钉装各种装饰件和功能件的操作称为装。有些功能件同时也具有装饰功效，故又称为功能性装饰件。

（一）装功能性装饰件

1. 装鞋眼

鞋眼不仅能保护鞋耳上的穿带孔不被拉伸变形或拉坏，而且便于将鞋带穿入孔眼，同时还具有美化装饰作用。

（1）鞋眼的种类　从材质上看，鞋眼可以分为铝质、铜质、铁质和塑料类等；从色泽上看，可以分为金、银、黑、白、彩色、透明等；从形状上看，可以分为圆形、六角形、椭圆形等；从安装手法上可以分为明鞋眼和暗鞋眼等；从产品型式上看，可以分为平脚鞋眼、开花鞋眼以及和合鞋眼等，如图 2-27 所示。

鞋眼的圆孔直径是其主要的尺寸规格。为使鞋眼安装牢固，在穿着使用过程中不会脱落，一般要求鞋耳上的孔径略小于鞋眼脚的外径，这样，将鞋眼穿入鞋耳上的孔眼中

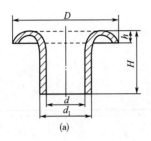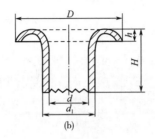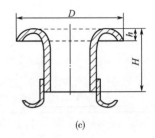

图 2-27　鞋眼的产品型式

（a）平脚鞋眼　　（b）开花鞋眼　　（c）和合鞋眼

后，鞋眼不易发生转动或脱落；鞋眼脚经过开花、展平后，鞋眼的抗拉力就会更强。

（2）鞋眼的安装种类　鞋眼的安装种类如图 2-28 所示。

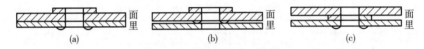

图 2-28　鞋眼的安装种类

（a）明脚明鞋眼　　（b）暗脚明鞋眼　　（c）暗鞋眼

①装明鞋眼：从帮面上可以看到的鞋眼称为明鞋眼，反之，看不到的鞋眼则称为暗鞋眼。

将鞋眼脚连同帮面和帮里一起穿过，经开花后，鞋眼脚翻卷在帮里上鞋眼孔的周边，这种鞋眼被称为明脚明鞋眼。

在装鞋眼之前，先将帮面与帮里揭开；鞋眼从帮面上的孔眼中穿入，并在帮面的肉面上将鞋眼脚开花、敲平；最后，将帮里对准帮面上的各个孔眼位置黏合，使鞋眼脚夹在帮面与帮里之间，这种鞋眼被称为暗脚明鞋眼。

②装暗鞋眼：暗鞋眼是装在帮里上，从帮面上看不到鞋眼，其操作方法与明鞋眼的基本相同。

值得注意的是，无论是明鞋眼还是暗鞋眼，在鞋眼脚开花展平时，榔头的敲击力要均匀一致，不能忽重忽轻。过轻时鞋眼脚棱突不平，影响穿着；过重时鞋眼易被敲扁或产生掉漆、镀膜脱落等缺陷，从而影响外观。

（3）安装方法　鞋眼的安装方法分手工和机器两种。

①手工安装：首先将鞋耳粒面朝上，下衬垫板；左手持鞋眼冲，使之刃口对准帮面上鞋眼的标志点，右手握榔头，敲击鞋眼冲，将帮面和帮里凿通。然后将鞋眼从帮面穿入鞋眼孔内；再将帮里朝上，帮面朝下，放在垫板上；左手持开花冲，冲头套入鞋眼脚内，右手握榔头，敲击开花冲，使鞋眼脚向周边翻卷；最后用榔头将鞋眼脚敲平伏，以防在穿着过程中磨脚挂袜。

②机器安装：要使用装鞋眼机。其主要机构由鞋眼送料圆盘、冲眼、开花装置、压脚、弯头、挡板和电机等组成。电机接通电源后，带动鞋眼送料圆盘，将鞋眼以单行排

列，自上而下地输送鞋眼；料件放在弯头上，被压脚压住；冲眼、装鞋眼及开花操作与鞋眼的输送相配合，联动进行。挡板控制鞋眼距部件边缘的距离，压脚的移动间隙决定着鞋眼孔之间的距离。

操作时，首先根据鞋帮尺码的大小，调整好鞋眼之间的距离及鞋眼距部件边缘的距离；然后踩下左脚踏板，使压脚抬起，将鞋耳放在弯头上，鞋耳边靠紧挡板；松开左脚踏板，踩下右脚踏板，开始安装鞋眼。安装完毕时，松开右脚踏板，踩下左脚踏板，将鞋耳取出。依次循环操作，完成其他部件的装鞋眼工作。

图 2-29 为冲孔打扣一体机，可单独或连续安装鞋眼，也可根据要求来调整两眼孔距，与手工相比其加工效率提升 7~14 倍。

2. 装鞋钎

鞋钎通过与鞋带皮的共同作用来缚紧脚背，使鞋跟脚，同时也是一种装饰件。

按照其结构，鞋钎可以分为（有）针钎和无针钎两类。鞋钎的形状多种多样，制作鞋钎的材料也不尽相同。

鞋钎是通过鞋钎皮固定在帮部件上的，如图 2-30 所示。为了穿脱方便，也可使用松紧带来固定无针钎。在安装鞋钎前，要根据鞋钎的内径大小冲裁鞋钎皮。鞋钎皮的宽度略小于鞋钎的内径，但相差范围不得大于 5mm。在安装鞋钎

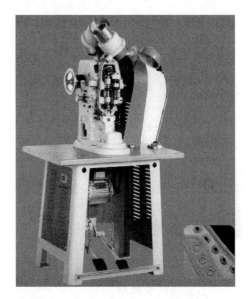

图 2-29　自动冲孔打扣一体机

时，首先在鞋钎皮中间冲孔或将其刻穿，若鞋钎皮插在帮面与帮里之间时，则要将鞋钎皮的两端片削成斜坡状，以免装入鞋钎皮后，帮面产生棱突不平的现象。然后将鞋钎皮穿入鞋钎里，并将钎针插入鞋钎皮的孔眼中，孔眼的大小应确保钎针的活动自如。将鞋钎皮肉面相对，黏合在一起。在鞋钎皮的片削面上刷胶，晾干，插入帮面与帮里之间，黏合，敲平。最后送交缝帮工将鞋钎皮缝合在帮部件上。现在也有使用铆钉固定鞋钎的。

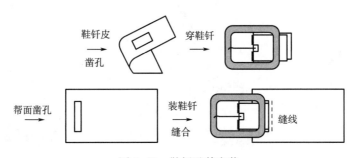

图 2-30　鞋钎及其安装

3. 装铆钉、四合扣、挂钩

（1）铆钉　一般都装在鞋帮的口门部位，防止在绷帮、脱楦及穿用过程中将口门撕裂，起加固前后帮结合的作用，多用于户外、劳保和军品鞋。为体现产品的特定风格，也可将铆钉安装在部件的边口起到装饰作用。

铆钉由子扣和母扣两部分组成。子扣为外凸形，母扣为内凹形。铆钉的安装可以用手工的方法，也可以用机器的方法。

操作时，首先在前后帮接缝处的尖角端点冲孔（防止将缝线冲断），然后将子扣从帮里向外嵌入孔眼中，将母扣对正子扣的顶端，用装铆钉机或专用工具压合，使子扣钉杆的顶端在母扣内膨胀，从而将帮面和帮里牢固结合。

（2）四合扣　四合扣多用于皮衣及其他皮革制品，与鞋钎一样，也可以用于高腰靴的上口。与铆钉一样，四合扣也由子扣和母扣两部分组成。子扣为外凸形，母扣为内凹形。安装时同样要使用专用工具——四合扣装钉器。不过，一般子扣都装在主要部件上，而母扣则装在皮条上。

（3）挂钩　一般用于多眼的高腰靴产品，因为这类产品如只使用鞋眼时，其鞋带的穿脱特别麻烦。因此，往往在跗背及靴筒的下端装鞋眼，而在靴筒的上端装挂钩，如图 2-31 所示。

挂钩由子扣、母扣及挂钩三部分组成。其安装方法与铆钉的安装基本一致，只是在将子扣从帮里向外嵌入孔眼后，要先将挂钩孔套入子扣的钉杆，然后再将母扣对正，覆盖在子扣钉杆的顶端，最后铆合。

4. 装带环、尼龙粘扣

带环分大型和小型两类。前者用于皮衣等皮革制品，也可以与皮条、尼龙粘扣结合使用，做童鞋的缚紧鞋带；后者则主要用于系带鞋，其作用与鞋眼、挂钩相同。

带环有圆形、长方形、三角形、半圆形等形状，表面镀以不同的色泽，也可以使用不同的材料制作，因而具有很好的装饰效果，多用于童鞋和旅游鞋。

根据带环的结构不同，在安装时，有的要使用皮条固定，有的则需要用铆钉固定，如图 2-32 所示。

尼龙粘扣使用方便，因而主要用于童鞋和老年和运动休闲产品中，起缚紧脚背的作用，如图 2-33 所示。尼龙粘扣要与带环结合使用。前者是缝制在帮部件上，而后者一般都用皮条固定。

图 2-31　鞋眼、挂钩的分布　　　　图 2-32　带环的固定　　　　图 2-33　尼龙粘扣的应用

5. 装拉链

由于拉链开合方便，又具有装饰性，因而在皮鞋产品中广泛使用。但由于拉链头在外力的作用下容易自行拉开，因此，又往往与尼龙粘扣或铆钉、四合扣等结合使用。

从材质上看，拉链分为金属（铜质、铝质、铁质）、尼龙和树脂三类；从结构上看，拉链可分为闭尾、开尾和双开拉链三类；从功能上看，拉链可分为自锁、无锁和半自动锁三类；当然还有按照拉链牙型的分类方法。拉链的长短及齿号是其主要规格。鞋用拉链主要是大号、粗齿。鞋用拉链的安装有明拉链和暗拉链两种手法。装拉链操作流程如下：准备材料、工具→划、剪拉链搭位→刷拉链胶→烫拉链搭位→折拉链→刷拉链→刷帮面胶水→贴拉链。

在鞋帮表面明显地露出拉链齿的称为明拉链，如图 2-34（a）所示。安装前，先在部件边口的肉面及拉链织物的两侧边口上刷胶，晾干后，将拉链正面朝上，平放在操作台上，然后将部件边口粘贴在拉链织物的边口上。粘贴时拉链离鞋面和内里边缘都要留空 2~3mm，以免拉链在拉动时被卡住；要使部件边口整齐，中间的宽度保持一致，保证拉链头上下滑动自如，最后由缝帮工沿部件边口缝线一周。料件在送回辅助工后，留出拉链余量，距拉链底口缝线 10mm，多余的剪去，有些企业则用 75W 的电烙铁将拉链余量熔融黏合在部件上。

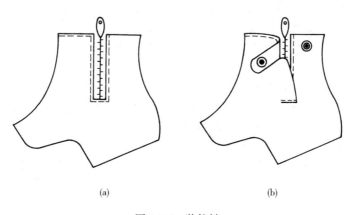

(a)   (b)

图 2-34 装拉链
(a) 明拉链　(b) 暗拉链

需要注意的是，为防止拉链上下滑动而挂袜、划脚，一般都要在拉链的下面粘贴一块长条形衬皮，在缝合时一同缝住。

在鞋帮表面不明显露出拉链齿的称为暗拉链，如图 2-34（b）所示。暗拉链的安装方法与明拉链的基本相同。所不同的是在粘贴时，要求部件边口严格按照拉链织物上的标志线进行黏合，确保拉链拉合后，两侧的部件边口严密合拢。

6. 装松紧布

装有松紧布的鞋子不仅穿脱方便，行走时跟脚；而且可以对稍大或稍小的产品进行"无级"调整，以适应穿用的需要。松紧布多用于童鞋、舌式鞋、棉鞋、女鞋和条带式凉鞋等品种，一般装在跗背、口门、后跟等处。

操作时，先将松紧布的两端片削成斜坡状，以免夹在部件之间起棱磨脚。然后在部件粘贴松紧布的部位以及松紧布的两端刷胶，晾干后，按照标志点黏合。注意同双产品粘贴松紧布的宽窄和长短要一致。

由于松紧布的弹性较大，在将松紧布与帮部件粘贴、缝合时，要在松紧布的下面粘贴衬带，防止在绷帮时帮部件被拉伸变形。待出楦后，再将松紧布剪去。

（二）装装饰件

在帮面上起美化装饰作用的部件称为装饰件。从形态上看，装饰件主要有链、节、环、穗、片、牌、编花等形式。根据结构，装饰件可以分为有脚的和无脚的两类。根据材质，装饰件又可以分为金属三类、塑料三类、皮质三类。

1. 有脚装饰件的安装

有脚装饰件多为金属和塑料类。安装前，先按照标志点将帮部件用冲子冲穿，然后将装饰件的固定脚（一般为左右两个）从帮面分别嵌入孔眼中；将帮面翻转朝下，把装饰件的固定脚左右分开，压平后用不干胶衬布封底即可，如图 2-35 所示。

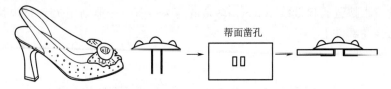

图 2-35　有脚装饰件的固定

2. 无脚装饰件的安装

皮质类装饰件可以直接粘在或缝在帮面上。某些装饰件是先装在皮条或皮块上，然后再将皮条或皮块粘、缝在帮面上。有些装饰件无脚，但其形状为上小下大形，因此，可以按照标志点在帮面上冲出略小于装饰件上端孔径的孔眼，然后将装饰件从帮面的肉面由下而上地嵌入帮面的孔眼中，最后合上帮里。这种方法多用于仿钻石饰品，如图 2-36 所示。还有一些装饰件上带有孔眼，与其配套使用的是类似于铆钉的固定钉。安装前，先将帮面按照标志点冲穿，然后用固定钉将装饰件固定在帮面上。

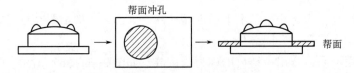

图 2-36　上小下大无脚装饰件的固定

鞋机生产企业也开发出了各种装饰件的专用安装设备。如图 2-37 所示为全自动钉珍珠机。

九、其他装饰手法

除刻、凿、穿、编、缝、镶、嵌、装等方法外，还可以使用扭花、皱塑、热烫等手法，对帮面进行美化装饰。

（一）扭花

将部件的某一部分上下扭转，或先切割后再将部件上的革条前后位移、交叉、翻转，用另一部件压住、缝合，从而产生立体花形的操作称为扭花（图2-38）。也可以在部件中间切口、刻洞，然后用皮条在同一部件上，或在部件之间进行穿编，构成图案、花形。这两种扭花方式也可分别称为"切条翻转扭花"和"切条穿编扭花"。两者的区别在于：切条翻转扭花的条皮切口互相平行、宽度均匀，皮条扭花方向一致；切条穿编扭花则除了对切口、宽度的要求之外，还要求使用同样宽度或略宽的皮条，从切口中间通过。穿条时要注意单数皮条与双数皮条应错位穿编，穿条在边口上绷紧粘牢以便于扭花均匀整齐。

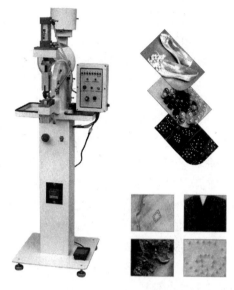

图2-37 全自动钉珍珠机

（二）皱塑

皱塑包括捆皱和挤皱。用革条、箍、金属件等系、绑、黏合或穿束，可称为"捆皱"；在部件肉面刷胶，然后挤粘成筋、棱、花形以及不规则的纹理等形体图案的操作称为挤皱（图2-39）。捆皱常用于凉鞋条带、花结，要求材料肉面不外露，皱纹均匀、整齐；挤皱则是通过挤压、黏合而成，操作时需要在部件反面、鞋里衬上刷胶，晾至指触干之后，在需要挤皱的部位粘鞋里衬，然后按照标记挤皱，用竹片将皱埂刮挤均匀。此外，也可通过线缝方式形成挤皱，将反面对折并沿边缘缝合，以此类推，缝完之后再沿垂直于对折边沿的方向缝线即可形成立体花纹。扭花和皱塑多用于女鞋及童鞋产品。

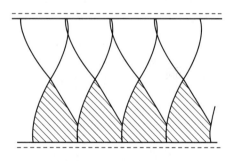

图2-38 扭花图例

（三）压印

借助于机械力或（和）热的作用，在

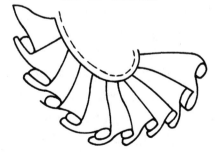

图2-39 皱塑图例

帮部件上冲压、热烫出一定图案或花纹等的操作称为压印。这种方法多用于商标 logo、鞋码等的压印。

压印方法可分为以下几种：

1. 冷压花法

在常温下对帮面、外底进行压花。常用的方法有机械冲击法、（气压、液压）压印法和多次搓压成型的搓压法。

2. 热压花法

在 130~160℃下使用特制模具对帮面进行热压印。常用设备有平板式和辊筒式两种压印机。使用不同的模板，可以产生不同的花纹和图案。对真皮外底进行烫印时的温度为 60℃。

目前在制鞋企业中使用的烫金机，其实质为热转印。其工艺原理主要是：在合压作用下电化铝与烫印版、承印物接触，由于发热板的升温使烫印版具有一定的热量，电化铝（俗称烫金纸）受热使热熔性的染色树脂层和胶粘剂熔化，染色树脂层黏着力减小，而特种热敏胶粘剂熔化后黏性增加，铝层与电化铝基膜剥离的同时转印到了承印物上，随着压力的卸除，胶粘剂迅速冷却固化，铝层则牢固地附着在承印物上。

如图 2-40 为全自动烫商标机，全数控自动控制，动作、温度准确，机器可以自动摄取、投放商标，不需要操作人员动手放商标，效率是普通机器的 2 倍。

TPU 热转印膜无颜色限制、遮盖力极强、使用范围非常广泛，这种新材料越来越多地用于运动鞋产品中，其使用温度约为 180℃。

东莞市腾宇龙机械能源科技公司开发了 TYL-1606 全自动鞋垫/鞋舌冲裁转印机，将冲裁与转印结合成一道工序，冲裁的过程中同时进行商标的热转印，不仅仅提高了效率，而且转印过程中更安全，精度更高。

3. 数码印花法

数码印花的工作原理基本与喷墨打印机相同，印制的花纹具有精细、明晰、层次丰富、自然的特性，能够印制类似于照片和绘画作风的产品。数码印花的优点是：工艺路线大大缩短、接单速度快、打样成本大大降低；打破了传统生产的技术限制，可实现高档印刷的印制效果；实现了小批量、快反应、低能耗、无污染的生产过程。

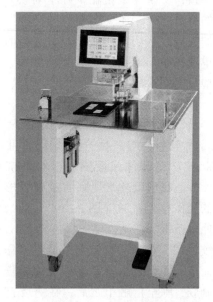

图 2-40　全自动烫商标机

在纺织行业，数码喷墨印花技术已从打样、小批量加工到批量定制、规模化生产。在制鞋行业主要用数码印花机打样。

思 考 题

1. 帮部件的加工及组合内容有哪些？
2. 哪些部件需要进行通片？生产中如何对大面积和小面积的部件进行通片？
3. 片边有哪些类型？各有何用途？
4. 皮革厚度、片边宽度、折边量以及留厚之间存在着什么样的比例关系？
5. 用圆刀片皮机进行片边时，对厚、硬、涩的皮革应如何进行操作？
6. 粘贴衬布的作用有哪些？需要在哪些部位或部件上粘贴衬布？
7. 常用的帮面装饰手法有哪些？
8. 在帮面装饰中手工缝有哪几种？常见的皱头式缝法有哪几种？

第三章　帮部件的装配

经过裁断和加工整型处理的鞋帮零部件，通过一定的工艺方法连接在一起，组成完整帮套的过程称为鞋帮装配。

帮部件的装配是制帮工艺过程中最重要的一个工段，也是实现设计者对帮面结构划分和对线型结构构思的关键措施。

帮部件的装配方法主要有两种，即机械法（如机缝、铆接）和理化法（如胶粘、高频焊接）。在皮鞋生产过程中，机缝法的使用最为广泛，适用于各种材料的组合、拼接；胶粘法只适用于个别小部件（如装饰部件）的组合；高频焊接法则适用于特殊品种（如雨靴）和特殊材料（如泡沫合成革）部件间的组合。鉴于机缝法是最常用的，本章只介绍机缝法。

第一节　帮部件的镶接

在部件缝合之前，一般都需要将两个或多个部件临时黏合在一起，以满足帮部件装配的要求并便于缝合操作。这种将部件临时黏合定位的操作称为部件的镶接。部件与部件的边口相互重叠在一起时，其相互重叠的量被称为压茬量或镶接量。部件镶接是部件缝合装配的辅助工序。

常见的镶接一般为两个或多个部件的组合，组合形式多为上下黏合。上面的部件一般称为上压件或镶件，下面的部件则称为被压件、下压件或接件。

由于镶接是缝合操作的前期工序和基础，镶接得准确与否将直接影响鞋帮内外怀的对称性、帮面的平整性以及鞋帮的立体感，进而影响后续的缝合、绷帮及成品质量。因此，镶接操作必须严格按照样板或部件上的标志点进行，以确保成品符合设计标准以及批量产品规格一致。

常见的镶接种类有帮面部件与帮面部件的镶接，帮面部件与帮里部件的镶接，帮面部件与衬件的镶接和帮里部件与帮里部件的镶接。

一、帮面部件之间的镶接

从整体形态上讲，皮鞋是一种立体的产品，而从构成要素来看，它又是由多个平面的部件组合而成的。因此，部件之间镶接后可能呈平面状，也可能呈曲面状。部件间呈平面状的镶接称为平镶，呈曲面状的镶接则称为跷镶。

（一）平镶

平镶的镶接部位多处于鞋楦较为平坦的部位，也常用于在大部件上镶接小的部件或装饰件。

从图 3-1 中可以看出，平镶时部件与部件水平放置进行镶接，镶接后的镶接部位仍然呈平面状。

平镶操作时，先在镶接部位刷胶，晾干后再镶接。近年来，为简化操作、减少溶剂污染，制鞋企业多采用双面胶带纸进行镶接。为确保镶接准确，企业往往采用以下几种方法：

1. 按样板镶接

如图 3-2 所示，耳式鞋的后帮分为鞋耳、鞋腰和外包跟三块。镶接时，先在鞋腰部件上固定其样板，按照鞋腰部件的样板边缘轮廓，将鞋耳和外包跟镶接在该部件上，最后再揭去折边样板。

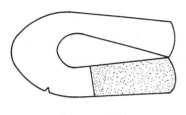

图 3-1　平镶

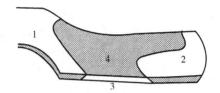

图 3-2　按样板镶接

1—鞋耳　2—外包跟　3—鞋腰　4—样板

2. 按标志点或标志线镶接

部件经过折边后，属于被压件的部件都要点上标志点或画上标志线。镶接时，将上压件的边缘沿被压件上的标志点（线）黏合，也能保证镶接准确，如图 3-3 所示。需要注意的是，镶接时，应该用上压件的边缘将被压件上的标志点（线）刚刚盖住。否则会在绷帮时由于拉伸力的作用而露出接件上的标志点。如镶接后仍然外露标志点（线），或在镶接时将标志点（线）掩盖得过多，都会直接影响鞋帮面的尺寸大小和绷帮操作，进而影响产品的外观和质量。

3. 凉鞋部件间的镶件

条带式凉鞋的帮面常常是由多根条带相互交叉穿编在一起的。对 B 部件而言，A 部件是上压件，C 部件却是被压件，而 C 部件又是 A 部件的上压件，如图 3-4 所示。因此，在部件镶接之前，应该按照设计结构图中各部件的位置，制作出标准的画线样板，并在里部件的反面画出准确的部件镶接标志点（线）。

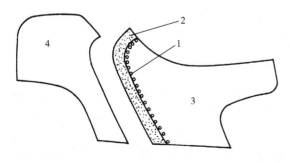

图 3-3　按标志点镶接

1—标志点　2—压茬量　3—被压件　4—上压件

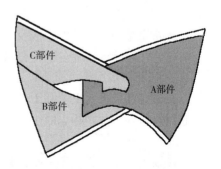

图 3-4　凉鞋部件间的镶件

镶接时，先在部件上刷胶或逐段粘贴好双面胶带纸，然后按照标志点（线）将帮条依次粘在（整块）帮里的反面上。要注意考虑每一个部件的镶接方向以及保证镶接部位的平坦、流畅。

无论采用哪一种方法，在部件间镶件结束后，都应仔细检查，核对无误后，用榔头敲打镶接部位，使其黏合牢固。

（二）跷镶

跷镶的镶接部位多处于楦面跷度变化较大的部位，也是样板处理时需要进行取跷处理的部位，三接头的包头与中帮、中帮与后帮，舌式鞋的帮盖与帮围等结合处，如图3-5所示。

通过跷镶，可使部件组合后的形体更接近鞋楦，有利于绷帮和定型。镶接时，需要将某一部件扳成一定的跷度后再与另一部件镶接，且镶接后的部件呈曲面状。注意内外怀的跷镶要均匀对称，以免内外跷度不均造成鞋帮歪斜。

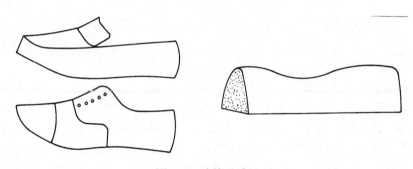

图3-5　跷镶及胎具

跷镶的方法有两种。一种是按照标志点（线）直接进行跷镶。操作时，右手握住上压件，左手握住下压件；将上压件的中心点与下压件的中心点对正、黏合，以避免部件轴线不重合；然后沿着标志点（线）的一侧，跟随部件的弯曲形状，逐段黏合；粘完中心点的一侧后再粘另一侧，最后用榔头敲实、粘牢。另一种跷镶方法是将部件放在胎具上进行镶接。所用胎具是模仿鞋楦形体制成的，其具体尺寸大于鞋楦尺寸。

（三）帮面与帮面镶接流程

1. 操作前准备

①熟悉帮面各部件的组成及工艺要求，核对各部件是否与成帮样品相符。

②将待镶接的帮片各部件分清左右脚，按编号配好对。

2. 帮面镶接操作

①镶接部件分为上片和下片，上片距边口1.0~1.5mm均匀刷胶，不得堆胶、欠胶或超过边口；下片距标志线1.0~1.5mm均匀刷上胶水，不得堆胶、欠胶，不能超过标志线。

②胶水晾干后，左手手指按住部件搭位处，右手拇指和食指捏拿上片，对准中心点，从中心点沿标志线位盖线1mm粘贴，同时左手食指随镶接走向轻压镶接边口，贴完一边，再贴另一边，贴完用铁锤敲牢、敲平伏。

③对于特殊结构的产品，如靴筒有前后缝的，镶接时将鞋头和后跟的中心点对准合缝线进行镶接；帮片有标志点的，点位对齐；无标志点的，以一边边口对齐进行镶接。

3. 镶接后工作

完成部件镶接后，按品质要求和工艺标准进行自检并修正。

二、帮里与帮里的镶接

帮里的作用是提高成鞋的成型稳定性，降低面料的延伸性，提高帮面强度，延长使用寿命；通过垫平折边处、遮盖钉眼、改善卫生性能等来提高穿着舒适性；防止掉色，染袜。除织物外，鞋用里料还可以使用天然皮革、合成革、天然毛皮、毛毡、人造毛皮、仿驼绒等。

鞋用里料的质量要求：耐磨、表面光滑，不掉色，内怀质量优于外怀质量；满帮鞋的里料分两节时，鞋腔前部的里料质量可以较差；分三节时，后跟部的里皮肉面朝向鞋腔，使鞋跟脚。凉鞋的皮里分条带里和统皮里两种，后者的强度大，延伸性小，光滑、美观。棉鞋里要求皮板柔软、有弹性、绒毛整齐，无浮肉、裂面、臭味等；鞋垫要求后端质量优于前端。

（一）帮里分类

帮面的式样不同，帮里的结构也可能不一样。从结构上看，帮里大致可以分为整帮里、分节式帮里和零散帮里三类。

1. 整帮里

整帮里的里料多采用仿皮材料、印花纺织材料、毡呢等，多用于平跟、中跟女式浅口鞋等产品，如图 3-6 所示。

使用整块皮里时，帮面与帮里的结合可以采用冲里工艺，这种方法操作简便但成本较高，皮里的出裁率较低。

用仿皮里代替天然皮里不仅可以改善鞋腔的外观，无掉色染袜之虞，而且还可以降低成本。

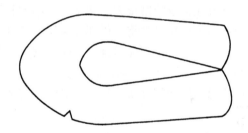

图 3-6　整帮里

除冲里工艺外，还可使用翻缝工艺进行整帮里的面里组合。

2. 分节式帮里

分节式帮里的里料由皮里、仿皮里、布里及其他里料组合而成，常用于长前帮满帮鞋（靴）和空腰式凉鞋等产品。

分节式鞋里的材质搭配主要有两种：即前帮布里（或代用材料里）加后帮皮里（或代用材料里）的两节式前后帮里（图 3-7）和前、中、后三节式帮里（图 3-8）。

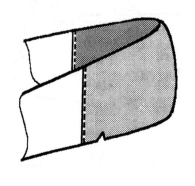

图 3-7　两节式帮里

后帮里一般都是绒面皮里或反绒革里，这样可以增大后跟部位的摩擦力，使鞋在穿用行走过程中跟脚，如采用毡呢等材料做棉鞋里时，后跟皮里往往是必不可少的。

纺织类里料与皮里构成两节式帮里时，如果采用冲里工艺，布里上口的边缘易出现"毛边"的缺陷，因而在实际生产中，经常使用皮条镶接在口边处（俗称皮里贴边，图3-9），或使用沿口法来避免毛边的出现，如图3-10所示，同时提高鞋口等受力部位的强度。

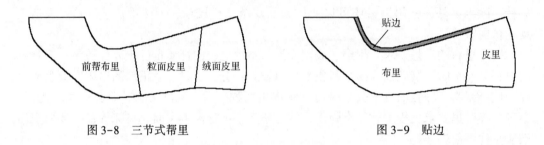

图3-8　三节式帮里　　　　　　　　　　　　图3-9　贴边

如采用皮里贴边时，先将贴边皮与布里的镶接边缘刷胶，黏合固定后再缝合。缝合时，既可以采用压茬缝法，也可以采用合缝法。布里与后跟皮里的镶接方法也是如此。

分节式帮里的镶接方法与帮面的结构和组成形式有很大关系。对于半高腰靴、高腰靴等产品，往往是先将各里部件采用压茬缝或曲线缝的方法镶接在一起，组成完整的帮里套，然后再与帮面套组合。这时，帮面与帮里的结合部位一般只在鞋靴上口处，如图3-11所示。对于矮帮鞋而言，则往往是各帮面部件先分别与各自的帮里部件组合，然后在帮面部件间相互镶接组合的同时，完成帮里部件之间的组合。

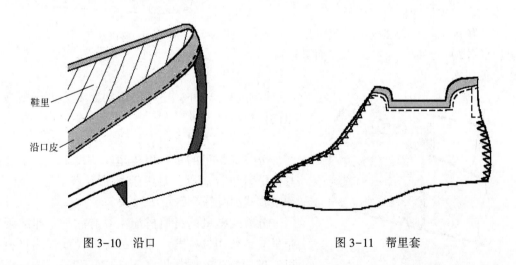

图3-10　沿口　　　　　　　　　　　　　　图3-11　帮里套

3. 零散帮里

如果帮面分割较多（如凉鞋产品），就会产生多块的帮面部件和多块的零散帮里。这时一般采用各个部件分别先与其里黏合，缝合后再组合帮套。若条带较细且条带的间隔较小时，也可以将帮面条带先固定在整块的帮里上，缝合后再冲去条带间的帮里。

除上述帮里结构外，还有一些特殊结构的帮里，如高腰棉鞋、休闲鞋和安全防护靴等，其帮里部件还包括护口皮，高腰耳式鞋还需要护耳皮；长筒靴的鞋里有时会加缝一条后缝长条皮，补强的同时也确保腿肚的圆整性；有的鞋在脚趾和后跟等特殊部位还加了护趾皮和防溜跟皮。

（二）帮里与帮里镶接操作流程

1. 操作前准备

①分清款号、码数、左右脚、内外怀。

②检查各部件是否有残缺、色差。

③检查断开位置是否正确。一般单鞋帮里在后跟两侧或帮里外侧两处断开。

2. 帮里和帮里的镶接

①刷胶：在镶接处刷胶，宽度 4~5mm。若帮里大部分为布里，后跟使用皮里时，皮里为上压件，布里处刷胶宽度 7~8mm；若上压件为一刀光皮料，则上压件与被压件分别刷 7~8mm 宽胶水。

②镶接：按照被压件上的标志点（线）或部件上的镶接齿位，将上压件与被压件贴合，粘贴时上压件要盖住被压件上的标志点（线）并按紧粘牢。

注意：镶接分节式帮里时，要将帮里上口对齐后从上往下贴合，使镶接后的帮里上口平齐。另外，后跟皮里与前帮布里镶接后，需要在镶接处的两侧粘贴 25mm 宽的补强布条。贴补强布条时，若帮面上口是片边折边的：布条要距帮里上口 6~7mm 往下贴；若采用帮面与帮里采用合翻缝工艺时，布条则与帮里上边口平齐贴合。

3. 镶接后的工作

①检查外观：镶接处胶水不能外露；镶接齿位上下对齐，不偏斜。

②检查镶接量：皮里与皮里 5mm，皮里与布里 8~10mm。

③若镶接处粒面没片干净或没片到位，需要退回片皮工序或用砂纸砂干净后再进行镶接。

三、帮面与帮里的镶接

（一）帮面与帮里的镶接形式

帮面与帮里的镶接有两种形式，即活接和牢固镶接。

1. 活接

所谓活接是指帮面与帮里部件的边缘进行小面积的黏合。活接后的组合部件在后加工工序中，仍需要在两部件之间夹入固型支撑件或衬件，因此称之为活接。如三接头式的包头与前帮布里的镶接等。活接多采用胶粘剂和双面胶带纸进行黏合。

2. 牢固镶接

所谓牢固镶接是指帮面与帮里全部粘满、粘牢，在此后的加工工序中，不需要在两部件之间夹入固型支撑件或衬件，因此称之为牢固镶接，如鞋舌面与里、凉鞋条带面与里、网眼鞋的网眼皮与皮里等。牢固镶接除可使用胶粘剂外，还可以在里料上喷涂热熔胶。这种方法在镶接时黏合并不太牢固，但在加热、成型、定型过程中则会形成牢固的黏合。

与帮面部件间的镶接所不同的是，帮面与帮里的镶接无标志点（线）可依据。一般帮面与帮里的镶接方向以楦面中轴线为基准，对照部件的中轴线、口门中心点以及后帮合缝线等进行镶接。帮面与帮里的相对位置，帮面超出帮里的量或帮里超出帮面的量（即所谓的位差），要根据产品种类和工艺操作规程来掌握。

另外，帮面与帮里间的镶接还需要注意"围度差"。由于帮面在外，帮里在内，两者之间在围度上有所差别。因此，在镶接围度差较大的两部件时，可以使用跷镶胎具。特别是在两部件之间需要夹入固型支撑件或衬件时，两部件之间的空隙大小就更为重要。空隙过大时，帮面与帮里不能紧密接触，容易造成帮面"松壳"的缺陷；而若空隙过小，则会使成鞋帮里不平伏。

从具体操作上看，帮面与帮里的镶接主要有以下几种：

①前、后帮里先行组合，形成完整的帮里套，然后再与帮面镶接。

②前帮面及后帮面各粘各的帮里，形成前后两截，然后再进行前后帮的镶接。

③各个条块的帮面部件单独黏合各自的帮里部件，然后再进行组合。

（二）帮面与帮里镶接的工艺标准

①条带部件、鞋舌、鞋耳等部件以及采用冲里工艺的鞋帮上口处，在粘贴鞋里时，其鞋里边缘至少要超过鞋面部件边缘2mm，缝帮之后要进行冲里。

②帮脚边缘粘贴鞋里时，鞋里的帮脚边缘应距离帮面边缘轮廓收进8~10mm，凉鞋10~12mm。

③后缝位置的鞋里，上口紧贴鞋面、下部距离鞋面2~4mm，留出主跟容量。

（三）面-里镶接常用工艺

面与里的镶接工艺不仅仅涉及胶粘，还需要进行面和里的缝合固定。最常用的面-里镶接工艺有冲里工艺、沿口工艺和翻缝工艺（可参阅第二节帮部件的组合装配）。

1. 冲里工艺

冲里工艺是指在帮面和帮里镶接缝合后，对超出帮面的、外露的多余鞋里进行剪裁处理，多用于浅口式女鞋。具体操作步骤如下：

①将里部件进行镶接，形成完整的帮里套。

②采用胶粘剂或双面胶带纸，将帮面套与帮里套在鞋口处黏合固定，帮面与帮里肉面相对，帮面在上，帮里在下，并且帮里上口边缘超出帮面上口边缘3mm。

③沿鞋口缝线一道，距边1.0~1.5mm，将帮面与帮里固定。当部件边口较厚时，缝线距边较宽（如男鞋为2.5mm）；边口较薄时，缝线距边较窄（如女鞋为0.8~1.2mm）。

④冲去多余的鞋里，使鞋里上口边缘比帮面上口边缘低0.5~1.0mm。

2. 沿口工艺

沿口工艺是指用沿口皮对帮面部件的边缘进行包边和装饰。该工艺在进行面和里的镶接时，首先将沿口皮与帮面部件的边缘粒面相对缝制，然后再与帮里镶接，将帮面、沿口皮和帮里一次性固定，如图3-12（a）所示，多用于耳式鞋和整体舌式鞋。尤其是在近年来，使用与帮面不同颜色的轻革，对某些部件进行包边，突出帮面的分割效果，并与沿口作用相呼应，产生了良好的视觉效果。具体操作步骤如下：

①帮面上口边缘不折边。

②沿口皮粒面与帮面粒面相对，沿口皮边缘与帮面上口边缘相平齐，送入压脚轮下压住料件，距边1.0~1.5mm缝线一道（女鞋距边1mm，男鞋距边1.5mm）。

③在沿口皮的肉面及帮面上口边缘的肉面刷胶。

④将沿口皮向内折回，包裹在鞋帮上口的边缘上，多余部分黏合在帮面的肉面。

⑤镶接里部件，形成完整的帮里套。

⑥采用胶粘剂或双面胶带纸，将帮面套与帮里套在鞋口处黏合固定，并使帮里上口边缘与帮面上口边缘平齐，从而将沿口皮的多余部分夹在帮面与帮里之间。

⑦在帮面上，沿帮面沿口皮的下缘缝线一道，将帮面、沿口皮及帮里固定。

⑧沿缝线的边缘，冲去多余的鞋里。

另外一种沿口工艺与上述方法大体一致，区别只是沿口皮的茬口外露在帮里处，而并未夹在面-里之间，如图3-12（b）所示。不过，这种方法现在使用较少。

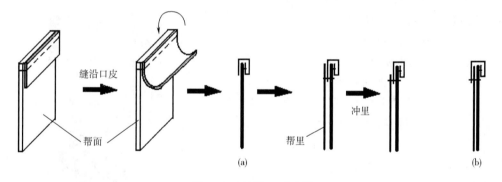

图3-12 缝沿口示意图
（a）沿口工艺 （b）沿口皮茬口外露

3. 翻缝工艺

翻缝工艺多用于三接头式、素头耳式及舌式鞋。操作如下：

①帮里上口自耳线边起一律片边出口，距边3~4mm处保留0.6mm的厚度。

②在帮里的正面，距上口边缘3~4mm处，按照样板画出标志点（线）作为缝纫标志，同时在左右两耳及后中线处，点出三个标志点，作为缝纫用的起点、中点和终点。

③同折边一样，在帮里下凹型弧线的上口边缘处打剪口。

④将帮面和帮里的正面均朝上，帮面在上，帮里在下，帮面与帮里的上口边缘重叠

图 3-13　锁口线

5~6mm，并使帮面与帮里的起点对正。

⑤由起点处起针，逐渐缝合至中点（确保帮面与帮里的三个标志点对正），然后继续缝合至终点。

⑥上口线缝完后，在缝线处刷胶，然后将帮里朝里折回，黏合在帮面的肉面上，并使帮里比帮面的边缘低 1mm 左右，最后轻轻捶平。

①~③三个步骤是针对三接头式和耳式鞋而言，舌式鞋则无须进行这些操作。

对于三接头式和耳式鞋，还需要完成以下操作：冲鞋眼孔、装鞋眼、缝合鞋耳边口线和锁口线。锁口线如图3-13所示。

四、帮面与衬料的镶接

为提高鞋的成型稳定性或局部强度，往往需要在帮面与帮里之间夹入衬料。如近年来颇为流行的整前帮式鞋，在前帮的跗背部位粘贴衬布或热粘衬，可以提高鞋的成型稳定性，然后在帮面定型机上进行压跷定型，以便于后期的绷帮操作。另外，在安装鞋眼、铆钉及鞋口和后帮合缝处，通过粘贴衬布则可以提高这些部位的强度。

帮面定型时，可先将鞋帮肉面刷水回软，帮面在 150℃、0.4MPa 的压力下压制 2min 即可定型。图 3-14 为帮面定型机。

（一）粘贴衬料标准

衬料一般都是与帮面材料黏合在一起的。有时，为不影响帮面材料的质感，同时增加鞋里的挺拔程度，也可以将衬料与帮里材料黏合。

在后帮部位，如安装皮质主跟时，需要在该部位的帮面、帮里均刷胶，其余部位的面与里不进行刷胶黏合。待出楦后，除主跟部位硬而挺括外，鞋帮其余部位仍保持柔软，增加穿着舒适性，此类鞋称为软帮鞋。相反，若帮面材料质地松软，无弹性，为了增加面料的质地感，则可以将后帮面与后帮里全部刷胶黏合（包括主跟部位），这样出楦后整个后帮硬而挺括，但穿着舒适度差。

图 3-14　帮面定型机

这类鞋称为硬帮鞋，常用于女式高跟鞋，可增加腰窝部位的衬托力。

粘贴衬布时，不同的部位和不同的镶接方法有不同的标准，四种类型的贴法说明如图 3-15 所示。

1. 单鞋的鞋口、后缝及帮脚处

①鞋口是折边或翻里的，距帮面边口 6mm 贴衬布。

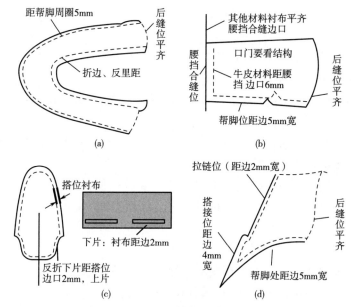

图 3-15　衬布的贴法

（a）单鞋口门、后缝、帮脚贴法　（b）腰挡断开的贴法　（c）镶接处贴法　（d）靴子衬布贴法

②鞋口是滚边的，与帮面边口平齐贴衬布。

③鞋口是一刀光或包口条的，距帮面边口 2mm 贴衬布。

④鞋口处装橡筋布车边口线的，距帮面车边口线位置往下 2mm 贴衬布。

⑤后缝位置，与帮面的后缝边口平齐贴衬布。

⑥帮脚处衬布缩进帮脚周边 5mm，若帮面使用牛皮绒面材料时，则与帮脚平齐。

2. 腰窝合缝处

①帮面使用牛皮材料时，距腰窝合缝边口 6mm 贴衬布。

②帮面使用其他材料时，则平齐边口贴衬布。

3. 镶接处

①正常镶位（8mm 宽），衬布距帮面镶接边口 4mm。

②特殊镶位（10mm 宽），衬布距帮面镶接边口 5mm。

③反折位置的下片衬布距镶接边口 2mm，上片距边口 5mm。

4. 靴子的衬布贴法

①用于鞋头定型，衬布与帮面周圈平齐贴合。

②安装拉链的后帮，衬布距拉链位 1.5～2.0mm，距下口镶接位边口 4mm，距帮脚 5mm，后缝处平齐。

（二）贴衬布步骤

1. 操作前准备

检查衬布开料纹路是否符合要求：

①鞋头定型或压跷时，衬布一般按横纹开料，特殊材料按工艺要求操作。

②凉鞋条带的衬布按直（横竖）纹开料，面积大且形体不规则的按竖纹开料。

③靴子后帮衬布和单鞋不定型衬布按竖纹开料。

2. 贴衬布

①帮片刷胶：贴衬布的帮片需均匀刷胶，也可根据帮片实际情况用过胶机进行过胶；若使用自粘衬布时，帮片则不需刷胶。

②揭去衬布上的 PE 纸或牛皮纸：单鞋从鞋头部位揭开 20~30mm；靴子后帮从帮脚往上揭，有拉链位的从下口尖角处往上揭。

③贴衬布：单鞋从鞋头部位开始贴，将衬布对准帮片，左手压住衬布粘牢，右手手指夹紧 PE 淋膜纸或牛皮纸，边撕边贴。

④修衬布：贴完衬布后，按照标准将不符合要求的位置修剪好；将 3~4 个帮面重叠在一起，用榔头敲平、敲牢。修自粘衬布时，剪刀要随时清理干净。

3. 检查

①刷胶水要薄而均匀，不得堆胶、溢胶。

②衬布贴合要自然平伏，不得拉变形而导致皮面起皱、收缩。

③自粘布一定要烫牢，不得分层、变色、变形。

五、粘贴保险皮

粘贴保险皮也属于帮面部件与帮面部件之间的镶接。

镶接、缝合保险皮是增加后帮合缝处强度的一项技术措施。产品的外观要求不同，保险皮的形状也不同。如图 3-16 所示，保险皮可分为线形、三角形和铲刀形三类。

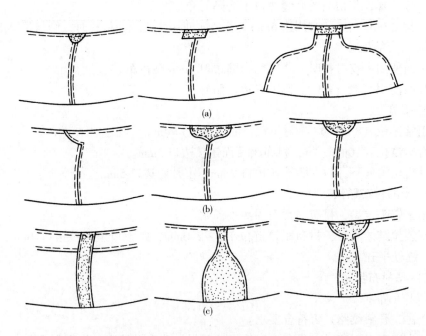

图 3-16　保险皮
(a) 线形　(b) 三角形　(c) 铲刀形

线形保险皮的面积较小，一般不需要预先粘贴，可以像缝沿口皮一样与后帮翻缝结合，也可以在缝上口边线时一次性缝合，然后冲去多余的部分；三角形保险皮的边口一般都是一刀光；而铲刀形保险皮则需要折边。

注意在粘贴铲刀形和三角形保险皮之前，需要先将后帮合缝轻捶展平。注意用力适当，避免损伤帮面或将缝合处撕裂。粘贴及缝合保险皮时，以后帮合缝线为对称轴线，贴正、缝牢。

使用线型保险皮的产品一般都会在缝合后帮合缝处后，在该部位粘贴补强衬带。目前企业大多使用专用设备，实现后帮合缝处的展平、补强、压合等同步操作。

第二节　帮部件的组合装配

按照工艺操作规程和产品质量标准，使用专用设备和材料，将经过加工整型的各种零散的帮部件缝合在一起，形成完整帮套的过程称为帮部件的组合装配。企业中又称帮部件的组合装配为制帮工段。

帮部件的组合装配是制帮工艺的重要组成部分。它不仅是将零散的帮部件连接在一起，使平面型的小部件转换成立体型完整帮套的过程，而且还可以通过不同的缝线效果对帮面进行美化和修饰，增强成鞋的视觉美感。因此，帮部件的组合装配过程是工艺加工与艺术加工的组合。

一、基本的缝合形式

帮面的缝合形式多种多样，不同部件的组合方式也各有差异，导致在同一产品中可能会使用多种缝合方式。从基本的结构形式上看，缝合方式主要有以下几种。

（一）平缝法

平缝法的缝合对象是单层的帮面以及单层帮面与帮里的缝合。一方面是在帮面上缝装饰线，如直线、弧线、波浪线、曲折线等；另一方面，在帮面上直接缝合形体较小的部件或装饰件，如机缝埂条、横条舌式鞋中横条的固定、童鞋类产品中在帮面上缝合彩色皮块等；部件的帮面与帮里的缝合（如鞋舌面与鞋舌里的缝合等）也属于平缝法的应用。

（二）压茬缝法

压茬缝法又称为接缝法，如图 3-17 所示。压茬缝法是将一个部件的边压在另一个部件的边缘上，并沿着上压件的边缘，保留一定的距边宽度，绱线一道或几道。其特点是：操作简便且易于掌握，缝合后的部件表面平整美观，部件结合牢固，在常见的几种缝合方式中其缝合撕裂强度最大。

在皮鞋缝帮过程中压茬缝法的使用最为广泛，多用于结合牢度要求高，且比较明显的部位，如三接头式的包头与中帮、围盖式的前帮盖与前帮围以

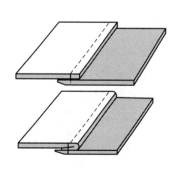

图 3-17　压茬缝法

及形成完整帮套时前帮与后帮的缝合等。

采用压茬缝法的上压件可以是一刀光，也可以是经过片边和折边的部件，待上压件与被压件镶接后再进行缝合。

随着缝线道数的增加，部件间的结合牢度也增大。需要说明的是，采用多道缝线时应增大片边和折边的宽度。缝线道数与折边宽度的关系为：缝 1 道线时，折边宽度应为 4~5mm；缝 2 道线时，折边宽度为 6~8mm；缝 3、4 道线时，折边宽度为 8~10mm。

（三）合缝法

合缝法也是鞋帮套形成过程中常用的缝制方法之一。具体操作时，将两个部件的粒面或肉面相对，边口对齐（或按照要求，边口错开一定的距离），距边 1.0~1.5mm 缉线一道，起止处打回针 3~4 针；然后将两部件展开、敲平，如图 3-18 所示。若材质较干、较硬时，可在肉面刷水回潮，然后再展平。

合缝法的特点是缝线不外露，可避免被磨损。但其缝合撕裂强度较低，需要进行加固，否则在展开敲平及绷帮时易将针眼拉开，产生"呲眼"的缺陷。

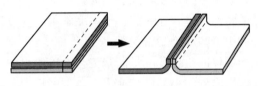

图 3-18　合缝法示意图

合缝法的使用范围也较大，可用于后帮合后缝、帮里的缝合、帮面与帮里的缝合等。此外，合缝法还用于整块前帮的缝合，使缝合后的前帮自然地出现跷度，如图 3-19 所示。

帮面上开出的孔洞

合缝处

图 3-19　合缝法的应用

（四）压缝法

压缝法是合缝法与压茬缝法的组合，其特点是缝合撕裂强度高、操作复杂，多用于后帮中缝的加固缝合、前帮盖与前帮围的缝合以及保险皮的缝合等。

具体操作时，先将两部件进行合缝，敲平缝棱后，在缝棱及衬布上刷胶，然后以缝棱为对称轴线，居中将衬布粘贴上（或将保险皮粘贴在后帮中缝线处），最后在缝棱的两边各缉线一道（或沿保险皮的边缘缉线），如图 3-20 所示。

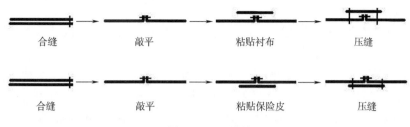

图 3-20 压缝法

（五）翻缝法

翻缝法是将两个部件边口对齐合缝后，再将其中一个部件翻折过来，使得结合处平滑无棱。根据操作方式的不同，翻缝法有明线里翻缝法和暗线面翻缝法两种。

1. 明线里翻缝法

明线里翻缝法的特点是：面线外露而底线不外露，因此在穿用时不易磨损底线。多用于后帮上口面与里的缝合。

如图 3-21 所示，帮面和帮里的正面均朝上，帮面在上，帮里在下，帮面与帮里的上口边缘重叠 5~6mm，并使帮面与帮里的起点对正；由起点处起针，距帮面上口边缘 1.0~1.5mm 处开始缉线，逐渐缝合至中点（确保帮面与帮里的三个标志点对正），直至最后缝合至终点。上口边线缝完后，在缝线处刷胶，然后将帮里朝里折回，黏合在帮面的肉面上，并使帮里比帮面的边缘低 1mm 左右，最后轻轻捶平。

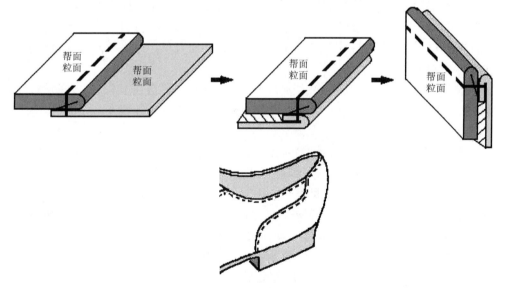

图 3-21 明线里翻缝法

2. 暗线面翻缝法

暗线面翻缝法的特点是：面线不外露，表面光滑、美观，面线在穿着时不会被磨损。其操作原理与合缝法相似，但缝合的两个部件的边口不一定要对齐，而是根据部件的结合情况来确定。

同明线里翻缝法一样，暗线面翻缝法也多用于后帮上口面与里以及围盖式鞋中盖与围的缝合等，还可以用于拼接帮部件。

在缝合"围压盖式鞋"中的前帮盖和前帮围时，如图3-22所示，前帮盖片边边口留厚，前帮围片边出口。前帮盖与前帮围粒面相对，围上盖下，边口对齐，沿前帮围未片剖的边缘缉线一道（注意边辑线边对齐）；然后将前帮围向外翻折、展开；最后在缝线处肉面刷胶、晾干、黏合、敲平。要求前帮围折回后的边口应将缝线遮盖住。

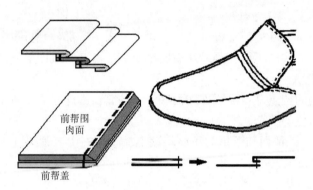

图3-22　暗线面翻缝法缝合盖围及拼接帮部件

3. 合翻缝法

合翻缝法是鞋口部位的帮面和帮里边缘缝合方法之一。主要操作如下：

在鞋口边缘将帮面和帮里粒面相对，边缘对齐，沿边缝线一道，然后将鞋里与鞋面一起翻转过来，再将帮面与帮里同时对折。要求折回后鞋里边口必须低于帮面折边后的边口1.0~1.5mm。

合翻缝法可以根据鞋口功能的实际需要，按照素雅、挺括或丰满、柔软两种不同的结构方式处理，丰满的鞋上口需要填充海绵，挺括的鞋口则无须填充。

（六）对缝法

对缝法又称碰缝法，两个部件之间无重叠，而是边口相抵后直接缝合。其特点是：接缝处平整、无棱，省去敲平工序，但缝合撕裂强度较低，需要加衬补强。

对缝法一般用于鞋里部件的拼接，小块毛皮、毡呢等保暖性材料的拼接以及后帮中缝的缝合等。如用于后帮合缝处的缝合时，需要使用外包跟或铲刀形保险皮加固。

进行对缝操作时，先将两部件平铺，边口对齐，然后用曲线缝纫机缝合，如图3-23所示。有些企业也使用锁边机进行对缝，但在缝合后需要将锁缝处砸平。

（七）包缝法

包翻缝是将一个条形部件缝合在另一部件上的操作。其特点是：省去帮面部件的片边、刷胶、折边等

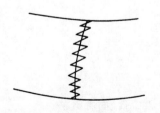

图3-23　对缝法

工序，边口圆润、饱满，给人以雄厚、结实的感觉，多用于部件的边口装饰、鞋口处缝沿口及保险皮的缝合。

包缝法用于沿口工艺时，主要有以下两种类型：

1. 折沿口包缝法

折沿口包缝法是合缝与翻缝的组合，多用于窄型沿口（又称滚口）。具体操作时，先将帮面与沿口皮的粒面相对，上口边缘对齐，沿口皮在上，帮面在下，距沿口皮上口边缘1mm处缉线一道；然后在帮面的肉面沿口处以及沿口皮的肉面刷胶，待晾干后，将沿口皮向内折回、黏合、敲平，如图3-24所示。

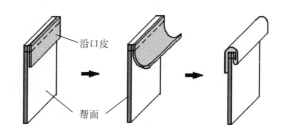

图3-24 折沿口包缝法

2. 贴沿口包缝法

（1）一次贴口包缝 根据包口的宽度（男鞋5.5~6.0mm，女鞋4.5~5.0mm），先在帮面上画出缝合标志线，然后按照标志线在帮面和帮里以及沿口皮的肉面刷胶；待晾干后，按标志线将沿口皮粘贴在帮面上，然后再向内折回包紧，并黏合在帮里上；最后沿沿口皮的边缘缉线一道，将沿口皮固定，如图3-25所示。

一次贴口包缝法还可以用于保险皮的缝合（图3-26）以及围盖鞋中围包盖式或盖包围式的起埂缝合（图3-27）。

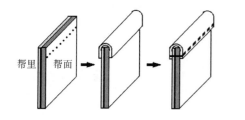

图3-25 一次贴口包缝法

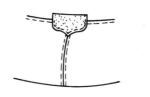

图3-26 包缝法缝保险皮

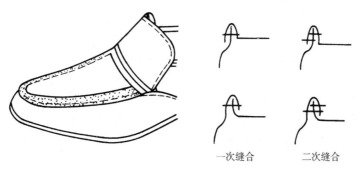

一次缝合　　二次缝合

图3-27 包缝法缝盖围

（2）二次贴口包缝　一次贴口包缝的缺点是：在帮面和帮里上都能看到沿口皮的断口，采用二次贴口包缝则可克服这一缺陷。在大规模的皮鞋生产中，为了在不影响缝合质量的同时加快缝合速度，一般在缝纫机上安装卷边靠山，边缝边折，一次性完成缝沿口操作。包缝法除可用于沿口工艺外，还可以用于挤埂、缝埂以及围盖式鞋的围压盖或盖压围的出埂。

（八）嵌缝法

嵌缝法主要用于在部件之间夹花齿牙或嵌线皮，从而突出帮面分割效果，产生活泼和流动的视觉感受，多用于女鞋和童鞋的组合装配工艺中。

如图3-28（a）所示，嵌缝法在操作时，先将两部件的粒面相对，中间夹入折边后的皮条或花齿牙，距部件边口0.6~0.8mm缝合，然后展开、敲平。除了使用折边后的条形皮外，嵌缝法也可以使用未折边的条形皮，将条形皮的两边分别与两个帮部件的边缘缝合，最后再展开、敲平，如图3-28（b）所示。这种手法多用于前帮中开缝式的结构。为提高缝合撕裂强度，可以在肉面粘贴衬布或再压缝明线。

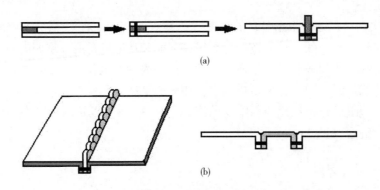

图3-28　嵌缝法示意图

嵌缝法的操作难度大，要求粘贴及缝合的操作高度规格化和准确化，否则花齿牙或嵌线皮会高低不平、宽窄不一，进而影响产品的外观效果。

（九）手缝法

手缝法是指采用手工操作的方式，将帮部件缝合在一起，或对帮面进行美化修饰。详见第二章第五节"皮鞋帮面的美化修饰手法"。

二、缝帮操作实例

鞋帮缝制工艺有繁有简，但一般都要经过缝合后帮合缝、缝边线以及缝接前后帮（合帮套）等工序。

（一）缝合后缝

后帮中缝的缝合通常采用对缝法、合缝法和压缝法，个别产品还使用压茬缝法。以下是几种缝合方法的具体运用和操作要求。

1. 对缝法

对缝法常用于缝制内外怀两片式的、带保险皮的军用鞋和劳保鞋。操作步骤如下：

①内、外怀后帮的边口对齐，用曲线缝纫机对缝，起止处打 2~3 个回针，防止缝线松散。

②将后缝中线与保险皮中心线重合对正，粘贴好保险皮，不得偏左或偏右。

③沿保险皮的边缘缝一道或几道缝线。第一道线距边 1.0~1.5mm，第二道线距边 2.0~2.5mm，第三道线距边 3.0~3.5mm，缝至距上口边 4.0~5mm 处缝成三角形。

2. 合缝法

合缝法常用于内外怀两片式后帮或后帮下口中心处有三角形剪口的缝合。操作步骤如下：

①两片后帮左右搭配好，粒面相对、上口对齐，防止产品内外怀高低不平。

②用手捏紧两片部件，送入压脚轮下。

③距边 1.0~1.5mm 处缉线一道，起止处打 2~3 个回针。

④展开合缝部件，敲平缝棱。

⑤肉面粘贴 15mm 宽的衬布条或薄里革条，也可距合缝处 1.5~2.0mm 处左右各缉线一道。

注：缝合过程中不得有跳线、浮线和断线等缝纫缺陷。如出现断线或面、底线用完，则需要按原针眼超缝 2 针，使结合牢固。

现今民品鞋的生产中大多只粘补强带，不再缝合。

大型制鞋企业多采用后合缝压粘机直接压粘单面胶补强带，后合缝压粘机如图 3-29 所示。

3. 压缝法

压缝法常用于缝制强度要求较高的产品。操作步骤如下：

①两片后帮左右搭配好，粒面相对、上口对齐，防止产品内外怀高低不平。

②距边 1.0~1.5mm 处缉线一道，起止处打 2~3 个回针。

③展开合缝部件，敲平缝棱。

④将后缝中线与保险皮中心线重合对正，粘贴好保险皮，不得偏左或偏右。

⑤沿保险皮的左右边缘各缝线一道，缝合保险皮。

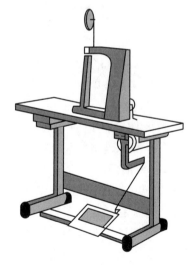

图 3-29 后合缝压粘机

4. 压茬缝法

压茬缝法常用于缝制军用毛皮鞋。

①压茬宽度 8~10mm。

②缝线距边 4~5mm，缝线一道。

③加缝保险皮。

(二) 缝边线

鞋帮边线可分为上口边线和部件镶接边口线。

1. 上口边线

上口边线的用途是将帮面与帮里缝合在一起，多用于冲里工艺和翻缝工艺。要求线迹自然、流畅，距边均匀一致，并线平行不交叉，缝合牢固。

上口边线的缝合一般采用压茬缝法和翻缝法（压茬缝法的具体操作可参阅本章的冲里工艺，翻缝法的操作则参阅本章的翻缝工艺）。

2. 部件镶接边口线

部件的边口镶接多采用压茬缝法、合缝法、翻缝法及压缝法。如三接头内耳式的包头与中帮、鞋耳与中帮、中帮与鞋舌、中帮与后帮等部件的缝合均采用压茬缝法；素头内耳式的后帮合缝处采用合缝法或压缝法等。

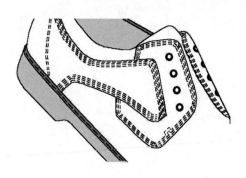

图 3-30　缝并线实例

（三）缝并线

缝并线是指与第一道缝线平行，相距一定的距离再缝一道或几道线的操作。缝并线不仅可以提高部件的缝合强度，而且还可以克服单一线条的单调感，增加美感，如图 3-30 所示。采用压茬缝法时，除个别缝合强度要求不高的部件间的组合外（如鞋舌的缝合），一般都采用缝并线的方法来提高缝合强度。

缝并线时，并线间距一般为 0.6 ~ 0.8mm；对于劳保鞋或军用鞋，并线间距可增大至 3~4mm。另外，为避免两道并线重合，在缝并线时，应将第一道线与第二道线的针码错位，如图 3-31 所示。

图 3-31　缝并线针码错位

缝制部件镶接边口线时，缝线距边、并线间距以及针码错位等要求与此相同。

（四）缝沿口

在鞋口边缘上包缝沿口皮的操作称为缝沿口，目的是增加鞋口牢度，使鞋口边缘光滑、饱满，穿着舒适。

缝沿口的操作大都采用二次贴沿口包缝法（具体操作可参阅本节的沿口工艺及图3-12）。缝沿口皮时需要注意：

①缝线应距边一致，否则沿口将粗细不匀。

②当缝至部件的外凸形弧线处时，应将沿口材料向前顶；而当缝至内凹形弧线处时，则应将沿口材料稍稍拉紧；弧线的曲率半径越小，对沿口材料所施加的力就要越大。这样，缝出的沿口才能松紧一致，保证圆角平整，弯口无皱。

③在圆弧处将沿口皮折回时，与折边一样，需要进行打剪口或打褶。

（五）缝垫式内底、包条皮、拉帮线

1. 缝垫式内底

该操作是将帮部件与薄、软的垫式内底直接缝合在一起，形成一个完整的鞋套，然

后再采用闯楦法进行定型。多用于轻便、柔软的胶底帆布鞋、童鞋、室内鞋、凉鞋、沙滩鞋等产品。

具体操作时，先将内底和帮件的粒面均朝上，并使内底和部件的边口对齐，用手捏紧，送入压脚轮下，距边 1.5~2.0mm，按标志点（线）缝线一道，针码密度为 3.0~3.5 针/cm。鞋帮与垫式内底的缝合一般采用锁边机。

在缝合过程中，必须始终将部件与内底上的标志点（线）对准，不得出现位差，否则会造成鞋帮的歪斜；另外，部件与内底的边口必须平齐，不得有超出或缩进现象，否则会造成帮套过松或过紧。

2. 缝包条皮

采用上述的缝垫式内底操作后，内底及部件的断口都处于外露的状态。因此，将内底及帮件的边口用包条皮包裹起来，可以提高产品外观质量，如图 3-32 所示。缝包条皮的操作与缝沿口皮相同。

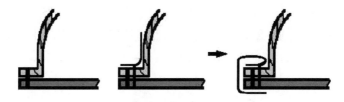

图 3-32　缝包条皮

①包条皮的片宽 5~8mm，将包条皮肉面向上，与内底及帮脚的边口对齐。

②从内怀腰窝帮围处起针，距边 3mm，针码密度 3.0~3.5 针/cm，按标志点缝线一道；与缝沿口皮一样，缝包条皮时同样要注意在外凸圆弧处放松，在内凹圆弧处拉紧。

③缝至终点时，将包条皮的终端搭接在起始端点上，放出 5mm 的搭接余量，然后缝合，确保接缝紧密、平整。

④在包条皮的肉面刷胶、晾干。

⑤将包条皮向内底肉面折回、粘牢。

3. 缝拉帮线

在传统的制鞋工艺中，有一种拉线绷帮法，适用于柔软的帮面材料（详见第五章）。为固定绷帮用的线，需要在帮脚处缝出拉帮线，如图 3-33 所示。拉帮线的缝制采用的是曲线缝纫机。具体操作如下：

①先将帮面、帮里分开，防止缝在一起后绷帮时里子不平整。

②帮套粒面向上，在帮面上平铺一根经过特殊加工的麻线或锦纶线，用曲线缝纫机缝一道线，起止处打5~6 针回针。

拉帮线只在前尖和后跟部位缝合，腰窝部位不缝。

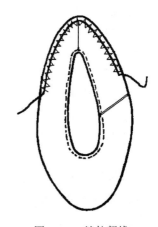

图 3-33　缝拉帮线

三、缝线距边标准

鞋帮需要缝合的部位很多，如包头与中帮、鞋盖与围条、鞋耳与中后帮、后帮与外包跟等。根据款式结构的不同，第一道缝线的边距标准也不同。常见的边距标准如下：

①包头与中帮缝合时，包头的第一道缝线要求距边宽度为 2mm 左右。因为包头镶接边口厚，距边稍微宽一点，可以显得轮廓线条圆润丰满。

②内耳式的前帮口门轮廓缝线要求距边 1.5mm。因为前帮口门镶接处的重叠层数较多，口门呈现弧形弯曲，缝线距边较窄时显得平整、圆滑。

③前帮盖压住围条缝合时，前帮盖上的第一条缝线距边 1.5mm。

④前帮围条压住前帮盖缝合时，围条上的第一道缝线距边为 1.2mm。

⑤缝线的道数较多时，第一道缝线距边不宜过宽，一般距边应为 1mm。

总之，第一道缝线的距边宽窄应该根据鞋面材料的特性以及鞋帮式样的结构特点来确定。鞋面材料薄而软时，边距应窄一点；面料厚实时，边距应略宽；鞋帮结构受力较大的部位，如包头线、鞋盖线等，第一道缝线距边应宽一点，以确保它的缝合强度。此外，鞋帮式样线条的风格不同，距边要求也不一样。朴素淡雅、清新秀丽型的边距可窄一点，端庄厚重、粗犷豪放型的边距可宽一点。

四、帮套装配工艺实例

鞋帮是由许多不同的面、里、衬和辅件，经过不同的加工工艺（如片边、折边等）和装饰方法（如刻、凿、穿、编、缝、压印等），最后缝（组）合而成的。前面只是介绍了基本的缝合方法及各种部件之间的缝合方式，下面介绍产品从零散部件到完整帮套的组合过程，也就是帮套装配工艺。

帮套装配的顺序不是固定不变的，而是需要根据鞋的结构、生产设备及工艺加工条件而改变的。但是，为了便于缝帮工序的进行，有些企业还是在下发的缝帮工序的产品技术资料中，具体规定了帮部件的缝合顺序。

由于皮鞋的款式多种多样，不能一一叙及，而且前面已经介绍了基本的缝合方法及其操作，因此，这里仅对几种常见款式的鞋帮装配过程做较为详细的介绍。

（一）三接头内耳式

1. 包头与中帮

①采用压茬缝法缝合包头与中帮。第一道线距包头边 1.5mm，并线距第一道线 2.0~2.5mm，在中帮中点处可加缝保险皮，如图 3-34 所示。

②在前帮里及中帮的上口边缘部位刷胶，然后将鞋里粘在中帮的上口边缘上。

图 3-34 保险皮及装饰线
1—装饰线 2—保险皮

2. 后帮面

①采用合缝法缝合后帮内、外怀或后帮下口的三角形剪口。

②展开、敲平后帮合缝线，在合缝处肉面粘贴衬布。

③粘、缝保险皮。

3. 后帮里

采用合缝法缝合左右两片后帮里，或采用压茬缝法缝合鞋耳里与后帮里。

4. 后帮面与后帮里的组合（以冲里工艺为例）

①在后帮面及后帮里的上口边缘部位刷胶、晾干。

②黏合后帮面与后帮里。

③沿后帮面的上口边缘缝上口边线，缝线距边 2mm，将后帮面与后帮里缝合，按标志点缝合鞋耳前脸线，如图 3-34 所示。

④按标志点冲、装鞋眼。

⑤距第一道（边缘）缝线 0.5~0.8mm，将多余的里子余茬冲去。

⑥将两鞋耳端正相对，在与中帮结合的标志点之前，缝锁口线。

5. 鞋舌与后帮的组合

①在鞋舌里及鞋舌面的边缘刷胶、晾干。

②跷镶鞋舌面与鞋舌里。

③采用平缝法缝合鞋舌面与鞋舌里。

④在后帮的前脸部位与中帮结合的标志线之前，采用压茬缝法将鞋舌与后帮缝合。

6. 合帮套

①沿与中帮结合的标志点，在后帮边缘的粒面、后帮里的肉面刷胶、晾干。

②沿与后帮结合的标志点，在中帮边缘的肉面、前帮帮里的反面刷胶、晾干。

③采用跷镶法，将中帮与后帮镶接在一起，注意中帮面压后帮面，而后帮面与后帮皮里要将前帮帮里夹住。

④采用压茬缝法，缝合中帮与后帮。缝线距边 1.2mm，并线间距 0.5mm，离线间距 2.5mm。

⑤冲去中、后帮缝合处多余的后帮皮里。

（二）横条舌式

1. 前帮

①前帮围片边、折边，肉面刷胶、晾干。

②前帮盖片粒面，刷胶、晾干。

③按照前帮盖上的标志点，镶接盖和围。

④用压茬缝法，距前帮围边缘 1.0~1.5mm 辑线，缝合围盖与围条；也可以使用翻缝法。

⑤黏合前帮布里与前帮面。

2. 鞋舌

①跷镶鞋舌面与里。

②用平缝法缝鞋舌面与里；也可先将鞋舌滚口后再与鞋舌里组合。

3. 前帮与鞋舌的组合

前帮盖在上、鞋舌在下，沿前帮盖边缘辑线，用压茬缝法缝合。

4. 后帮

用合缝法缝合后帮中缝处。

5. 中帮与后帮的组合

①后帮面片边、折边。

②后帮压中帮，沿后帮边缘辑线，用压茬缝法缝合。

6. 后帮面与后帮里是组合

①用合翻缝法缝合后帮面与后帮里。

②在中帮前端缝合橡筋布及衬布。

7. 合帮套

用压茬缝法缝合帮套。注意用前帮面压后帮面，而且后帮面与后帮皮里要将前帮帮里夹住。

8. 缝横条

用平缝法缝合横条与帮套。

五、鞋帮的修饰与检验

在完成了帮部件的组合装配后，要对帮套进行修饰，然后送交检验员进行检验。

（一）鞋帮的修饰

在鞋帮的制作过程中，从帮部件的下裁、片折边、镶接、缝合到形成完整帮套，加工操作会对帮面的造型、外观等造成一定的影响。帮部件在镶接之前进行了点标志点和画标志线；片折边过程中力度控制不好会造成片边量的厚薄不均，折边是否平整也影响美观；在镶接过程中，部件的面与里上又或多或少地沾上了胶粘剂；在缝帮过程中，帮面与帮里上也可能沾有油渍；缝帮操作结束后，帮套上留有多余的线头和帮里；在整个制帮过程中，帮面可能会受到损伤等，这些问题都需要在鞋帮的修饰过程中加以处理。

1. 冲里

采用压茬缝法缝合帮面与帮里后，在缝线的外端留有多余的帮里，特别是帮套上口边线处的多余帮里，将直接影响成鞋的外观，需要冲去；另外，前后帮合帮套后，也需要冲去多余的帮里。

冲里操作有手工和机器两种方法。

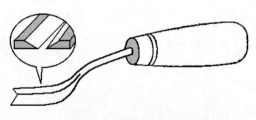

图3-35　冲里刀

手工冲里一般使用冲里刀（图3-35）或剪刀。操作时，先在鞋里上剪一小口，剪口距缝线约1mm；然后用左手的拇指和食指捏紧多余的帮里，其余的手指压住帮部件，使之不发生移动；右手持剪刀，张开V字形小口，从剪口处开始向前推动剪刀，完成冲里操作。

使用冲里刀冲里的操作基本同上。

目前，大规模的皮鞋生产企业都使用专用的机器进行冲里，如图 3-36 所示。

冲里操作过程中需要注意以下几个问题：

①为确保足够的缝合强度，冲里后鞋里的边缘应距缝线 1mm 左右，不得过小。

②冲里操作时，用力大小要适中，避免冲坏部件边口或冲断缝线。

③冲里后的鞋里边缘应光滑、顺畅，无棱凸不齐、漏冲或冲断缝线等缺陷。

④某些产品在冲至踝骨部位时，要

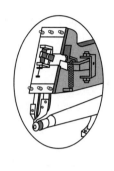

图 3-36　冲里机

先留出 10mm 长、5mm 高的帮里，用于绷帮时固定后帮的高度；最后可以在成鞋整饰中再冲去。

2. 线头处理

缝帮过程中，在起止处以及断线续缝处，都会在帮面和帮里上留下线头，需要在鞋帮修饰工序中加以处理，以保持帮部件的整洁。

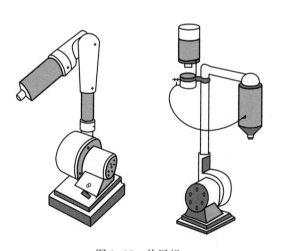

图 3-37　热风机

线头的处理方法有三种：

①挑、抽线头：通过挑、抽，将面线和底线拉到帮面与帮里之间。如无法挑抽到面里之间时，则可通过拉底线的方法，将面线拉回到鞋里的一侧。

②系线头：处于条带或受力较大部位上的线头，一般都需要将面线和底线打结，防止线头受力后开脱。

③粘、烤线头：将面线和底线挑抽到面和里之间后，用拨锥尖蘸少许胶粘剂，将线头黏合在面和里之间；或将线头剪短后，用拨锥将

之塞入针眼中黏合；现今有些企业采用热风机将挑抽回的线头烘烤，使之熔化而粘在帮里上。图 3-37 为热风机和加湿型热风机，后者可用于帮面的除皱。

3. 帮套清洁

在帮部件的加工、整型和装配过程中，帮面及帮里上会沾有胶渍、油垢、笔迹、水渍污染等，影响帮套的整洁和美观。

对于此类问题，可以使用软布蘸少许清水擦拭帮面，除去上面的浆痕、灰尘；用生胶块擦去胶渍；用酒精擦去圆珠笔画的标志点（线）；用汽油或清洗剂除去各种污痕；用草酸清除浅色帮里上的色斑；用清水或专用清洁剂擦去水银笔画的标志点（线）等。

如果帮面为绒面革，其表面的胶渍要用铁丝刷刷去，然后用细砂布轻轻砂磨，最后再洒上同种颜色的鞋粉。

4. 印号

印号是指在帮里部件上印出鞋的尺码和型号。某些企业还印制产品的系列号及生产日期。

印号的位置一般都在腰窝的内怀部位、距上口 10mm 处；凉鞋产品则印在后跟带的皮里或鞋带里上；高腰鞋、长筒靴等防寒产品则是印在内怀的护口皮上。

传统的印号一般都使用跳号机或丝网印刷，现在更多使用热转移印号或在智能裁断的同时进行印号。

印号操作需要注意以下几个问题：

①同双鞋的印号部位要对称，位置的高低相同，大小一致；根据帮里颜色选择准确的烫金纸或印油颜色，出口产品须根据客户提供或指定的烫金纸、印油与颜色、位置。

②印字要端正、清晰，颜色的浓淡、深浅要一致。

③如鞋里革的油脂含量较高时，不易印上号，或印上的号不易干。这时，可以用纱布蘸少许酒精，在待印号的部位擦一擦，以除去表面的油脂，然后再印号。

④印油未干时，切勿将印号后的帮套叠置，以免印油沾污帮面或帮里。

（二）帮套的检验

缝制好的帮套由检验员根据产品的质量标准，对照实物标样进行检验。检验以目测、手摸等感官检验为主，以测量工具检测为辅，对帮套进行逐双检验。

检验内容和标准要求如下：

1. 帮面

同双鞋帮面的粒面粗细、色泽、厚薄、软硬程度、绒毛长短等均匀一致；伤残缺陷的利用符合规定要求，无严重影响外观和内在质量的加工缺陷；前帮质量优于后帮，外怀质量优于内怀；商标的缝制及装饰件的安装牢固。

2. 帮里

里部件的镶接及缝合平整无皱，无缺边、少料等现象；帮里清洁无污，平伏于帮面而无褶皱；边口形体光滑、顺畅，无明显的加工操作伤残；后帮质量优于前帮，内怀质量优于外怀；印号字体大小一致，字迹清晰，位置对称且准确。

3. 缝线

针码密度、缝线距边距离、并线间距等缝合符合规定，均匀一致且符合产品质量标准；无并线交叉、浮线、跳线、断线、漏缝等加工缺陷。

4. 结构

同双鞋的帮部件镶接、缝合牢固，结构、形体对称一致。

第三节　缝合设备及常见缝纫缺陷

皮鞋生产企业中普遍采用的缝纫设备是各种电动的缝纫机，有单针电动缝纫机、双针电动缝纫机、高桩柱电动缝纫机（图3-38）、曲线缝纫机（俗称万能针车）、锁边机等。为提高工效，设备生产厂家或制鞋企业还在缝纫设备上安装各种小型辅助工具，如卷边靠山的安装可以使包边与缝纫同步进行。

图3-38　高桩柱电动缝纫机

一、智能缝纫设备

目前，制鞋机器生产厂家还将微电子技术应用于缝纫机上，不断推出具有可编程的、对缝纫线迹进行提前设定的、自动断线或打回针的、进行故障自检的、自动冲切料边等功能的全自动缝纫机。如图3-39所示为名菱企业的 MLK-342H-3GC 多工位智能花样缝纫机，它可以实现低张力平稳缝纫，最高缝纫速度 2800 针/min（使用3.0mm 针距）；压脚高度智能控制，适应不同厚度缝纫环境；控制面板是高精度、操作方便的液晶触摸显示屏，而且双核控制，比同类机种处理图案能力快 3~10 倍。

有些缝纫机还配备有摄像机，它可以准确地读出需要缝合部件的外形及配置图，使缝合与预先设定的缝纫程序相吻合。这种缝纫机的图像读出器有两台，一台用于储存记忆需要缝合部件的形象及其组合图，而另一台则用于实际缝纫。当部件的裁剪尺寸有差异时，这种辅助系统可以保证缝合是按照帮料的实际外形尺寸进行的，从而确保缝合质量。

与普通的缝纫机相比，多功能的全自动缝纫机有如下优点：

图3-39　多工位智能花样缝纫机

①一键式操作。降低了对工人的技术要求，按键式/触摸屏控制面板增强了机器的可操控性。

②智能化程度高。如自动针位，自动跟踪缝纫，自动换色线，自动开缝纫模板槽，镜像变换、缩放、旋转等功能模式。自动检测断线和监测底线功能：断线后机器能马上

暂停，底线不能缝完一个模板时会给出需要更换底线的提示。可根据缝纫材料的厚度自动调整缝合张力，人机对话等。

③提升了产品品质，扩大了缝纫机的应用范围。程序化的加工可以保证所有产品的针距和缝纫走向等一致，并可满足特殊要求，如对于鞋帮部件转角处加密缝制，或对有的部位进行双道线缝制等特殊工艺要求，只需在编制程序的时候加入就可实现。

尽管目前缝纫设备的智能化程度越来越高，但在实际缝帮过程中，某些具体的操作还是由缝帮工来完成的，如更换机针、穿面线底线、绕底线、更换梭芯等；此外，在缝帮过程中，由于帮部件的质地、厚薄等不同，需要经常对缝纫机进行调节，如：缝线张力的调节、压脚压力的调节、针码密度的调节、针杆高度及送料牙高度的调节等。相关内容参见《皮革制品（鞋类）机械》。

二、缝纫用针、线

（一）机针

从结构上看，机针包括针顶、针柄、针肩、针身、针穴、长针槽、针眼线孔、短针槽以及针尖等9个部分，如图3-40所示。

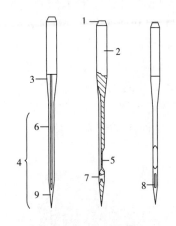

图3-40　机针结构
1—针顶　2—针柄　3—针肩　4—针身　5—针穴
6—长针槽　7—针眼线孔　8—短针槽　9—针尖

1. 类型

据统计，目前世界各国生产的机针型号有数千种之多，每种机针又有数种或十几种针号，针尖形状也有数十种。

在缝制皮革材料时，要根据线迹的种类、针码密度、被缝物的质量等各项因素选择机针，不同机针的针尖具有不同的缝制效果。皮鞋生产中常见的机针针尖有横切刀型、直切刀型、左斜刀型、右斜刀型、三角型和圆锥型等6种。

①横切刀型针尖：横截面呈凸透镜状，其切割方向与缝纫方向成90°直角，用于薄至中等厚度的皮革缝制，可达到很高的针码密度而不损伤皮料。

②直切刀型针尖：外形与横切刀型相同，切割方向与缝纫方向平行一致，用于薄至中等厚度的皮革的缝制，缝线深陷于针孔中，对材料有损伤。由于其切割方向与缝纫方向一致，如果针码密度太大会导致切割口进一步被撕裂，故这种针尖仅适用于针码密度较小、缝制强度要求不高、粗线大针码装饰缝的缝合。

③左斜刀型针尖：横截面也呈凸透镜状，切割方向与缝纫方向成45°角，缝线刚好遮盖住切口，缝线线迹平直。适用于中等厚度皮料的缝制。

④右斜刀型针尖：与左斜刀型大致相同，但切割方向与缝纫方向成135°角。

⑤三角型针尖：横截面呈三角形，由于拥有极佳的穿透能力，对皮革的损伤大，适

用于坚硬及干性皮革的缝制。

⑥圆锥型针尖：横截面呈圆锥形，当针尖穿入织物的交织孔时，能将经纬纱分开而不损伤纤维。适用于织物类材料的缝合、缝沿口皮以及合缝。

在缝制皮革材料时，一方面需要机针针尖将皮料切开、穿透，因此，应该使用强度大、切割力高的机针；另一方面，从美观的角度来说，缝合后在皮料表面留下的针孔眼越小越好，因此，使用直径小的机针最好。由于皮革材料种类很多，从精巧的小山羊皮到厚实的水牛皮等，缝制时不仅要穿透面皮，还要将里皮、补强衬布等一同缝合，因此需要根据被缝物的具体情况精心选用机针。

2. 规格

目前最常用的机针的针号有号制（美制）、公制和英制三种表示方法。

缝纫机针的类型繁多，一般使用"针号"加以区分。针号表示针的直径大小，目前常用的有三种方法：

①号制：用号码表示针杆的粗细，号码本身没有特殊的含义，号码越小表示针越细。皮鞋制帮中常用的机针有 11、12、13、14、16 和 18 号。

②公制：以 0.01mm 作为基本单位，表示针身直径，并以此作为针号。从 50 开始，针号间隔以 5 为单位递增，最大可至 380。针号乘以 0.01 即为针杆的实际直径（mm）。

③英制：与公制相似，以 0.001in 作为基本单位，表示针身直径，并以此作为针号，针号乘以 0.001 即为针杆的实际直径（in）。

在皮鞋缝帮工艺中，需要根据面料的厚度、硬度、缝线的粗细以及所要求的缝合强度来灵活选用不同规格的机针。

3. 要求

所用的机针要直，与针板孔的周边距离一致；与所用缝线匹配，线的粗细与机针穿线孔的宽度一致；针尖不秃、不弯；穿线孔内无毛刺、不拉线。

（二）线

1. 种类

皮鞋制帮过程中使用的面线有丝线、锦纶线、涤纶线及涤棉包芯线等；使用的底线一般为混纺线、涤纶短丝线及棉丝光线等；棉蜡光线可用于毛皮鞋里的拼接。

2. 规格

缝纫线一般都是由单纱或单丝合股加捻制成的，单纱的粗细可用旦数、特数或支数来表示。旦数是指 9000m 长的丝线所具有的质量，以 D 来表示；特数是指 1000m 长的丝线所具有的质量，以 T 来表示；支数是指单位质量的纤维所具有的长度，单位为 m/g，以 N 来表示。

缝纫线的规格由单纱或单丝的粗细和合股数来表示。

如涤纶线的规格为（支数/股数）：20/2 表示由 3 根 20 支单纱合股而成的涤纶线。棉线的规格为（特数/股数）：36s/3，其中第一位数字表示单纱的特数，s 表示纱线的捻向为右手捻，最后一位数字则表示合股数。

制帮过程中常用的涤纶线的规格有：20/2，20/3，30/2，40/3，45/3，50/3，60/3，60/5 等；常用的棉线的规格有 36s/3、60s/3 和 36s/9 等。

3. 缝合线的用量

针车线的消耗量计算公式为：

$$L = M(L_a + d) \times L_n$$

式中 M 为 10mm 内的针码数；L_a 为针码的距离（mm）；d 为被缝合材料的厚度（mm）；L_n 为缝合帮样的总长度（mm）。

例如：要缝合靴筒的后缝长是 280mm，每 10mm 缝 5 针，靴筒的厚度是 3mm，计算缝合线的用量。根据公式可以知道 $M = 5$ 针，$a = 10 \div 5 = 2$（mm），$d = 3$mm，$L_n = 280$mm，代入公式得：$L = M(L_a + L_b) \times L_n = 5 \times (2 + 3) \times 280 = 7000$（mm）。耗线量为 7m。

但这仅是一面的用量，将面线和底线用量合计，则缝线的净用量为 14m。另外，在制定耗线量定额时，还要根据起、止线的次数，加上线头的损耗量。

三、缝合质量的影响因素

缝合质量的影响因素主要包括被缝物的强度、缝线强度、缝线结构、缝线道数和针码密度等。有关缝线道数、针码密度与缝合质量的关系有人曾做过如下的实验。

取一块样品革，长 100mm、宽 25mm；经过标准的片边、折边和镶接（宽度为 10mm）后，缝线 1~4 道，针码密度为 7~16 针/20mm，然后测定缝合撕裂强度，结果如表 3 1 所示。

表 3-1　　　　　针码密度、缝线道数与缝合撕裂强度及破坏情况的关系

20mm 内的针码数	三次测试的平均拉力/N				破坏情况/次		
	1 道线	2 道线	3 道线	4 道线	断线	针眼破裂	皮革破坏
7	93	171	280	357	12	0	0
8	117	187	320	417	8	4	0
9	123	200	332	437	5	7	0
10	137	217	347	453	3	9	0
11	143	233	350	470	1	10	1
12	150	242	370	525	0	11	1
13	167	253	380	537	1	11	0
14	170	267	392	543	0	12	0
15	165	268	395	545	0	13	0
16	150	270	398	549	0	14	0

从表 3-1 中的数据以及图 3-41 和图 3-42 可以看出：

①缝线道数增加，缝合撕裂强度也增大。

②缝线道数增加，片边宽度需要也随之增大：缝 1 道线，片宽 4~5mm；缝 2 道线，片宽 6~8mm；缝 3、4 道线，片宽 8~10mm。

③针码密度增加，断线率降低；且针眼拉破率增大。

由此可以得出结论：针码密度为 10~14 针/20mm 时，缝合撕裂强度最大。

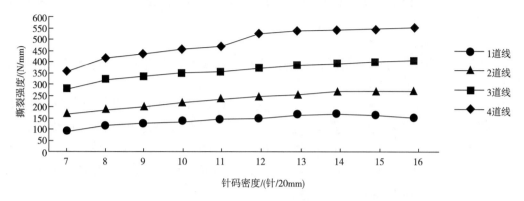

图 3-41　缝线道数与缝合撕裂强度的关系

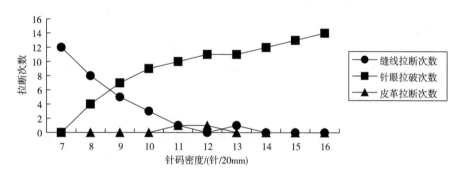

图 3-42　针码密度与破坏情况的关系

因此，在帮部件的缝合之前，必须综合考虑被缝物的强度、缝线质量和产品要求，从而确定拟采用的针码密度和缝线道数。此外，还应该考虑帮料的类型。材质不同，所需的针码密度也不同，表 3-2 给出了被缝物材质与针码密度间的关系。

表 3-2　　　　　　　　　被缝物材质与针码密度间的关系

名　称	针码密度/(针/cm)	备　注
牛面革	6~7	
猪面革	5.5~6.5	
绒面革	5.5~6.5	用中、粗尼龙线时，针码密度为 3~4 针/cm
羊面革	5~6	
合成革	5~6	

四、常见缝纫缺陷

在缝帮过程中经常出现的缝纫缺陷及故障有浮线、跳线、断线、针距不匀、移动滞缓和断针等。

（一）浮面线、浮底线

如图3-43所示，正确的缝线结构是：面线与底线的张力适中，使得上下线的咬合点位于被缝物厚度的1/2处。

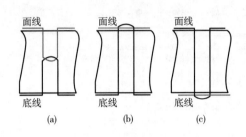

图3-43　缝线结构

（a）正确的缝线结构　（b）浮底线　（c）浮面线

浮面线是指面线张力小，底线张力大，面线露于被缝物底面，底线呈直线状；而浮底线则是指底线张力小，面线张力大，底线露于被缝物表面，面线呈直线状。

在缝帮过程中如出现浮现，首先要根据具体情况对缝线张力进行调节。使用棉线时，底线和面线的张力大小一致；使用丝线时，则应使面线张力大于底线张力。其次，送料与机针穿刺的动作配合不良，需要调整偏心轮的定位位置。第三，送料牙与机针及挑线杆运动配合不当，需要调整针机构与送料牙机构的位置。

（二）跳线

所谓跳线是指面线不能将底线勾上来，被缝物上留有针眼，而面线、底线均呈一直线状的缝纫缺陷。在制帮过程中有偶尔跳线、断续跳线和连续跳线三种。造成跳线的原因主要有：

①机针的粗细与被缝物的厚薄不相称；或机针的粗细与缝线的粗细不相称。

②机针弯曲、机针安装高低不当或方向偏斜。

③机针使用时间过长，针槽被磨平。

④缝速过高，机针过热使化纤线熔断。

⑤摆梭和梭架托上粘有胶液或灰尘或被缝物上粘有胶液（可用纱布在被缝物表面擦上机油，或给缝线上蜡）。

⑥面线张力过大或挑线簧弹力过大。

⑦压脚轮压力过小。

⑧反手线（从针眼的右侧穿线）等。

（三）断线

断线可分为断面线和断底线两种情况。

1. 断面线

断面线产生的主要原因有：

①机针针孔边缘有锐角或针槽起毛，需要抛光针孔或更换机针。

②面线的各过线部位起毛，使缝线在运动时受阻，需要修复受损的过线部位或在缝

线上涂抛光膏。

③缝厚料使用细线，需要更换缝线。

④缝线强度太低，需要更换缝线。

⑤缝线张力过大，需要调整缝线张力。

⑥旋梭内槽有锐角，将缝线碰伤或断线，需要抛光旋梭内槽或更换旋梭。

⑦旋梭定位钩与梭架凹槽配合不当，需要调整旋梭定位钩的配合，使面线能顺利通过。

⑧机针过热，使化纤线熔断，需要选择合适的机针或缝线冷却（硅油）。

⑨针板孔边缘有毛刺及锐角，用砂绳或抛光膏拉光，但不得使容针孔过大，否则会引起跳线。

⑩反手线，需要重新安装机针。

⑪机针弯曲，需要更换机针。

⑫针杆上下行程不对，针杆曲柄上的挑线、曲柄定位螺钉没有定位在挑线曲柄的凹槽内或定位方向错误。需要重新定位。

2. 断底线

断底线产生的主要原因有：

①梭心线绕得太满、太松、太乱，使底线在缝纫过程中出线不畅，造成断线。需要修正绕线器，使梭心上的绕线均匀、紧凑、整齐。

②梭心太大或梭心同心度不好，运转不灵活。需要调整梭壳与梭心的配合。

③送料牙位置太低，使底线和送料牙底部快口发生摩擦。需要调整送料牙的高低位置或拆下送物牙，用细砂布抛光送料牙底部的快口。

④旋梭压底线磨损而造成快口。需要更换旋梭。

⑤旋梭边缘起毛，擦断底线。需要修磨旋梭边缘不光洁处。

⑥旋梭和梭壳配合不良，致使出线张力不均。需要调整旋梭和梭壳的配合间隙，使底线出线张力均匀。

（四）线迹不良

缝线线迹不良有针距不匀和线迹歪斜两种情况。主要原因及解决办法有：

1. 针距不匀

①被缝物厚薄不匀，应适当推拉。

②被缝物前面有障碍物，应保持台面整洁，及时送交已完成的物件。

③缝纫机转速偏高，可在许可范围内降低转速。

④压脚压力低，可通过调节来适当增加压力。

⑤面线张力大，或底线张力小，需要调节缝线张力。

⑥送料牙架上的小顶螺丝锥面与锥孔配合松动，需要重新调整牙架的配合间隙。

⑦由于震动引起针距调节钮松动；送布杆、偏心轮套圈、送布抬牙偏心轮之间的配合间隙过大；针距连杆与送布杆、针距调节器之间的配合间隙松动，造成针距有长短等。需要调整松动的零部件位置。

2. 线迹歪斜

①送料牙与压脚平面不平行，需要修磨或更换。

②送料牙松动或送料牙与针板槽不平行，需要紧固或调整送布牙。

③机针与被缝物厚薄或缝线粗细不匹配，需要调整。

④机针安装不正，需要正确安装机针。

⑤针杆导线钩及针杆导线套位置不正，需要调节导线钩及导线套位置。

（五）剪线不良

在使用具有自动剪线功能的缝纫机时，可能会出现未将缝线剪断等问题。主要原因及解决办法有：

①机针的安装不良，挑线簧的运动量过大，旋梭位置未调好等。需要正确安装机针或更换机针，调整挑线簧的运动量，观察低速时是否跳针，再次调整旋梭和机针的配合。

②未按规定选用旋梭，剪线时底线的位置不稳。需要检查旋梭的内槽或更换旋梭。

③动刀与定刀刃部不锋利，剪线剪不断，或定刀角度、位置、刃口斜面与动刀配合不良，造成剪刀刃口不锋利。需要拆下针板，修磨定刀，或调整定刀的位置。

④剪刀动作轴及剪线凸轮的左、右位置未调整好，造成动刀的后退量不足。需要把动刀的后退量调整到 2.0~2.5mm，同时调整剪线凸轮位置。

⑤定刀端部已无快口，需要修磨定刀或更换定刀。

⑥动刀剪线孔处无快口，需要修磨动刀或更换动刀。

（六）断针

断针有偶尔断针和连续性断针两种情况。造成断针的主要原因及解决办法为：

1. 偶尔断针

①机针变弯曲，针尖发毛或固定针螺钉未旋紧，需要更换机针或旋紧螺钉。

②缝厚薄不均匀的材料时缝速太快，机针发生偏移，造成断针，应适当放慢速度。

③操作者动作不协调，缝纫时推拉缝料力度过大，使机针发生移位，与针板碰撞。

2. 连续性断针

①压脚固定螺钉未旋紧，需要检查压脚螺钉及压脚位置，旋紧螺钉。

②针板窄，针孔与机针同轴度误差太大，需要重新选配针板或调节针板螺钉，直至机针与针板孔同轴度误差在 0.2mm 以内。

③机针与送料牙配合不良、不同步，需要调整机针与送料牙的运动配合。

④机针行程不正确，与其他机构运动配合不当，需要检查机针行程曲柄螺钉是否紧固在凹槽处。

（七）移动滞缓

移动滞缓是指缝帮过程中被缝物的输送不畅。主要原因有：

①送料牙齿倾斜，前高后低或位置太低。

②送料牙齿缝隙被杂物填充。

③针距调节钮松动。

④压脚底部不光洁或压脚压力过大。

⑤送料机件磨损严重，配合过松。

(八) 面料起皱

主要原因及解决办法有：

①面线和底线的张力过大，需要调整缝线张力。

②送料牙运动速度大于针杆运动速度，需要将速度调到标准或略慢于针杆运动速度。

③送料牙倾斜或位置不准确，需要将送料牙位置调正或调到前高后低的状态，使压脚底面与送料牙的接触面减少，防止面料起皱。

④送料牙高出针板过多，需要调整送料牙露出针板的距离位置0.6mm。

⑤旋梭、针板挑线过线处不光滑。

⑥针板容针孔太大，需要更换针板。

⑦挑线簧弹力过强，需要减弱挑线簧弹力。

(九) 上、下层缝料错位

指缝制后上压件与被压件发生位移，主要原因与解决办法有：

①压脚压力过大，使下层缝料错位，需要降低压脚压力。

②送料牙倾斜，需要将送料牙调节为前高后低。

③送料牙运动慢于针杆运动，造成缝料错位，需要将送料牙动作提前。

④送料牙力度不均，需要使用粗齿送料牙。

⑤压脚底板表面粗糙，需要磨光或抛光压脚底板表面。

⑥人造革类材料有一定黏附性，可在缝料表面涂少量油或其他润滑剂。

思　考　题

1. 制帮过程中如何进行平镶和跷镶操作？操作中应注意哪些问题？

2. 使用织物类里料时，如何防止出现"毛边"？

3. 帮面与帮里的镶接有哪几种方法？各适用于哪些产品？

4. 常用的帮部件组合缝法各有何特点及用途？缝合时应注意哪些问题？

5. 怎样进行缝沿口操作，才能使缝出的沿口光滑、顺畅，而且宽窄一致？

6. 生产中使用的冲里方法有哪些？冲里操作应注意哪些问题？

7. 如何去除帮面和帮里上的胶渍、笔迹、油污、色斑？

8. 成帮检验的内容有哪些？

9. 影响缝合质量的因素有哪些？

10. 针码密度、缝线道数与缝合撕裂强度及破坏情况有何关系？

11. 造成浮线、跳线、断线、针码不匀及移动滞缓的原因及解决方法有哪些？

第四章　鞋底部件的加工整型及装配

鞋靴成型的三个要素是样板设计中的曲跷处理和缝帮、材料的性质以及外界力的作用。经过曲跷处理和缝帮，平面的材料才能转变为立体的曲面；绷帮时，材料在鞋楦的支撑力和外界力的作用下完成一系列的弹性变形后塑型成型。但在出楦后，鞋靴要保持成型后的形体，就必须依靠料件所构成的框架来支撑定型，否则便会产生变形。就皮鞋而言，除鞋帮结构外，还要依赖内底、半内底、勾心、主跟、内包头等底部件来固型。

裁断后的底料料件，在规格、尺寸及形体等方面还不完全符合产品的技术要求和装配工艺要求，必须根据产品的性能、工艺和造型的要求，进行料件的加工整型。

底部件加工整型是根据不同的帮底结合法，将裁断好的各种底部件剖成规定的厚度、压成一定的形状，为帮底结合做好准备。

通过底件的整型加工，可使部件规格化、标准化、系列化，便于帮底的组合装配，是提高生产效率和质量的有效途径。产品品种不同，部件结构不同，规格要求则不同，加工程序与方法也各不相同。

同帮部件一样，某些底部件在完成了部件的加工整型之后，还需要进行装配。本章也将叙述外底、内底和鞋跟部件的装配内容。

第一节　底部件的片剖加工

同面革一样，由于真皮底革各部位的厚度有差异，裁断后部件的厚薄不匀，甚至同一个部件的不同部位其厚薄也不相同。因此，必须将裁断后的底部件片剖成规定的统一厚度，达到规格统一、符合标准。

另外，由于造型和工艺的需要，一些底部件的形体尺寸有特殊的要求。如半内底从前端到跟部的厚度是由薄到厚的，因此，必须按部件的规格要求进行片剖加工。

将各种底料或部件进行片匀、片薄、局部片削或剖割的操作称为底料的片剖加工。

由于天然底革的质量和厚度存在着部位差别，因此不可能在同一片底革上只下裁某一种部件，而是要根据部件的规格要求，在不同的部位下裁不同的部件。所以，在裁断前将整片底革通片片匀的操作是不可取的，那样只能造成材料的浪费。

一、片剖的类型

底料的片剖分通片、片边和剖割三种类型。

（一）通片

将一块底料或料件全部片剖成统一厚度的操作称为通片，也称片匀。

1. 先通片后裁断

整张底革的通片是在原皮鞣制后进行的。制成成革之后，由于张幅过大、底革又硬，若再进行整张底革通片，其设备和技术上都会存在困难。另外，还会造成底料资源的浪费，因此在裁断前将整张底革通片是不可取的。

一般是将大块的底料进行通片，然后再裁断。如将裁断沿条用的底料块通片后再裁断，沿条的厚度则均匀一致。

2. 先裁断后通片

当在一块底料上要套裁多种部件时，由于部件的厚度要求不一致，因而不能先通片后截断。但在裁断后，料件则必须通片，使每一种底件的厚度规格一致，如外底、内底、鞋跟面皮等，都是在裁断后进行通片的。

通片操作是在平刀机（或片底料机）上进行的，手工难以完成。

不同的产品品种，不同的装配工艺，对底部件厚度的要求也不同。如前掌的厚度一般为 3.5~4.0mm，其他底部件的厚度要求可参阅第一章。

（二）片边

为了便于组合装配操作，或根据美化造型的要求，需要将料件进行片剖处理，使其各部位的厚薄有一定差异。如主跟和内包头经过片边操作，变成中心厚、四周边薄的形体，使得装置主跟和内包头后帮面平整无棱。

与帮部件片边加工相似，凡将料件边缘片薄成斜坡状的操作叫片边，也称片茬。片边操作分手工和机器两种。

（三）剖割

将一块底料或料件垂直或斜剖成两个底料块或两个底件；或者借助于胎具对底件进行片剖，使其各部位厚度产生变化，从而形成不同规格和不同形体的操作称为剖割。

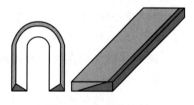

图 4-1　盘条的片剖

如盘条和外掌条的形体是一侧厚一侧薄，为了节省原料和工时，将一根底料进行斜剖，就可以形成两根盘条，如图 4-1 所示。

二、片剖加工与设备

片剖加工的方法可分为机器片剖和手工片剖两种。

（一）机器片剖加工

在底部件的片剖加工中，机器片剖的质量好、效率高，应用也最为普遍。根据片剖原理，主要可以分为圆刀片削和直刀剖切两种类型。常用的片剖设备有圆刀片边机、平刀剖皮机、带刀片皮机和片底料机等。

圆刀片边机是用来片削底料件边缘的设备，其片削刀具是高速旋转的圆刀。加工原理和机器构造与帮料片边机的相同，只是机体大于帮料片边机，片削力也强于前者。主要用来片削主跟、内包头等料件。

平刀剖皮机与带刀片皮机的工作原理相似。只是其片削刀具是位置固定不动的平刀。被片料件送进平刀剖皮机后，由光辊和槽辊夹持送向平刀，使其被片削成上下两片。主要用于将大块底革或料件剖片成规定的统一厚度，即通片；或者利用胎具进行剖割，例如内底、外底的通片，盘条、斜坡形中底等的剖割，主跟、内包头等的定型剖片等。自动片主跟机可以对各种材质的主跟进行片剖，并在主跟的绷帮余量上涂石蜡、剪切 V 型标记等。

带刀片皮机的片削刀具是在水平方向上高速运动的带刀，主要用来片剖软质材料和轻革底件，如包跟皮等。

机器片剖流程：了解被片料件的性能→调试机器设备→试片→片剖→检查片剖质量。

①了解料件的性能和调试机器：天然皮革的纤维编织因动物的品种、性别、年龄、产地以及部位和加工工艺的不同而有所差异，因而成革的软硬程度也不一样。在片剖之前，必须根据材料的软硬程度调整好片刀与送料齿轮间的间距、压力以及送料速度。对较硬的底料，应采用较大的压力和较高的送料速度；而对较软的底料则宜采用较小的压力和较慢的送料速度，并根据料件和部件的尺寸规格，调整好片刀与送料齿轮间的间距。

②片剖：选用边脚碎料进行试片，根据试片质量对机器设备做进一步的调整，直至符合要求。操作中要注意抽检底件的片剖质量，防止刀刃变形、刀位错位或胎具变化等造成废品。要保证片剖质量，必须保持刀刃锋利。

严格执行安全操作规程。操作工人必须经过技术培训，设备专人使用。

（二）手工片剖

手工片剖的劳动强度大，效率低，质量不稳定，在企业中已较少使用，一般用于小型部件（如主跟、内包头等）边口的片剖。

为了便于片剖，操作前需要将被片料件先浸水回软，然后进行湿片，而机器片剖则均采用干片。

经过浸水，底革由硬变软，由薄变厚，弹性降低，塑性增强，从而改变底革的物理机械性能，便于片剖加工。

浸水时要注意控制浸水时间、水的温度和浸水后的静置时间。

水温过高会使底革料件收缩，增大底革内鞣剂的浸出量，故一般控制在 18~25℃。浸水时间过长同样可以增加底革内鞣剂的流失。一般黄牛底革浸泡 2min，水牛底革浸泡 1min，过硬的料件则可适当延长时间（如牛头革等）。如果浸泡达不到回软目的，浸水后可用湿布覆盖，使水分充分渗透到皮质内层。浸水后要静置 1~2 h，使料件的含水量达到 20%~30%。将料件粒面朝内弯折 90°，若表面无水珠时，片剖和整型加工的效果最好。浸水部件易受微生物的侵蚀，造成部件霉烂，因此在浸水时（尤其是夏季）可加少量防霉剂，以防止霉变。

手工片剖或剖割时都要求垫板表面清洁无碎屑，使用三角刀和革刀均可，刀口必须锋利。

第二节　外底整型与装配

从材质上，外底可分为天然皮革、橡胶、塑料、橡塑并用及热塑性弹性体五种。商品名称包括皮底、仿皮底、半皮底、橡胶片底、橡胶成型底、PU 发泡底、NBR 丁腈橡胶高耐磨底、TPU 成型底、TPR 成型底、PVC 成型底等。

一、外底的整型加工概述

外底是鞋的主要部件，外底材料、产品品种、款式、结构及装配工艺不同，外底的整型内容及方法也有所不同。

胶粘工艺的外底可以是天然底革的，也可以是由橡胶、塑料、橡塑并用及热塑性弹性体等材料制成。这些材料一般都是借助于模具的作用被一次压制成型，制成成型外底。这类外底一般都不需要预先整型，而是在帮底组合装配之前，对其黏合面进行砂磨或用处理剂进行处理，以提高黏合强度。

线缝工艺一般都使用天然底革及橡胶外底。天然底革外底要求先进行加工整型，制成标准件，然后再进行帮底组合装配；而橡胶外底则是成型外底，其加工整型的内容与操作比皮质外底要简单。

模压及硫化工艺的外底都使用未经硫化的混炼胶料。在模压之前，混炼胶料经过返炼出型、裁断，再放入模具内进行模压成型，同时实现帮底结合。因此，模压工艺无外底的加工整型操作。硫化工艺是先将混炼胶料用模具压制成成型外底，经黏合后再送入硫化罐内进行硫化，使外底胶料发生质的变化，同时实现帮底结合。因此，其外底只需要在黏合之前进行简单的处理即可。

注压工艺使用受热后具有流动性的橡胶、塑料、橡塑并用及热塑性弹性体等材料。借助于注压机将这类材料注入模具内，在形成外底的同时实现帮底结合。因此，注压工艺也无外底的加工整型操作。

二、线缝工艺天然底革外底的整型加工

线缝工艺使用天然底革及橡胶外底，前者主要用于高端定制的男鞋产品，后者用于军品、户外及安全防护产品。

天然底革外底的整型工艺流程为：辊压→通片→铣底边沿→浸水→破缝开槽→压型→砂底面、底边沿→涂饰底面、底边沿→安装鞋跟→压印。

（一）辊压

其目的是为了增加底革纤维密度，增强耐磨力、可塑性和成型稳定性。除采用机器辊压加工外，也可用往复式冲床，以冲锤捣实代替压实。

（二）通片

在平刀机上进行片剖。片剖之前先按工艺要求调整好片削厚度，试片合格后，进行正式片削。片削时要先从外底的后跟部位进刀，如发生片削质量问题，可以将片坏的外底改为前掌；若先从前尖部位进刀，则易形成废品。通片后的外底必须同双对称一致。

（三）铣底边沿

在天然底革上裁断出的外底往往有毛边和底沿偏斜的问题，经过铣削可以使外底边沿与底面垂直，部件规格化，为开槽做好准备。若采用透缝法制备线缝鞋时，外底边沿的铣削操作则放在缝外线操作之后进行。

与部件下裁要使用下料样板一样，铣削外底边沿也必须使用标准模板，在靠模铣底沿机上进行。

1. 标准模板的制作

标准模板是按照底样设计中的标准底样准确无误地复制而成的，要求周边光滑，与底面垂直，且正反两面均可使用。制作标准模板的材料必须坚硬、耐磨性好，以确保经反复使用后仍不变形，否则会影响底边沿的铣削质量。

2. 标准模板的固定

在标准模板的前后两端，距边40mm处，分别钉两个方向相反的五分钉（图4-2）。为防止钉尖穿透外底的粒面层，可将多余的钉尖用钳子钎去，前端钉尖留出2mm，后端留出1mm。将标准模板复在外底的肉面，目侧周边留出的余量一致后，用榔头轻击外底前后端的定位钉，将标准模板与外底钉合。

有些企业采用在标准模板及外底的中心部位刷胶，待晾干后即可将标准模板黏合固定在外底上。

3. 铣削

外底边沿的铣削是在靠模铣底沿机上进行的，切削工具是铣刀。由于外底边沿的形体有直形、弧形等，因此，铣刀则必须根据底沿形体的要求加以设计。图4-3为直边形底沿用的铣刀。铣刀装置在靠模铣底沿机的主轴上，铣刀的旋转速度越高，铣削后的外底边沿就越光滑。铣刀的转速一般定在2800r/min左右。

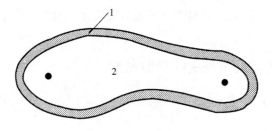

图4-2　标准模板
1—底边沿铣削量　2—标准模板

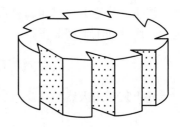

图4-3　直边形铣刀

将固定好标准模板的外底边沿靠在铣底沿机的靠山上，沿模板边缘将多余的外底边缘铣削掉。一般，铣削操作是从内怀的腰窝部位开始进行的，铣削至头角转弯处时要放慢速度。铣削完毕后要检查铣削质量，要求底沿与底面垂直，表面光滑平整，无刀痕波纹，子口清晰，同双对称一致。

对底边沿进行精细削磨的操作一般是在底边沿砂磨机上进行的。这类设备有单头高速磨台、立式砂带磨边机和双头磨边机等。操作时，将底部件平置于操作台上，缓缓靠向磨头或砂带，将粗糙的底边沿修磨整齐即可。

（四）浸水

同手工片剖一样，在破缝开槽前外底部件需要进行浸水处理，以便于破缝开槽的进行。浸水时要注意控制浸水时间、水的温度和浸水后的静置时间，具体内容可参阅第一节手工片剖部分。

（五）破缝开槽

线缝鞋是用线将帮部件与底部件缝合在一起的。为防止缝线不被过早地磨损，且缝合后底面仍然保持平整，需要在外底上破缝开槽，以便将缝线容纳在槽中。

从容线槽的形式上看，外底的破缝开槽可分为开明槽和开暗槽两种；从加工方法上看，又分为手工和机器两种。

1. 开明槽

在外底面上直接刻出的容线槽称为明槽，其加工操作称为开明槽。

开明槽的外底经线缝加工后，缝线嵌入了容线槽中，不会被过早地磨损，但从外底面上可以直接看到缝线。明槽与粗壮的缝线搭配，能给人以坚实、粗犷、强悍的感觉，而且其操作及后加工较为简单，故多用在高端定制、登山鞋等产品上。开明槽的优点不仅体现在刻槽加工简单，无合槽皮的操作，而且即使是粘前掌的产品，在砂磨时也很方便。

（1）天然底革外底　对于天然底革外底而言，机器刻槽是在底部件的加工整型工段中进行的；而手工刻槽则是在贴合外底之后缝外线之前进行的。其操作步骤为：

①画线。在外底面上画开槽线，第一道线距边 4~5mm，第二道线距边 6~7mm。

②起止刀位置。全鞋明槽从跟口线后 5mm 处，前掌单部位明槽则在前掌以内 8~10mm 处起止刀，如图 4-4 所示。

③刻槽。左手握住楦身，使外底面朝上，右手持刀，刀与底面呈 45°夹角，沿线从内怀部位由起点至终点刻出第一刀，刀口深 1mm；然后再从外怀部位由起点至终点刻出第二刀；最后从两刀之间取出一条等腰三角形的皮条，底面上即可形成一条与底边沿等距离的明槽，如图 4-5 所示。如果采用透缝方法进行帮底结合时，有些产品需要缝两道线，因此要开两条明槽。两道明槽的间距由设计者决定，一般为 5~10mm。也有的透缝工艺外底采用开暗槽的加工。

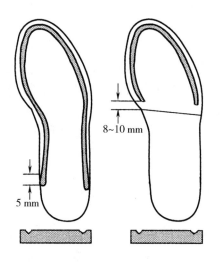

图 4-4　开明槽位置

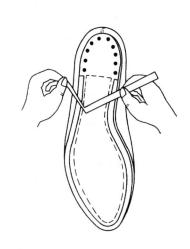

图 4-5　手工开明槽

④刮槽。沿外底面上已刻出的槽痕，用刮槽锥（图4-6）进行刮槽，使容线槽的槽深达1.0~1.2mm，槽宽1.2~1.5mm。此项操作可在贴合外底之后、缝外线之前进行。

（2）橡胶底　用手工的方法在橡胶底面上开明槽时，可以使用U形铲缝锥，如图4-7所示，其工效高，质量好。但现今成型胶底是用模压或注压工艺制成的，在模具上设计时，可在阴模底花纹的模具上设计一条均匀的压槽棱，压制出的胶底面上就可形成一条明槽。

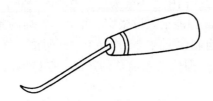
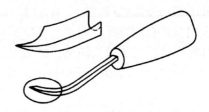

图4-6　刮槽锥　　　　　　　　　　　　　　图4-7　铲缝锥

由于橡胶底的弹性好，缝线易嵌入容线槽中，故在开槽之后不需要进行刮槽。与天然底革外底一样，胶带外底（轮胎外底）可用开槽刀进行刻槽加工。

2. 开暗槽

尽管外底面上开了明槽，缝线嵌入了容线槽中不易被磨损，但在穿用过程中，缝线仍然要与水、其他有腐蚀作用的液体以及地面凸起物等接触，从而使其强度降低，进而影响产品的使用寿命。开暗槽则可解决这一问题。

能暗藏缝底线的容线槽称为暗槽。暗槽有三种类型，即正暗槽、斜暗槽和侧暗槽。暗槽加工一般在天然底革外底上进行，只有侧暗槽可以在合成底料上进行。

（1）开正暗槽　开正暗槽步骤如下：

①底面刷水回软，以便于进行破缝和刮槽。

②距底边3~4mm处划开槽线。

③刀与底面呈30~35°夹角，斜割坡形刀口，刀口深1~1.2mm，斜切宽度2~3mm。

④在破缝处刷水，先用螺丝刀将刀口上的槽皮拨起，然后用刮槽锥将坡形槽中底部的皮纤维挖除，形成凹形槽沟，如图4-8所示。

（2）开斜暗槽　正暗槽的破缝是在外底的底面上进行，而斜暗槽则是在外底的底边沿上进行破缝。其操作方法是：

①外底边沿刷水回软。

②在外底边沿的上角距粒面0.5mm处斜切进刀，刀与底面成30°的夹角，斜切宽度7~8mm，刀口深0.8~1.0mm。

③用螺丝刀将槽皮拨起，在刀口处刷水回软，用刮槽锥在距边4.5~5.5mm处挠挖掉坡槽纤维，使其形成凹形槽如图4-9所示。满条鞋的斜暗槽均在跟口线后8~10mm处起止刀。

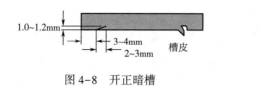

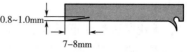

图 4-8　开正暗槽 　　　　　　　　　　　　图 4-9　开斜暗槽

（3）开侧暗槽　同开斜暗槽一样，侧暗槽也是在外底的底沿上进行，其具体操作如下：

①外底边沿刷水回软。

②距粒面 1/3 处，水平横切，进刀深度为 6~7mm。

③在距边 3~4mm 处用刮槽锥刮槽，使槽深达 0.5mm。横切深度也可只有 1~2mm，斜向将外底与沿条缝合，使外底边沿上出现一个沟形纹或半隐线，如图 4-10 所示。

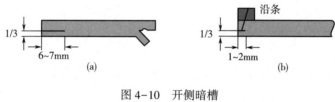

图 4-10　开侧暗槽
（a）开宽侧暗槽　　（b）开窄侧暗槽

3. 机器开槽

机器开槽都是在底部件的加工整型工段进行的，使用机械刀具沿外底边沿刻出容线槽，具有加工效率高，质量稳定，规格一致的特点。注意开槽后的外底应立即使用，避免槽皮破损。

（六）压型

天然底革外底呈平板状，如不进行处理，在贴合外底及缝外底时，由于跷度不符，会给上述操作造成一定的困难。通过压型可以使外底符合楦底的跷度，便于在装配外底时与帮脚和内底结合紧密，边缘严紧平伏，同时也便于线缝操作。

外底压型可借助于模具在压型机上进行压型。

如果是已开暗槽的外底，要先将槽皮复位，然后再压型，以免损伤槽口。

（七）砂磨底面、外底边沿

由于天然底革的粒面上不可避免地带有各种伤残和缺陷，因此，必须根据外底粒面的质量好坏确定是否砂磨底面。如底革粒面花纹均匀，色泽一致或订单要求保留外底的粒面，则可不砂磨底面。如外底粒面粗细不匀或有轻微的伤残缺陷，则需要进行砂磨。合成材料的外底面一般都不需要进行砂磨。特别要强调的是：天然底革外底面及外底边沿的砂磨和涂饰操作，都是在帮底组合之后的成鞋整饰工序中进行的。

外底面及外底边沿的砂磨采用机器砂磨。砂磨时所用的砂轮要宽，木盘轮与砂布之间垫衬海绵，以缓冲砂磨时产生的削磨振动，使砂磨均匀、细腻、深浅一致。所用砂布的砂粒要细（一般为 0 号砂布），以免将较薄的天然底革粒面砂坏，形成一道道的砂磨痕迹。操作时，一般先砂磨前掌部位，然后再砂磨腰窝和后跟部位。

另外，无论是天然底革还是合成材料的外底，其边沿在铣削之后，形状虽已达到标准，但光洁度不够，必须经过砂磨处理。砂磨也是在砂轮机上进行，砂轮的形体必须与底沿的形体相吻合，如半圆形底沿就需在有 U 形沟槽的砂轮上砂磨。所用的砂布一般为 0 号细砂布。在外底边沿处刷少量的水，并让水分渗入皮纤维中，可以降低皮纤维的韧性和弹性，就可以将底沿砂磨光滑，不会出现长绒和不光滑的缺陷。

（八）外底面、底沿的涂饰

外底面经过砂磨后，表面平整，并带有一层极短的绒毛，使得光滑度和光亮度不足，需要进行涂饰。外底面的涂饰分为无色涂饰和有色涂饰两种。

无色涂饰可以保持天然皮革的本色，具有很强的真皮质感，但不能掩盖轻微的伤残缺陷，故对外底的质量要求高。早期的无色涂饰剂是用不加色料的光浆、石花菜水和防霉剂等配制而成，涂饰后再用鬃刷轮或布轮抛光。

有色涂刷可以掩盖伤残缺陷，涂饰剂的组成与无色涂饰剂的基本相同，只是要加入色料。用板刷或海绵擦蘸上涂饰剂，涂刷在底面上，或用喷枪喷涂，然后再用蜡刷抛光。

铣削外底边沿后，外露的纤维较粗，所用的涂饰剂须浓于底面涂饰剂。除用光浆、虫胶液和防霉剂配制的涂饰剂进行刷涂外，也可用快干漆喷涂。涂刷完第一遍后，自然晾干，然后再涂刷第二遍，待自然晾干后，用清漆罩光，最后自然晾干。

为了将外底面及边沿的毛纤维封闭，同时提高天然底革外底的防水性，一般还要进行上蜡处理。先将蜡块靠在旋转的鬃刷轮或布轮上，使其粘上蜡屑，然后对外底面进行抛光，摩擦热量使蜡屑融化，并渗入到皮纤维中。如欲加重皮革色泽，可刷涂肥皂水，然后再抛光，底面则呈现出红棕色。

外底面及外底边沿的涂饰要避免污染黏合面，否则会使成品开胶掉底。整个涂饰过程要注意防尘。

经过涂饰的天然底革外底，还要进行其他的修饰操作，如压边、烫花、抛光等。现今多使用羊毛轮抛光。将外底边沿及外底面靠向羊毛轮，对这些部位进行抛光。

（九）压印

在天然底革外底面上的规定部位压印商标 logo，合成材料的外底则无此项工序。有些产品的商标是在砂磨外底面之前进行压印的，待底面砂磨、涂饰后，底面和商标、鞋号的色泽不同，效果更为自然、醒目；也可以在外底面涂饰后在外底面上进行压印。特别要强调的是，天然底革外底面及外底边沿的砂磨和涂饰操作都是在帮底组合之后的成鞋整饰工序中进行。

商标图案的压印位置要根据客户的要求而定，一般在外底的腰窝部位。

在天然底革外底上压印商标图案一般使用钢制模具在机器上冲压而成。要求商标的形体、规格、位置、深浅等完全对称一致。

三、胶粘工艺外底的整型、装配加工

使用胶粘剂将鞋帮和鞋底黏合在一起的帮底结合工艺称为胶粘工艺。胶粘鞋的外底多数是成型外底，容易变换花色品种，成品鞋轻巧美观，而且与线缝鞋相比，加工工艺简单，劳动强度低，易于实现大规模的工业化生产，是现代制鞋工业中主要的帮底结合法。

胶粘工艺中所用的成型外底基本上不需要进行整型加工，只是在与帮套黏合前对其黏合面进行打粗起毛或使用处理剂进行处理即可。有关内容参阅第六章胶粘组合工艺。

除成型外底外，胶粘工艺也可使用天然底革外底。目前，在高档手工男鞋的制作中，既可以单独使用天然底革外底，以线缝工艺实现帮底组合；也可以先将天然底革外底与帮脚缝合后再采用胶粘工艺贴合一层橡胶材质的外底，以提高成鞋的耐磨性。此时，男鞋天然底革外底的整型工艺流程较为简单，主要包括辊压和通片，待贴合橡胶外底后再铣去多余的皮底边沿。

按照外底的形状，女式皮鞋可以粗略地分成压跟鞋、卷跟鞋和坡跟鞋，如图4-11所示。如今女鞋大多使用合成材料外底，其整型加工内容与胶粘工艺用外底的相同。若使用天然底革外底时，其加工整型及装配的操作就较为复杂。以下内容主要介绍这三种女鞋天然底革外底的整型加工。

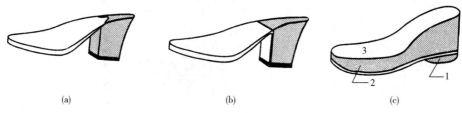

图4-11　三种外底形状
(a) 压跟鞋　　(b) 卷跟鞋　　(c) 坡跟鞋
1—跟面皮　2—底面　3—坡芯

（一）压跟鞋外底

外底的跟部被鞋跟压住的鞋靴称为压跟鞋，其中外底形状完整的称为全压跟，外底形状不完整而只被鞋跟压住少许的称为半压跟，如图4-11 (a) 所示。由于被鞋跟压住的这一部分外底的形状像舌头，故被称为底舌。底舌长度为5~20mm，其形体尺寸如图4-12所示，片剖规格见表4-1。

表4-1　　　　　　　　　　　　外底腰窝、后跟部位的片剖规格　　　　　　　　　　单位：mm

产品品种	外底材质	片剖部位		
		前掌	跖趾线后15mm至跟口线处	后跟部、底舌
男鞋	黄牛底革、猪底革	>3.5	逐渐片薄至1.5mm	片边出口
	水牛底革	>4.0		
女鞋	黄牛底革、猪底革	2.8~3.0		
	水牛底革	>3.5		

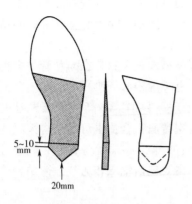

图 4-12　底舌的形体尺寸及外底片剖托模

压跟鞋天然底革外底的整型加工工艺主要流程为：片腰窝、后跟部→砂磨黏合面→（粘沿条）→铣底边沿→砂底面、底边沿→涂饰底面、底边沿→压印。

1. 片腰窝、后跟部

为使产品的外观显得轻巧、美观，高、中跟鞋的外底要求从前掌后端点向腰窝及后跟部位逐渐片薄。生产企业以往都借助于特制的专用托模，在平刀机上进行通片，使外底各部位的厚薄达到规定的要求。如今已有外底片剖机可对外底的相应部位直接进行片剖。这种片剖机采用了"形体压辊"，从而能

控制不同部位的片剖厚度。图 4-13 为温州黎明金瑞轻工设备厂的 JR-19 型鞋底削薄机的外形图。

根据外底的形体尺寸制作出片剖托模后，将托模复在外底的粒面上，送入平刀机中进行片剖。由于外底是从腰窝部位开始片剖的，因此在进刀时要注意将头部先送入。图 4-14 为压跟鞋外底片剖示意图。

由于在片剖时外底与托模是一同被送入平刀机中的，那么，每片剖一只外底，托模就要承受一次机器的辊压。因此，制作托模的材料必须具有良好的成型稳定性（耐压、强度高、延伸性小），以免影响片剖

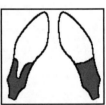

图 4-13　自动高速外底片剖机

质量。托模一般都使用红钢纸或优质底革制成。

片剖过程中要注意调控好机器设备，避免片剖后的外底一侧厚一侧薄或不同批次片剖的外底厚度误差过大。

2. 砂磨黏合面

胶粘工艺是用胶粘剂将帮底黏合在一起的。为便于胶粘剂的扩散和渗透，达到黏合牢固的目的，需要对黏合面进行砂磨或其他方式的处理。

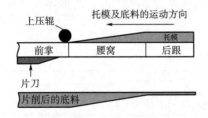

图 4-14　压跟鞋外底片剖示意图

天然底革外底黏合面的砂磨设备有逆拉大底起毛机、顺拉大底起毛机、卧式砂带机、双头砂带机、变速砂轮机、双头砂轮机等，其中砂带机适用于对大面积部件的起毛

砂磨。

在砂磨天然底革外底时，应在砂布轮上先包垫一层海绵，然后再包裹砂布。这样，在砂磨时有一定的缓冲作用。如果外底的皮质较为松软，砂磨后绒毛较长，反而会影响黏合牢度。这时就必须用较细的砂布再砂一次，直至砂磨面上的绒毛变得短而密。

对于代用材料的外底而言，由于在砂磨时产生的热量会使外底发热，出现黏粒现象，因此，这类外底现今采用处理剂处理（详见第六章第一节的有关内容）。

当砂磨已经过片剖腰窝和后跟部片剖处理的外底时，应注意控制砂磨的力度和速度，避免将较薄的部位砂破。

砂磨后的外底应呈现浓密均匀的绒毛，无漏砂、砂坏、砂磨面不平等缺陷。

3. 粘沿条

在外底的边缘上黏合天然底革的或合成材料的沿条，使成鞋的外观与缝沿条鞋相似，但与线缝鞋相比，其操作简单、劳动强度低。这种"假沿条"既可以增大帮与底的黏合面，提高帮与底之间的黏合牢度，同时还可以掩盖绷帮皱褶，起到装饰的作用。目前，皮鞋生产企业多采用带假沿条的成型外底，故无粘沿条这项操作。但若使用平板式外底时，则需要根据产品的设计风格来决定是否要进行粘沿条。

天然底革的沿条厚度约 3mm，宽度有 14~18mm 和 5~7mm 两种规格，在黏合之前需经过砂磨、浸水和成型等预加工，黏合之后还需要进行压印和铣削加工。合成材料的沿条，如橡胶的、塑料的或橡塑的沿条易于盘折，买来的成品沿条表面已压印有线码、压道、镶嵌牙或缝有假线，故只需要进行砂磨和黏合操作。沿条的砂磨操作与外底黏合面的砂磨操作相同。

天然底革的沿条需要根据外底的形状盘扎成型。为了便于沿条的盘折，对于较宽的和皮质较硬的沿条要浸水 1min，取出后再静置半小时，使其含水率达到 25%~30% 即可。较窄的和皮质松软的沿条不需要浸水，以免影响黏合操作。

将沿条按照外底边沿的形体预先盘折成型，有利于沿条的黏合。在盘折成型时，位于前尖部位的沿条里侧会出现皱褶不平，故在盘折之前先在沿条的里侧打几个三角剪口。盘折时，将沿条放在操作台上，两手拇指按在沿条的里侧，其余手指在沿条的外侧，从外向内盘折。注意边盘边用榔头敲击弯折处，使其定型，如图 4-15 所示。

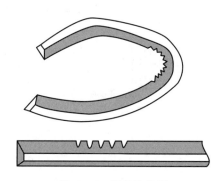

图 4-15　沿条的盘折

按照黏合沿条样板在外底的黏合面上画出标志线，然后沿标志线在外底及沿条的肉面上刷胶两遍，每刷一遍都要晾至指触干，黏合后用榔头敲平粘牢。

为美化沿条的外观，黏合沿条后在其表面压印出花纹或线迹，使其外观更像线缝鞋。图 4-16 为手工压印示意图。现多采用机器压印法。

图 4-16　沿条压印

4. 铣削底边沿及沿条

在天然底革上裁断出的外底往往有毛边和底沿偏斜的毛病，经过铣削可以使外底边沿与底面垂直，部件规格化。

同线缝鞋一样，胶粘鞋外底边沿的铣削也必须使用标准模板，在靠模铣底沿机上进行。标准模板的制作、固定，外底边沿的铣削操作及要求与线缝鞋相同。对于粘有沿条的外底，在铣削外底边沿的同时，对沿条的外侧边缘也进行了铣削，使沿条边沿与外底边沿整齐一致，符合外底的标准样板。

为确保合外底后沿条与帮脚严密、平整，需要对宽型沿条进行铣削。将标准内底样板复在外底的中间，使样板边缘与沿条的外侧边缘呈等距离的平行线，然后沿样板的边缘在沿条表面上画线；将外底的边缘靠在铣削机的靠山上，沿条内侧边缘靠近铣刀，沿线将多余的沿条内侧铣去即可。

采用胶粘工艺的天然底革外底整型加工操作还有砂磨底面、外底边沿，外底面、底沿的涂饰和压印等。这些操作都是在帮底组合之后的成鞋整饰工序中进行的，具体内容参阅本节"线缝工艺天然底革外底的整型加工"。

（二）卷跟鞋外底

外底在鞋跟跟口线处向下折回、黏合在鞋跟跟口面上的产品称为卷跟鞋，如图 4-17 所示，卷跟鞋的外底又分为卷压皮式、卷顶皮式和卷皮金属跟套式三种。

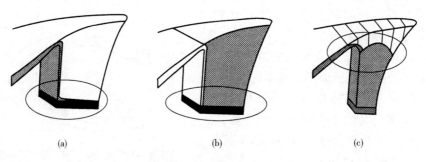

(a)　　　　　　　　(b)　　　　　　　　(c)

图 4-17　卷跟鞋外底

（a）卷压皮式　　（b）卷顶皮式　　（c）卷皮金属跟套式

卷跟式的外底多用于中、高跟产品，其整型加工的工艺流程及加工方法与压跟鞋的相同，只是片剖加工的规格要求不同。

卷跟鞋天然底革外底的整型加工流程为：片腰窝、后跟部→砂磨黏合面→（粘沿条）→铣底边沿→砂底面、底边沿→涂饰底面、底边沿→压印。

1. 卷压皮式外底

这种外底多用于女式高跟鞋。尺寸规格：前掌部位厚度 2.8～3.0mm，由跖趾线后 10～15mm 处起向后跟部位逐渐片薄，至跟口线处时厚度达 1.5mm，跟口线以下为 1mm 厚。卷皮尖端压入鞋跟小掌面下的长度为 3～5mm，厚度可片剖至 0.5mm。有些产品还需要保留腰窝处中心部位的厚度，而在距边 10mm 的范围内，从中心向底边处逐渐片薄。图 4-18（a）为卷压皮式外底的片剖托模及厚度分布图。

2. 卷顶皮式外底

这种外底多用于女式中高跟鞋。尺寸规格：女鞋在跟口线以前的与卷压皮式外底的规格一致，从跖趾线后 10～15mm 处起向后跟部位逐渐片薄，至跟口面处厚度达 1.0～1.5mm；黏合在跟口面上的卷皮长度要大于鞋跟跟口面的高度 0.5～0.8mm，以便卷皮能与鞋跟面皮严密衔接，防止在穿用中被蹬开。图 4-18（b）为卷顶皮式外底的片剖托模及厚度分布图。

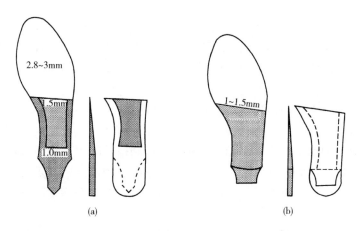

图 4-18　卷压皮式及卷顶皮式外底的片剖托模及厚度分布图
（a）卷压皮式　（b）卷顶皮式

3. 卷皮金属跟套外底

这种外底用于高跟女鞋。其整型加工与前两种卷跟鞋的外底相同，只是卷皮既不被压在鞋跟小掌面下，也不顶在鞋跟面皮上。由于鞋跟的下部有金属套，跟口面处的部分外底插入金属套中，所以从跖趾线后 10～15mm 处起向后跟部位逐渐片薄，至跟口面处厚度达 1mm，插入金属套中的部分，其厚度为 0.5～0.8mm。

（三）坡跟鞋外底

厚底鞋又称"松糕鞋"，起源于小亚细亚，中世纪后随伊斯兰文化传入意大利和西班牙，又通过英、德传遍欧洲大陆，成为当时欧洲上流社会妇女的时尚。

研究结果证实，从能量消耗的角度看，鞋的质量每减轻 1g，就相当于从穿用者身上除去 6g 的负荷，因此，鞋的轻软化具有重要的意义。

坡跟鞋的外底由发泡材料坡芯和耐磨大底组成，具有轻软和增高的双重效果。

由于坡跟鞋在跟高、跟体结构和所用材料等方面存在有多样性，所以没有统一的整型加工程序。这里仅以较常见的中跟坡插形平外底为例加以介绍。

从图 4-11（c）中可以看出，中跟坡插形平外底由坡芯、外底和跟面皮三部分组成。其整型加工及装配程序一般为：通片→坡芯整型→外底整型→跟面皮整型→跟面皮与外底组合→坡芯与外底组合。

1. 通片

外底、跟面皮和坡芯均需要通片成规定的厚度，其中坡芯一般是由微孔发泡胶片制成，应使用胎具片剖成型；若坡芯是用软木制成的，则不能用通片的方法进行调整，可以使用砂磨或铣削的方法进行加工。

2. 坡芯整型

严格按照芯面样板、芯底样板和侧弧样板进行砂磨，使坡芯的形体规格达到标准。

3. 外底整型

常用的坡跟鞋外底有仿皮底和橡胶底。无论哪一种外底，都需要将其与坡芯的结合面进行砂磨。

若使用天然底革外底时，还需要铣削、砂磨和涂饰外底边沿，另外，应根据粒面质量及订单要求决定是否要进行外底面的砂磨，但不管砂磨与否，都需要对外底面进行涂饰。铣沿、砂磨、涂饰、抛光、压印等加工方法及要求，与天然底革线缝鞋外底的相同。

仿皮底需要进行外底边沿的铣削、砂磨和涂饰。

4. 跟面皮整型

从材质上看，跟面皮有皮革跟面、仿皮革跟面和橡胶跟面。它们与外底的结合面都需要进行砂磨，以便刷胶黏合。皮革跟面和仿皮革跟面的边沿还需要在铣形后，进行砂磨涂饰；橡胶跟面皮只需铣磨成型即可。详见本章第四节"跟面皮的整型加工"部分。

5. 外底与跟面皮的组合

一般采用黏合法及钉钉结合法。详见本章第五节"跟底结合装配"部分。

6. 外底与坡芯的组合

微孔发泡胶片制成的坡芯可采用胶粘法与外底结合；而软木坡芯则采用粘钉结合法与外底进行组合。详见本章第五节"跟底结合装配"部分。

第三节　内底整型与装配

内底又称为膛底，位于外底（或中底）之上、鞋垫之下，既可以使用天然底革又可以使用代用材料制成。

帮底结合工艺不同，所用内底材料不同，产品品种不同，内底的整型加工工艺和规格标准也不同。

一、组合内底的制备与整型加工

尽管天然底革内底具有良好的吸湿性和穿着舒适性，但受资源限制，因此，除少量的高端定制产品外，绝大多数的鞋靴都使用合成材料类的内底。

与真皮内底相比，代用材料内底的硬度和成型稳定性都相对较低。因此，现代皮鞋，特别是女式中高跟鞋所用的内底都是由内底+勾心+半内底组合而成的。代用材料内底一般使用特克松，而半内底一般使用弹性硬纸板。

不同产品所用组合内底的结构也略有差异。按照从上到下的顺序，普通男女皮鞋的组合内底结构为半内底+勾心+内底，目的是增强内底的表面强度，以免装在配鞋跟时，由于内底的表面强度不够，装跟钉或螺丝钉的钉帽下陷；轻便休闲鞋的组合内底结构为内底+勾心+半内底，这样可以提高成鞋的穿着舒适度；而女式中高跟鞋的组合内底结构为半内底+勾心+内底+半内底。

组合内底的制备及整型加工流程包括：裁断→内底印号→半内底开槽、片削、砂磨→半内底装勾心→内底、半内底上胶→内底组合→组合内底压型→铣底边沿→砂底边沿→二次定型。

1. 裁断

按照工艺要求将合成、弹性硬纸板、乳胶、回力胶、EVA 等材料下裁。乳胶等不能有缺角现象，合成革、弹性硬纸板不能有缺角、卷边现象，如有必要及时剔除并补齐。

2. 内底印号

使用印号机在合成革内底上印制产品编号和尺码。要求印清晰、位置正确。

3. 半内底开槽、片削、砂磨

开槽是指使用内底开槽机在半内底的规定部位开出一条藏筋沟，解决由勾心加强筋造成的内底棱凸不平。

为使内底与半内底黏合严密、平顺，穿着行走时无棱硌脚，半内底的前部则需要片坡茬。片宽为（30±4）mm，边口厚度（1±0.2）mm。

砂磨是指使用砂轮机对半内底的片削部位进行砂磨。

要求上述操作符合规定要求。如有质量问题应挑出，并及时返工或重新补齐。

4. 半内底装勾心

勾心是一种固型支撑件，装置在鞋的腰窝部位，对脚的腰窝部位起支撑作用，能减轻在站立和行走时人脚足弓的疲劳程度，并使产品保持一定的形状而不发生变形。

早期，有些企业在生产胶粘鞋时，是在合外底之前装勾心的。但现今多采用组合内底，因此需要在底部件的组合加工工序中完成勾心的安装。

（1）勾心的种类与选择　从材质上看，勾心可分为金属勾心、硬质塑料勾心和纸勾心（刚纸板和弹性纸板）等。

除钢勾心外，其他勾心都是平板状的。从图 4-19 中可以看出，钢勾心的中心部位有一条凸棱，起增加勾心强度的作用，称之为加强筋；前后两端各有一个定位用的固定孔眼，装勾心时，定位钉借此孔将勾心固定在内底上，使勾心不会前后移动；勾心的前端较薄，稍带弯形，使安装勾心后的外底面平整，穿用过程中不硌脚。

另外一种勾心是前端固定，后端借助叉型滑动定位（又称 Y 形勾心），既保证了勾心有一定滑动余地，又不会整体错位，滑动部位相对平坦，不会损坏后跟部位，如图4-20 所示。

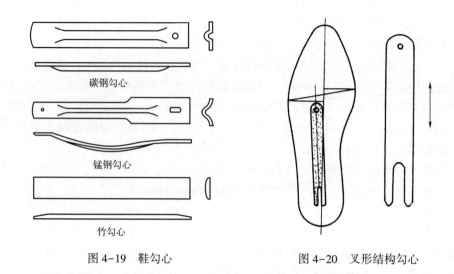

图 4-19　鞋勾心　　　　　　　　图 4-20　叉形结构勾心

不同的产品需要选用不同的勾心。平跟皮鞋和男士正装鞋、军用鞋和劳动防护鞋，使用普通的碳钢勾心。中跟、高跟皮鞋必须选用富有弹性的锰钢勾心。休闲鞋和运动便鞋可以使用塑料勾心。模压、注塑皮鞋可使用鞋用弹性纸板和钢纸板勾心。

（2）平跟鞋勾心的整型与安装　一般来说，普通的男式皮鞋及平跟女鞋都是将勾心安装在内底之下、外底之上的，此项操作是在绷帮成型后、合外底之前进行的。具体操作是用胶粘剂将勾心黏合在规定位置上。

安装勾心前，应根据底面跷度的大小对勾心进行整型。可以将勾心放在垫板或楦底面上，用榔头捶敲成型。注意不得直接捶敲加强筋，因为加强筋被敲瘪后，不仅支撑力大大降低，而且成鞋易变形。另外，勾心受到猛烈敲击时会断裂，有时勾心未断，但其内部的分子结构受到了破坏，往往在穿用过程中发生断裂，因此必须注意捶敲的力度。

安装时，应将勾心按内底的分跷线摆放，后端的固定孔对准踵心部位，或勾心的后端点距内底的后端保持一定的距离（女鞋 14~16mm，男鞋 30~40mm），前端位于第五跖趾后 3~5mm，缩进半内底的前端 10~12mm。后端为叉形结构的勾心则在前端用铆钉固定，注意将勾心分叉的位置标记在内底的正面，以便在装跟时确定装跟螺丝钉的位置。

勾心的安装位置与成品的质量有很大的关系。如勾心装置得靠前，不仅使鞋内棱凸不平，穿着不舒适，而且还影响鞋底的弯折，同时，鞋后跟若压不住加强筋，勾心则不能发挥其增强腰窝部位衬托力的作用，而且易使鞋跟后端上翻，很快磨损跟口部位。勾心的装置若偏后，不仅可能会影响钉装跟钉，而且易造成鞋口外敞，成鞋变形。

安装后，勾心前后两端的走向必须与楦底面弧形吻合，不得反向。

（3）组合内底的装勾心　对于女式中、高跟鞋来说，目前都使用组合内底，即先将勾心和半内底组合，再与内底组合在一起。此项操作则在底部件的整型加工工序中完成，也可以采购由专业供货商提供的组合内底。

勾心和半内底的组合是在铆钉机上完成的，一般是先固定后端铆钉，将半内底按照勾心弯折后再固定前端铆钉。要求勾心的铆接要牢固，位置准确，半内底的前端应长于勾心 10mm 左右，前后的误差不得超过 1mm，左右的误差不得超过 0.5mm。

成都胜铭机械设备有限公司设计出了由振动刀智能裁断机、全自动喷码机、双头半内底片削机、上胶机、半内底勾心压合机、全自动贴合机、自动双杠成型机和立式修边机组成的组合内底生产线，实现了组合内底的半自动化生产。

东莞市海飞数控科技有限公司设计研发出了组合内底生产线，将原料的分条、半内底片削、贴乳胶、贴半内底、切割等工序集成为流水线，大大提高了生产效率和机械化水平。该生产线不仅提高了材料的利用率，而且还同时贴合了前掌部位的乳胶，但缺点是没有安装勾心。

5. 内底、半内底上胶

使用过胶机对内底和半内底进行上胶，随后进行烘干，为后期组合做好准备。

6. 内底组合

①在内底前掌部位贴合乳胶。目前一般都使用背衬胶的乳胶，贴合前将其表面的油皮纸揭去后即可使用。

②贴合面部的半内底（俗称面插或上卡皮），注意半内底与内底的后跟部位要对准贴合，且半内底的前端要压住乳胶片的后端。

③贴合底部的半内底（俗称底插或下卡皮），如图 4-21 所示。

④使用压合机对组合内底的后半部进行压合。

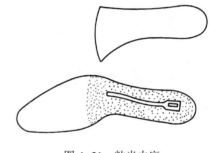

图 4-21　粘半内底

7. 组合内底压型

通过压型可以使内底符合楦底的跷度，使钉合后的内底面与楦底面结合严密、平伏，便于绷帮操作。

内底压型是在内底压型机上进行，如图 4-22 所示。压型机上部安装有阳模，下部装有阴模。通过液压传动，使模具上下压合，进而使平面状的内底压制成具有楦底面跷度。模具的设计是以楦底面跷度为基础的，模具上的各部位点与楦底面上的各部位点相对应。模具的跷度和弧度要大于楦底面的跷度和弧度，以抵消内底压型后的回弹性。

内底压型可分为冷压定型和热压定型，热压定型的效果较好。天然底革内底压型时的温度不可过高，应控制在 70℃ 以下。压型前需浸水，使含水率保持在

图 4-22　内底压型机

20%～25%，压力为7～9MPa，稳压时间为4～5s。代用材料内底的成型性较差，需要适当延长压型时间。采用热压定型时，模具温度可升至100～120℃。

8. 铣底边沿

对组合内底边沿的铣削不仅仅是要根据内底样板，将组合内底多余的边缘修削掉，更重要的是，将内底腰窝及后跟部位的边沿修削成斜坡状，这样，成鞋（特别是中高跟鞋）的腰窝及后跟部位线条流畅、造型美观。目前，内底边沿的铣削多采用机器法。图4-23为温州黎明金瑞轻工设备厂的JR-18型内底修正机的外形图。

9. 砂磨底边沿

使用木盘轮+40#砂纸，砂磨去除组合内底边沿的毛边。要求周边细腻、光滑，底边斜度、腰窝及后跟圆整度符合样板要求。

10. 二次定型

经过铣底边沿和砂磨底边沿后，对组合内底

图4-23　内底修正机

进行第二次定型，其操作方法与第一次定型相同，定型时间0.8～1.0s，压力900～1100N。

对于凉鞋产品，内底还需要进行包边、刻铣容帮槽等加工。详见本节"特殊内底"的相关内容。

二、特　殊　内　底

为改善内底外观质量和穿用性能，满足消费者对产品特殊性能的需要，可以对内底进行多种整型加工。

（一）内底刻铣容帮槽

条带式凉鞋产品往往存在着内底棱凸不平及子口线密合不严的缺陷，这主要是由于帮条夹在了外底与内底之间，使得外露的内底与帮条覆盖部位的交界处出现了位差，对产品的外观及穿用质量都有极大的影响。

生产企业一般都是先在内底的边沿及反面铣刻容帮槽，然后再做包覆处理，以便使绷帮后的子口线及底面平坦、顺畅，从而改善产品的外观及外底与内底的黏合牢度。

1. 内底的垂直刻穿、铣槽

这种方法适用于如图4-24所示插帮条带式凉鞋的胶粘组合工艺。

①首先按照如图4-25所示绷帮位置样板，在帮条所对应的内底部位处画帮条位置线。

②将内底刻穿，使刻出的孔宽等于帮条厚度，孔长等于帮条宽度，如图4-26所示。

③用砂轮机（木轮+60#砂纸）在内底背面铣坡型槽，作为容帮槽，槽深1.0～1.5mm，最深处不大于内底厚度的1/2，如图4-27所示。

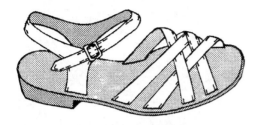

图 4-24 窄条带式凉鞋

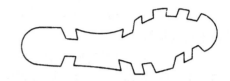

图 4-25 绷帮位置画线样板

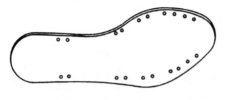

图 4-26 内底刻穿

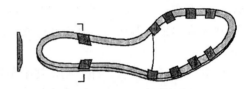

图 4-27 铣容帮槽

槽的方向需要根据产品的类型而定，有时是朝向底心方向，有时是向相对的两个方面，而对丫形凉鞋而言，则可向四周任意方向。

2. 内底斜剖刻穿

这种方法适用于空腰式的凉鞋，中空结构的浅鞋等产品，如图 4-28 所示。帮底结合既可采用缝制方法又可采用胶粘组合方法，而外观造型与缝条鞋相似，适合做轻便鞋和童鞋。具体操作如下：

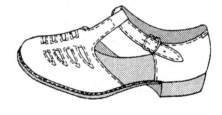

图 4-28 空腰式凉鞋

①内底的周边尺寸与外底相等。

②将组合内底或砂磨好粒面的内底，粒面朝上放在工作台上，按楦底样板画出绷帮位置线。

③切割刀刀刃与内底平面呈 30~35° 的夹角，沿所画的线斜割剖片，如图 4-29 所示。注意控制刀刃的角度，要一刀切割完成。

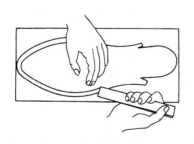

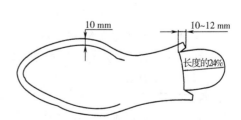

图 4-29 内底斜剖刻穿及刻穿尺寸

剖片的坡宽为 4～5mm，恰好是线缝鞋内底的坡茬宽度；内部成为线缝鞋内底，外部的窄条作为沿条，如图 4-30 所示；在进行帮底结合时，内底与外底既可线缝也可胶粘结合。

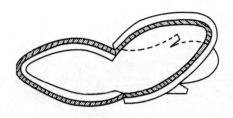

图 4-30　剖片

④在内底的肉面铣刻容线槽。容帮槽呈斜坡形，靠近底沿部分深，远离底沿部分浅，如图 4-31 所示，凹于内底边沿的量等于鞋帮（帮面+帮里）的厚度，边沿过深会使内底边过薄而压不住帮脚，过浅则不足以容纳帮脚，会使底茬不平而影响与外底的黏合效果；容帮槽的长度应按实际绷帮余量而定，为 10～18mm，宽度的确定应遵循以下规则：

a. 宽条带的凉鞋产品，其容帮槽的宽度等于条带的宽度。

b. 细窄条带的凉鞋产品，则要视窄条带的结构和部件的组合情况而定。如果由间隔只有 5mm 左右的几个窄条带组成鞋带的一个部位，就不能按每一窄条带帮脚铣刻一个容帮槽，而应按此部位的宽度铣出一个通槽。

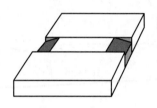

图 4-31　容帮槽

c. 对于满头满跟空腰式的凉鞋产品而言，其腰窝部位无帮脚，只是前后有帮，这时就不能前后都铣容帮槽。一般有两种处理方法：一是在采用粘贴的方法在空腰部位加厚内底，粘贴加厚量等于帮脚的厚度，如图 4-32 所示；二是在空腰部位的两端处起刀，分别向头部和跟部方向刻铣容帮槽，槽的长度约为 30mm，而不需要将头部和跟部全部刻铣容帮槽，但要注意：容帮槽沿着内底边缘由深到浅，直至恢复内底厚度，如图 4-33 所示，注意成型后底盘和子口的线形美；包边革的接头不得外露，要压在被帮面覆盖的容帮槽内。

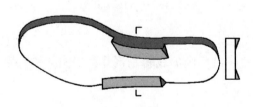

图 4-32　粘贴皮块

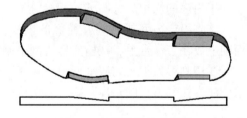

图 4-33　刻铣斜坡容帮槽

⑤内底包边：将厚度为 0.5～0.8mm 的包边皮和内底的边缘刷胶；包边皮在内底上下两面各达到 7～8mm；包边时要拉紧包边皮，特别是前后和跖趾部位圆凸处。包边皮要粘牢，要求平伏无皱褶。

（二）包边内底

大多数凉鞋产品或多或少地外露内底的边沿断口，影响其外观质量。天然皮革内底外露边沿可用机械铣磨、涂饰的手法加以修饰，也可用与帮面及鞋垫颜色相适应的材料进行包边；而代用材料内底，其外露部分的底沿则必须用面革或 PU 革包边，以增加美感。

包边的形式有全包边、局部包边、贴面包边和配色包边等。条带类等全空式的凉鞋暴露底沿部位较多，所以采用全包边法，如图 4-34 所示；前空式凉鞋（如鱼嘴鞋）可采用贴面包边法，只包前尖和边口部位；空腰式及后空式凉鞋可采用局部包边法，只包腰窝部位或只包后部的暴露部位。配色包边是指使用与帮料颜色有差异的包边皮，可以强调成鞋的线条美、改善视觉效果。

对于前空式凉鞋而言，如采用粘鞋垫的方法时，前尖部位的鞋垫皮极易开胶而翻起，因此，可将前尖部位在底部件的整型装配过程中包覆，如图 4-35 所示。

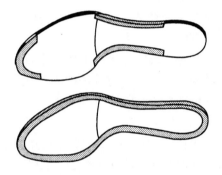

图 4-34　内底的局部包边和全包边

图 4-35　内底前尖部位包边

目前企业均使用内底包边机等专用设备，如 SAGITTA 公司的 RP80A 型内底包边机，采用单面胶材料对内底边缘进行自动包边。

（三）包覆内底

用其他材料将内底的正面及边口全部包覆的操作称为内底的全包，多用于凉鞋产品。产品的用途不同，所用的包覆材料及手法也不完全一样。

国内外开发出的具有磁疗、按摩、保健等功能的鞋，一般都是在内底中安置或包覆永久磁铁、药物或按摩珠等，通过对足底部穴位的按摩、刺激或辐射而达到促进血液循环、减轻疲劳及治疗各种疾病的目的。

1. 单鞋内底的包覆

将内底表面用厚度小于 0.8mm 的羊面革或仿羊革（PU 革）包覆，中间可加衬海绵或毛绒、塑料泡沫等弹性物，以增加穿用的舒适性。

①刷胶：将压型后的内底及整块海绵同时刷胶。

②套排：在刷胶后的海绵上直接套排、黏合内底。

③包内底：在包覆皮反面的周边及内底正反两面的周边刷胶，晾干，然后黏合包覆。

包粘内底时，应先包粘前尖和后跟两端，然后再包粘腰窝部位。包粘时要注意使前后两端的边缘掤平。与折边一样，外凸部位要均匀打褶；内凹部位要打 3~5 个剪口，剪口距内底边不少于 3mm，如图 4-36 所示。包粘结束后，要用榔头敲捶黏合的周边部位。最后用割皮刀将前尖及后跟部位的皱褶削平。

要求包覆后的内底饱满、光滑，富有弹性，边缘光滑、流畅，表面略呈凹状，与楦底面形状吻合，但包皮紧伏无褶。

目前企业使用与内底包边机类似的专用设备，对单鞋内底进行全包。

有些内底在包覆后，还要在距内底边缘 8mm 处缝一道装饰线，然后将线头在内底的反面粘牢。也有的产品则使用缝好装饰线的面料来包覆内底。

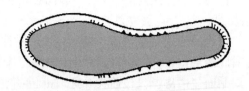

图 4-36　包内底时的打褶、打剪口

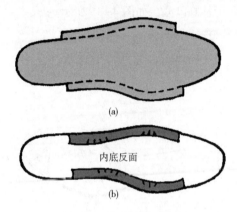

(a)

内底反面

(b)

图 4-37　棉鞋包覆内底
(a) 驼绒或毡垫　　(b) 包粘内底

2. 棉鞋内底的包覆

在生产棉鞋等防寒产品时，可以用驼绒或毡呢包覆内底，也可使用常规内底，在成鞋中塞入毡垫等。

驼绒垫或毡呢垫的形体为小趾端点之前及跟口线之后，与内底的大小相同；腰窝部位则按内底的轮廓线放 8~15mm 的包覆量，如图 4-37 (a) 所示。

①在内底表面跟口线之前的部位刷胶，反面则在腰窝部位的边缘刷胶。

②在驼绒垫或毡呢垫的跟口线之前的部位刷胶。

③包粘内底。注意：前尖部位只粘不包；跟口线之后不粘也不包，等出楦、盘钉之后再粘牢（如果使用平跟成型底，则可只粘不包）；内底中间部位要包紧粘牢，如图 4-37 (b) 所示。

（四）镶嵌内底

主要是在内底的不同部位，使用不同的材料，从而获得不同的穿用效果。其主要的手法如下：

1. 镶接

如图 4-38 所示，在内底的前部或后部，以不同的材质镶接，产生前后效果不同的内底。例如跑跳鞋的内底要求前部硬、后部软；而包子鞋（烧麦式）的内底前部软，后部要硬；足球鞋的前后部位都要硬，而腰窝部位要软。因此可根据实际需要，采用两种材料进行镶接。

为提高鞋的穿用舒适性，现今组合内底的前掌可使用 2mm 厚的前掌乳胶垫，在组合内底的整型加工中直接组合在一起。而后跟部位还可以使用乳胶垫，其形体尺寸比内底后跟部位的尺寸小 6mm。

2. 补嵌

挖掉内底某一部位的部分内底，补嵌上其他材料，如图 4-39 所示；或者不挖而只加补部分其他材料，可以改善内底的性能，或对内底加以装饰改善其外观。现代皮鞋生产中多使用后一种方法。

图 4-38　镶接内底

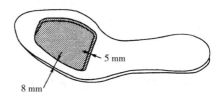

图 4-39　内底补嵌海绵

（五）注塑成型内底

内底用钢纸板或无纺布为原材料，经过剖层、凿孔和注塑压型等加工工序制成的内底称为注塑成型内底，如图 4-40 所示。制作步骤如下：

①剖层：在内底料件厚度的 1/2 处剖开，由后跟剖至跖趾线后 5mm 处。

②凿孔：在与外底结合的一面凿注塑孔，孔的位置要选在能同时注满前后周边各部位的最佳位置。

③注塑压型：将内底放入注塑模具中，由于模具的压力，使内底的前部符合楦底型。通过注塑孔，将聚乙烯（高压聚乙烯或低压聚乙烯）注入，在注压力的作用下，上层内底向上张开，直到注压满模具。

图 4-40　注塑成型内底

模具在跖趾部位设有拦注埂，防止注塑惯性的冲击，使剖层向前开延，从而使注入的塑料超前、过量。拦注埂处有排气孔，可起到排气和溢料的作用。

为增加内底的衬托力，也可在注塑夹层中安装铁勾心，在注塑的同时使其固定在塑层中。

注塑内底可用专用联动设备加工，效率较高。加工工艺的关键是剖层和注塑到位准确，否则会造成内底报废。

三、线缝鞋内底

线缝鞋的加工操作有手工缝和机器缝两种，所用内底的整型加工方法也略有不同。

（一）手工缝沿条鞋的内底整型

手工缝沿条鞋的内底为天然底革内底，用于高端定制。其整型工艺流程为：通片→砂粒面→片斜坡、开槽→压型。

1. 内底通片

由于天然底革各部位的厚度有差异，裁断后内底的厚薄则不匀，甚至同一只内底的不同部位其厚薄也不相同。因此，必须将裁断后的内底片剖成规定的统一厚度，达到规格统一，符合标准。不同的帮底组合工艺、不同的产品品种，内底的规格尺寸也不同。常用的内底厚度规格见第一章。

与外底的通片一样，内底也是在平刀机上进行通片的，其操作方法及要求可参照外底的整型加工部分。在通片之后要将内底按照货号分类，按照尺码大小分档，清点数量后捆扎，装入料盘。

2. 砂磨底面

天然底革内底的缺点是，在汗液浸提的作用下，皮革中的鞣剂（栲胶）易被汗液浸出而沾污袜子，所以一般会通过粘贴鞋垫来解决这个问题。此外，由于内底部件对天然底革的粒面质量要求不高，所以难免有伤残缺陷。为美化内底表面、掩饰革面的伤残、确保鞋垫与内底面黏合牢固，需要将内底的粒面层砂磨掉。对于只粘后跟垫的产品而言，砂磨内底面还可以减少穿着行走时的打滑。

内底面的砂磨是在砂内底机上进行，也可以在砂带磨削机上进行，或使用外底的砂磨设备。要求砂磨光滑平整，均匀一致，无厚薄不均、砂坏底边和砂露底等缺陷。

砂磨后将内底按照货号分类，按照尺码大小分档，点数量后捆扎，装入料盘。

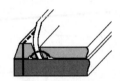

图 4-41　手工缝沿条底部件断面示意图

3. 内底的片斜坡、开槽

从图 4-41 可以看出，手工缝沿条的内底边缘需要片斜坡，以便与沿条一起夹、压住帮脚，减少内外底之间空隙，从而缩小垫心的厚度；另外还需要刻出一条容纳缝线的容线槽。内底的片斜坡和刻槽都是在内底的肉面进行。

片斜坡在底料片剖机上进行，片宽 5mm，边口留厚 1mm。刻铣容线槽在专用的铣槽机上进行，也可用改制的小工具。容线槽尺寸：距边 15~17mm 立刀切入，刀口深占底厚的 1/3；再距立刀口 5~10mm 片斜坡，刀口与立刀深度重合，取出一条底料后即可形成容线槽（图 4-42）。坡刀与立刀之间的宽度与手工缝合时所用的锥子的弯度和内底的厚度有关。锥子曲率小、弯度缓，两刀的距离就宽；锥子曲率大、弯度陡，两刀距离则窄。内底材料厚，距离可窄些；内底材料薄，距离则宽些。内底较薄或强度较低时，也可不切割立刀，只片坡刀，但是坡刀片割的位置不可超过原立刀的位置。

满沿条鞋的内底加工是由跟口线后 10~12mm 处起刀，至另一侧跟口线后 10~12mm 处止。跟口线的位置是从内底后端起测量，占脚长的 27%。半沿条内底的整型从跖趾线后 30mm 左右处起止，如图 4-43 所示。圈沿条内底的整型则是全周边进行片坡茬，容线槽呈环状。如果跟部沿条采用钉钉法，则可按满沿条内底的规格进行整型。

4. 压型

为使内底由平面转为曲面，安装后与楦底面更加贴合，便于后期的绷帮操作，要对内底进行压型。详见代用材料内底的整型加工。

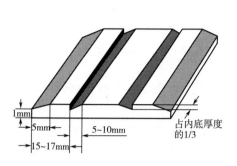

图 4-42 内底片斜坡、开槽数据

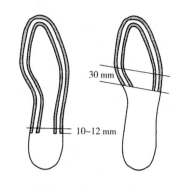

图 4-43 满沿条及半沿条鞋内底的加工位置

（二）机器缝沿条鞋的内底整型

线缝鞋也可以用机器进行缝制，这也是大规模生产线缝鞋的主要方式。所用的内底也需要进行通片→砂磨粒面→压型等整型操作，这些操作的方法及要求可参照手工缝沿条鞋内底的相关内容，但不同之处为：内底不进行片斜坡、开槽，而是进行破缝起埂或粘、缝埂，以便于机缝沿条的加工操作。

1. 破缝起埂

机缝沿条鞋内底的破缝起埂分单破缝起埂和双破缝起埂两种。

（1）单破缝起埂 单破缝和起埂尺寸如图 4-44 所示。从内底厚度的 1/2 处将内底剖开，切口深度：跖趾部位 5~6mm，前端部位 6~7mm，腰窝部位 7~8mm，如图 4-45所示，切口的起止部位在跟口线后 10mm 处。由于沿条不是缝在内底上，而是缝在埂棱上，要求埂棱必须具有一定的强度，与内底的结合要有一定牢固度。因此，单破缝要求内底厚度为 4mm。实践证明，为便于机械化加工，单破缝的宽度定为 6~7mm 也是可行的。

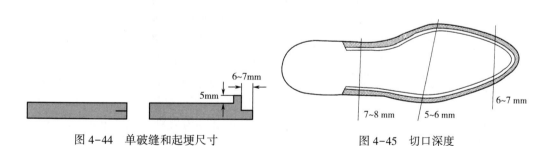

图 4-44 单破缝和起埂尺寸

图 4-45 切口深度

起埂操作：将破缝处刷水回软，扳竖起埂。为增加埂棱的强度，可粘衬布加固。

（2）双破缝 双破缝和起埂尺寸如图 4-46 所示，在底厚的 1/2 处将内底剖开，切口深度与单破缝相同，破缝的起止部位仍在跟口线后 10mm 处，这是外剖缝。再距内底边 18~20mm 处斜剖。斜剖深度为内底厚度的 1/3，斜剖的终点距外剖缝 5~7mm，这是内剖缝。双破缝较单破缝的强度高，因此，内底的厚度可降低至 3.5mm。

将双破缝的外剖缝竖起成埂时，由于其操作是由外向内进行的，所以较为容易；而将内剖缝由内向外竖起成埂时，由于弧长的不足，使得其操作就较为困难，因此需要在内剖缝上切口。在破缝的起止部位各切口一个；跖趾关节两侧各切口 3~4 个；头角处切口 5~6 个，切口间距 15mm。切口不得过深，以切断内剖缝的边为准，以免影响埂棱的牢度，切口的深度距棱根 2~3mm。

起埂操作：在内外剖缝之间的肉面上刷胶，待胶干后将内外剖缝扳竖起来，黏合成埂棱。

包埂加固如图 4-47 所示，由于埂棱是在肉面层竖起的，其强度较差。为防止机缝沿条时出现松动，影响产品质量，需要在竖起的埂棱上包裹一层细帆布，以增强埂棱的牢度。细帆布宽 35mm，长约 500mm。在埂棱周边和细帆布上刷胶，晾干后用细帆布将埂棱包紧、包平，使埂棱略向内倾斜。细帆布除要包裹住埂棱外，还要粘到内底肉面上，增强竖直的牢固度。

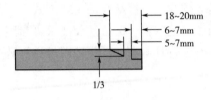

18~20mm
6~7mm
5~7mm
1/3

图 4-46　双破缝和起埂尺寸　　　　图 4-47　包埂加固

挤埂操作：将包裹细帆布后的埂棱在机械作用下挤压定型，使内外剖缝及细帆布之间黏合紧密，挤紧压实，埂棱平整牢固。

内底的单、双破缝以及起埂、挤埂等操作都可以在（内底整型机）上进行。

2. 粘埂

由于起埂内底需要使用天然底革，且厚度和强度的要求较高，底革利用率较低，加工也繁琐，现今只有少数厂家使用，大多数生产企业在使用粘埂或缝埂棱的方法。

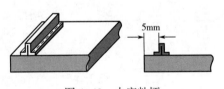

5mm

图 4-48　内底粘埂

内底粘埂是在内底的肉面粘上一条成型的埂条，以代替传统的破缝起埂，如图 4-48 所示。由于沿条不是直接缝在由内底破缝而竖起的埂条上，所以对内底的厚度和强度等的要求都不高，因而可以使用代用材料内底。内底粘埂法不仅可以节约大量的天然底革，而且有利于实现部件的标准化、装配化，提高生产效率。粘埂内底的厚度一般在 2mm 以上即可，要求具有一定硬度和弹性。

被粘埂条是由高 5mm、厚 3mm 的纤维纸板革条做内芯，外包约 27mm 宽的细帆布（或尼龙布）条预制成型的。埂条两侧的包布宽度不等，外侧较窄，其边缘上每隔 3~4mm 都均匀地打有深度为 2~3mm 的剪口，以便于粘埂时易于弯折。内侧布边略宽。包布的底边一般都有预涂胶，加热后可与内底直接黏合。为了便于机械化大生产，这种成型埂条都制成连续成盘的规格，使用时按所需要的长度，随黏合随截取。目前，一些缝条鞋内底的底面也已涂有压敏胶，粘制埂条时非常简便。

如果内底和埂条上没有预涂胶，就要按需要按照粘埂的位置，沿内底边缘及埂条的黏合面上刷胶。内底上的刷胶宽度为20~25mm。

采用机器粘埂时，将预制成型的埂条通过机器上的加热装置，使预涂胶活化，然后将埂条的外侧在距内底边缘5~6mm处对准、黏合。粘埂的距边宽度也可按技术要求进行调整。USM公司开发出了专用的布沿条机。

手工粘埂时，可以使用粘埂模板，如图4-49所示，按模板的内轮廓线粘埂。

要求粘制后埂条内侧的弯折部位皱褶均匀，埂棱与内底面垂直或略向内侧倾斜。粘棱后要在挤埂机上进行挤压定型。为了防止黏合强度不足而造成埂条与内底的脱离，可在埂棱两侧的包布上缝制加固线。

也有的企业使用缝布埂的内底进行手工缝制沿条。这种布埂是将10mm宽、2mm厚的织带按照埂条距内底边的宽度，缉缝在内底上。织带扳竖成埂的高度同样为5mm，如图4-50所示。

圈沿条产品，其内底粘埂或缝埂后，埂棱也为圈形。

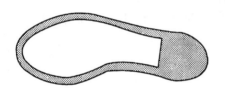　　　　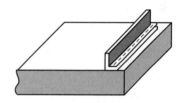

图4-49　粘埂模板　　　　　　图4-50　手工缝内底的缝布埂

第四节　其他底部件的整型加工

除外底和内底以外，半内底、主跟、内包头、沿条、盘条及鞋跟部件也需要进行加工整型。

一、半内底的整型加工

在上一节"内底的加工整型"中已经谈到，为增加腰窝部位的衬托力，传统的中、高跟皮鞋生产中一般都使用半内底。如今，代用材料在制鞋厂广泛使用，为了提高生产效率，便于装配，弥补代用材料内底在强度上的不足，很多企业都是在底部件的整型加工工序中，将内底、勾心和半内底装配成组合内底。

天然底革及弹性硬纸板都可以作半内底。

（一）天然底革半内底的加工整型

天然底革半内底的整型加工流程为：通片→砂磨→片削→开槽→装勾心。

1. 通片

半内底通片所使用的设备及通片操作的主要程序与外底的相同。

2. 砂磨

根据产品品种的不同，半内底可以粘在内底之上（其表面还要与鞋垫黏合），也可以粘在内底之下（半内底则要与帮脚、外底黏合）。为确保黏合牢固，需要将其粒面层砂磨掉。半内底面的砂磨是在砂轮机上进行的。要求砂磨平整，均匀一致，无厚薄不均、砂坏底边和砂露底等缺陷。

3. 片削

半内底的长度是从跖趾线后 5mm 左右至后跟端点为止。为使成鞋在穿着行走时无棱硌脚，保证组合内底与外底黏合严密、牢固，半内底的前部则需要片坡茬。天然底革半内底一般是从跟口线处开始，由厚至薄地片至前端，片成斜坡状。材料厚就片得宽（60~70mm），材料薄就片得窄（30~40mm），前端边缘留厚 0.5~0.8mm。

半内底的片剖也要借助于特制的专用托模，如图 4-51 所示，在平刀机上进行通片。

若半内底位于内底之下时，绷帮后的帮脚则要与半内底黏合。但由于帮脚有一定的厚度，势必会影响半内底与外底之间的严密黏合。因此，可以将半内底的边缘进行片剖处理，以容纳帮脚。一般片宽 10~15mm，且片边出口，使其边缘呈斜坡状，如图 4-52 所示。

若内底硬度较大，在裁断时将半内底周边缩小于内底边 10mm，周边只片宽 3~5mm，边留厚 1.2~1.5mm 即可，绷帮帮脚则与半内底顶搭接或少部分搭接，如图 4-53 所示。

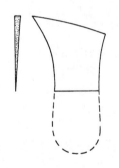

图 4-51 半内底托模

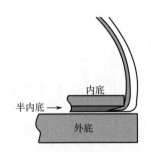

图 4-52 半内底片边

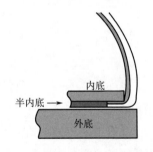

图 4-53 帮脚-半内底顶搭接

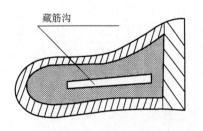

图 4-54 半内底的藏筋沟

4. 开槽

安装半内底或将内底、勾心和半内底组成组合内底时，由于勾心中间有凸棱状的加强筋，会使内底与半内底之间产生缝隙，使两者不能严密结合。因此需要在半内底上开出一条沟槽（俗称藏筋沟），以容纳勾心的加强筋，如图 4-54 所示。

（二）代用材料半内底的整型加工

制备半内底用的弹性硬纸板厚薄均匀，外

观及内在质量基本一致，表面的吸胶力也较强。因此，只需要对其前端及边缘进行片剖加工，其前端的片宽量为 35~45mm，周边片宽 10~15mm。

对弹性硬纸板半内底前端及边缘的片剖加工以及开设藏筋沟的操作与天然底革半内底的相关操作相同。

二、主跟、内包头的整型加工

主跟和内包头材质有天然皮革的、合成的以及热活化型的三类。它们各有优缺点。但从定型性及穿着的舒适性来看，天然皮革的最好。

（一）天然底革主跟、内包头

天然底革主跟和内包头只用于高端定制皮鞋，其整型加工流程为：通片→砂磨粒面→片边→砂磨肉面→浸水返软→压型。

1. 通片

目的是使其厚薄均匀一致。常见产品品种的主跟及内包头的厚度（中心厚度）见表 4-2。

表 4-2　　　　　　　　　　**常见产品品种的主跟及内包头的厚度**　　　　　　　单位：mm

部件	皮鞋款式	厚　度			斜面宽度	
		中心厚度	上口	下口	上口	下口
主　跟	男　　鞋	2.8~3.0	片边出口	0.8~1.1	25~30	20~25
	男式三接头	3.0~3.5		1.0~1.2	25~30	20~25
	男式劳保鞋	3.2~3.5		1.2~1.4	25~30	20~25
	女　　鞋	2.5~2.8		0.8~1.0	18~22	16~18
	童　　鞋	1.8~2.0		0.7~0.9	16~18	14~16
内包头	男　　鞋	1.5~2.0		0.7~0.9	18~22	16~20

2. 砂磨粒面

由于主跟和内包头是在绷帮之前分别装入后跟及前尖部位的帮面与帮里之间的，为增加主跟及内包头与帮部件之间的黏合牢度，需要将主跟及内包头的粒面砂磨掉。砂磨是在砂毛机上进行的，参见外底、内底的砂磨。

3. 片边

由于主跟和内包头是装在后跟及前尖部位的帮面与帮里之间的，如果不对其边口进行片削，在绷帮时，将帮面、主跟（或内包头）及帮里均匀地打褶并绷伏于楦底面上是十分困难的；而且绷帮后，主跟和内包头（特别是内包头）的边口棱印在帮面上十分明显，不仅影响产品的外观，而且在穿着使用过程中有硌脚的弊端。

可使用圆刀机对主跟和内包头进行片剖。

不同的产品品种，不同的主跟及内包头材质，其片剖的规格也不同。

采用通用型主跟时，上口的片剖宽度约等于主跟高度的 4/10；下口的片宽约等于主跟高度的 3/10，上下口的片剖与中心留厚部位之间应圆滑过渡，不得有界棱。为防止在穿用过程中硌脚，主跟的上口要片出边口，下口要保留一定的厚度，以免成鞋在穿用过程中产生坐跟。不同鞋的主跟对于片剖要求也不同。单鞋主跟上口宽度 6~7mm、厚度 0.6~0.7mm，下口宽度 4~5mm、厚度 0.8~0.9mm，主跟两侧宽度 10~12mm、厚度 0.2~0.3mm；靴子主跟上口宽度 10~12mm、厚度 0.2~0.3mm，下口宽度 4~5mm、厚度 0.8~0.9mm。

采用通用型内包头时，上口的片宽为内包头纵向长的 4/10，且片边出口。下口片宽为内包头纵向长的 3/10，边口留厚 0.8~1.0mm，胶粘鞋可降至 0.5~0.8mm。在对热熔包头进行片剖时，包头的宽度为 7~8mm，厚度为 0.2~0.3mm。

只有主跟和内包头的中心厚度达到规定的要求时，成鞋的定型性才能有保证。因此，若中心厚度达不到要求时，可用聚乙烯醇将两片材料在中心部位粘贴，在压平机上压平 30~40min，静置 12h 后，再通片。

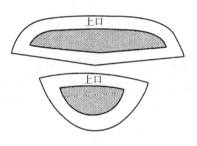

图 4-55　主跟和内包头的片削示意图

在处理左右不对称的主跟或包头时，在靠近里侧的帮脚处打三角形缺口。在工厂的实际操作时，左右不对称的主跟或包头要分正反面成双片剖，片剖后根据分类做上标识。

片好后的主跟、包头要用厚度仪、直尺检查，坡度、厚度、宽度应均匀一致，坡度平顺、无落槽、起波浪等现象。图 4-55 为片削后的主跟和内包头示意图。

4. 砂磨

主跟和内包头经过片削后，肉面层会留有刀痕及不平整的现象，需要用砂轮机砂磨，使其肉面平整无棱。如果片剖质量高就不需要进行砂磨。

经过片削后的主跟和内包头呈中间厚、四周薄的形体，因此，砂磨操作需要在特制的凹形砂轮上进行。首先将木盘轮安装在转动轴上，然后在其上粘贴 10mm 厚的海绵；启动开关使木轮转动，用锉刀对海绵的中间部分进行磨削，并均匀地向其边缘由多渐少地磨削，直至成为凹形，最后用胶粘剂将 2# 砂布粘贴在海绵上，就制成了凹形砂轮。

操作时，右手握部件，将其一端插入砂轮下进行砂磨，左手接住砂磨好的部件。

5. 浸水回软

由于天然底革的硬度及弹性都较大，因此在对主跟和内包头进行压型之前，需要先浸水回软。若压型效果好时，也可以不浸水直接干压型。

6. 压型

为便于绷帮操作的进行，适应装配化大生产的需要，企业中一般都在底部件的整型加工工序中将主跟和内包头按照楦体形态预先压制成型。

压型操作是在主跟、内包头压型机上进行的。压型胎具必须符合楦型。压型机的压力一般为 4~6MPa，压制时间为 6~7s。对于弹性较大的材质，可适当延长时间。

天然皮革在干燥收缩时，粒面的收缩率要大于肉面的，因此，压型操作结束后，主跟和内包头会发生收缩。为防止干燥后，鞋帮口随主跟的收缩方向向外咧口，产生鞋口变形，主跟压型时粒面应朝鞋腔，肉面朝外。

内包头是装在帮面与布里之间的。因为在收缩力方面皮革大于布料，如果内包头压型时粒面朝向鞋腔，当其收缩后会将帮里顶起，从而卡磨脚趾背。而若粒面朝外压型时，由于有面革在外，内包头的收缩只能增加鞋前端的定型性，所以，内包头的压型方向是粒面应朝外，肉面朝向鞋腔，与主跟的正相反。

压型时，主跟的脚口宽度为 10~12mm，内包头的为 12~14mm。图 4-56 为压型后的主跟和内包头示意图。

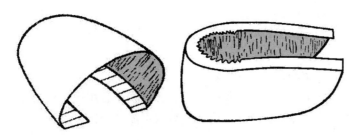

图 4-56 压型后的主跟和内包头

（二）非天然底革的主跟、内包头

尽管天然底革的主跟和内包头有突出的定型性和穿用舒适性，但其成本高，加工操作也较为复杂，因此，在常规皮鞋的生产中普遍使用代用材料的主跟和内包头。

非天然底革主跟、内包头的片边、砂磨及压型操作同天然底革。

以往使用较多的是合成材质主跟和内包头。这种材料是由无纺布片材浸渍树脂（如TPU 或 EVA）而成的。具有成本低，通张厚薄均匀，便于机器裁断，使用方便，在绷帮定型过程中自行与帮面、帮里黏合的特点，其缺点是要使用有毒的溶剂，现已逐步退出。

目前推广使用的是低温热熔胶型的主跟和内包头。其主要成分是易活化高分子聚合物，软化点在 70~80℃，容易受热活化（软化）；在活化后可局部延伸，利于部件由平面转变为曲面并完全贴合鞋楦形状；活化后的主跟和内包头可与多数材质（天然底革、油皮、各种合成革）直接黏合，无须额外上胶；采用双面涂胶设计，可在任何一面进行片削而不影响其黏合能力；下裁时没有方向性限制，容易排版；裁切后的边脚料可完全回收再利用，无污染问题；使用温度范围广（-30~+70℃）。

三、条形部件的整型加工

皮鞋生产中用到的条形部件主要包括沿条、盘条和外掌条。为适应加工工艺的要求，需要在底部件的整型工序中对上述部件进行加工处理。

（一）沿条的整型加工

从图 4-57 和图 4-58 中可以看出，沿条既可以用于线缝结构又可以用于胶粘结构。在线缝鞋中，沿条位于鞋底边缘，分别与帮脚、内底及外底缝合，是帮脚和外底之间的连接物，起到增加帮底结合的作用，同时也可以遮盖绷帮皱褶。而在胶粘鞋中，假沿条既可以掩盖绷帮皱褶，又可以起到装饰的作用。因此，沿条既是鞋帮与外底（或内底）的衔接部件，又是美化装饰件。

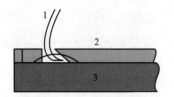

图 4-57　线缝鞋结构

1—沿条　2—内底　3—外底

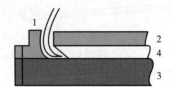

图 4-58　胶粘鞋结构

1—沿条（假沿条）　2—内底　3—外底　4—半内底

1. 线缝鞋沿条的整型加工

从材质上看，线缝鞋所用的沿条有用天然底革，也有用橡塑材料制成的。前者的整型加工复杂，多用于高端定制产品；后者一般都不需要进行整型加工，主要用于安全防护鞋靴及军品。

（1）平面侧缝沿条　沿条平置于外底之上、鞋帮和内底的外侧，与鞋帮及内底侧向缝合，故称为平面侧缝沿条，如图 4-59 所示。平面侧缝沿条是线缝鞋中使用最多的一种，其整型加工流程为：通片→铣槽→片斜坡→砂粒面。

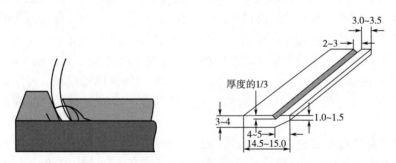

图 4-59　平面侧缝沿条

①通片：采用平刀机通片，使其厚度达到均匀一致。产品品种不同，沿条的宽度和高度也不同。一般沿条宽 12~15mm，厚 3~4mm，长度按实际需要截取，见表 4-3。

表 4-3　　　　　　　　　　　　　　　沿条的整型加工尺寸　　　　　　　　　　　　单位：mm

品种	沿条厚度	沿条宽度	沿条片斜坡		铣　槽		
			斜坡宽度	边口留厚	槽口宽度	距边宽度	槽口深度
男鞋	2.7	15	3.5~4.0	1.0~1.5	1.5~2.0	3.0~3.5	革厚的1/3
女鞋	2.5	12	3.0~3.5		1.2~1.5		
童鞋	2.3						

②铣槽、片斜坡：从图 4-59 中可以看出，为使沿条与鞋帮结合严密、无缝隙，增加沿条与内底的缝合牢度及稳定性，需要对沿条的侧面片斜坡；同时，还需要在沿条的肉面开一条容线槽，以便使沿条与外底严密结合。

铣槽及片斜坡操作是在沿条成型机上进行的，可以一次完成铣槽及片斜坡的加工，也可以调整开槽的深度、片斜坡的斜度及宽度。若采用手工方法，在铣槽之前需要将沿条浸水回软。有关铣槽、片斜坡加工的具体数据见表 4-3 和图 4-59。

③砂磨粒面：对天然底革沿条的粒面进行砂磨，可以除掉其表面上僵硬的鞣剂沉积物和色浆，增加革的弹性和可塑性，使沿条表面清洁，色泽一致，有利于缝底线时刹紧缝线，线迹美观。

沿条粒面的砂磨是用 1# 砂布在砂轮机上进行的。砂磨前沿条无须浸水，砂磨不可过深，以免降低沿条的强度和影响其后整饰。砂磨后的沿条表面必须保证光滑平整、无变形。

（2）侧面立缝沿条　沿条先立于鞋帮和内底的外侧，并与鞋帮及内底缝合，然后翻转 90°，再与外底缝合，故称为侧面立缝沿条，也称为翻沿条。其整型加工工序与平面侧缝沿条的相同。

翻条工艺技法不同，沿条的整型加工也略有不同。常见的有：

①下翻侧缝沿条：如图 4-60 所示，其加工程序为：砂磨粒面→肉面片斜坡（片宽 3~5mm，边口留厚 1mm）。

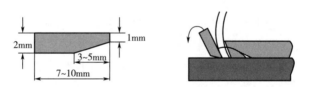

图 4-60　下翻侧缝沿条

②上翻侧缝沿条：如图 4-61 所示，其整型加工程序为：砂磨粒面→粒面铣容线槽。

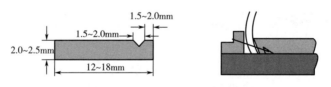

图 4-61　上翻侧缝沿条

（3）透缝沿条　透缝鞋可以不使用沿条。如使用沿条时，是先将沿条粘于帮脚、内底之下，然后将内底、帮脚和沿条纵向上下缝合，如图 4-62 所示。所用的沿条比侧缝沿条宽，为 18~22mm，厚度与侧缝沿条相同。

为减少底心材料的厚度，可以将槽棱以内的沿条（即与内底结合的部分）肉面片斜坡茬，但沿条的强度有所降低。所以也有不片坡茬的。这样会增加鞋的重量和底的厚度。

　　另外，由于透缝沿条太宽，在鞋的前尖部位难以平伏地弯折，所以可以采用符合楦底型（或近似形）的圈沿条或 U 形沿条。

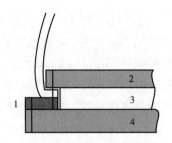

图 4-62　透缝结构示意图
1—沿条　2—内底　3—填芯　4—外底

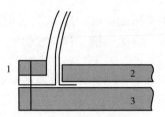

图 4-63　压条结构示意图
1—压条　2—内底　3—外底

　　（4）压缝沿条　如图 4-63 所示，压缝结构是在绷帮定型后，将帮面的帮脚向外翻出，并用压条压住，然后将压条、帮脚和外底一同缝住。所用的沿条厚度为 2~3mm，宽度为 8mm 左右，长度根据需要截取。

　　（5）注塑沿条　注塑沿条采用塑料挤出机注塑加工制造而成，形体与平面侧缝沿条相似，但厚度在 3mm 以上；容线槽比皮质沿条的要窄、浅；具有一定的强力和硬度（达到邵氏硬度 70）；达到耐折、耐寒、耐缝拉和穿孔等性能要求。

　　2. 胶粘鞋的沿条整型

　　在外底的边缘上黏合天然皮革的或合成材料的沿条，使成鞋的外观与缝沿条鞋相似，但比线缝鞋的操作简单、劳动强度低，适用于胶粘和粘缝结合工艺的外底。

　　从沿条的尺寸上看，目前胶粘鞋所用的沿条有宽型假条和窄型沿条两种。从形态上看，沿条又可分为圈沿条、满沿条和半沿条三种，如图 4-64 所示。也有人将这类沿条称为围条。围条既可以像线缝鞋那样缝于帮脚之上，也可以直接粘在外底之上。

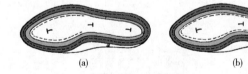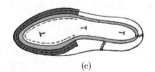

(a)　　　　　　　　　　(b)　　　　　　　　　　(c)

图 4-64　沿条的种类
（a）圈沿条　（b）满沿条　（c）半沿条

　　宽型沿条与帮脚、内、外底间黏合牢固，不易开胶，但比较费料，对形体尺寸的要求严格。宽型沿条宽 14~18mm，厚 3mm。在楦底棱以内的部分需要铣磨出凹型弧坡，以利于内底和外底的严密黏合。

　　窄型沿条宽 5~7mm，厚 3mm。与鞋帮和内底的外侧面靠紧黏合即可。

　　天然皮革沿条在黏合之前的加工整型操作为：砂磨→浸水→盘折成型→黏合→压印→铣削。具体操作可参阅线缝鞋用的天然皮革沿条部分。

合成材料的沿条，如橡胶的、塑料的或橡塑的沿条易于盘折，买来的成品表面已压印有凸型假道，凹型线码，凸凹棱水线或镶嵌牙条纹或缝有假线，故只需要进行砂磨和黏合操作。

（二）盘条的整型加工

盘条是位于鞋底边缘的、仅在后跟部位的一个 U 形部件，分别在跟口线处与沿条对接，如图 4-65 所示。由于楦体本身在前掌及后跟的踵心部位呈外凸的锅底状，再加上勾心的厚度，会在合外底后出现外底不平、不稳的质量缺陷。安装片剖成斜坡状的盘条后，可以垫平楦底踵心部位的凸度，使鞋跟大掌面与后跟帮面子口严丝合缝。另外，盘条也是帮脚和外底之间的连接物，起到增加帮底结合、遮盖绷帮皱褶的作用。

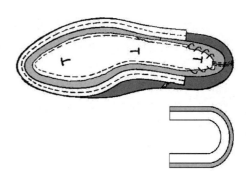

图 4-65　盘条的位置

盘条一般都采用钉合的方法与内底、帮脚结合。其整型加工程序为：通片→砂磨粒面→剖割→（浸水回软）→挤压定型。

1. 通片

在平刀机上进行。使其厚度与沿条厚度相等或略厚于沿条，以确保帮底结合子口线的线形规整流畅。

2. 砂磨粒面

与沿条粒面的砂磨相同。

3. 剖割

为节约原材料，通常在裁断时将两只盘条并为一块进行裁断。

盘条有宽型和窄型两种，其宽度分别为 24mm 和 18mm，分别用于后跟部出沿台的鞋靴和后跟部无沿台的鞋靴。

宽型盘条片剖时是在盘条的上下两面、距边 5~6mm 处画线，然后按两线的对角连线进行剖割。窄型盘条则是在上下两面距边 2~3mm 处画线，然后按两线的对角连线进行剖割。

盘条的片剖可用手工进行，也可在剖皮机上进行。片剖前要根据盘条皮的软硬程度进行浸水回软，其操作同沿条皮。

4. 挤压定型

片削好的盘条还需要按照后跟弧度的形状盘折成型，以便钉合。盘折操作可以用手工的方法，也可以在 U 形模具中挤压定型。成型之前也需要进行浸水回软。

（三）外掌条的整型加工

外掌条又称为鞋跟围条皮或盘跟条。与盘条一样也是一种 U 形部件，其长度略长于盘条，但位于外底和鞋跟之间，起到垫平跟部踵心凸度和垫高鞋跟高度的作用。

与盘条的整型加工程序一样，外掌条也要经过通片、砂磨粒面、剖割、浸水回软、挤压定型等整型加工。由于外掌条在后跟部位不出边沿，所以剖片时只按对角线进行。其他加工操作均可按盘条整型的方法进行。

四、鞋跟部件的整型加工及装配

皮鞋生产过程中所用到的鞋跟部件主要包括包鞋跟皮、鞋跟面皮和鞋跟等，传统的线缝鞋中还会使用插鞋跟皮和拼鞋跟皮。

（一）包鞋跟皮

除带跟的成型底外，皮鞋生产过程中还大量使用预制鞋跟，在跟底结合装配工序中进行钉跟或装跟。预制鞋跟现今多为橡胶、木质或塑料材质，可以在跟体的表面包裹一层材料，以改善预制鞋跟的外观。

包鞋跟皮可以使用天然皮革和合成革，不需要进行整饰加工。

传统工艺中曾使用天然底革切片来包鞋跟。这是因为皮革堆跟具有层次分明的天然底革断面，颇受高档鞋消费者的青睐。但由于它是由几层底革堆置黏合而成的，不仅费工，而且也重，目前仅用于手工男鞋的高端定制。有两种方法可以效仿出底革堆跟的外观，一种是在包鞋跟皮上印出堆跟效果，而传统工艺中则采用底革切片包跟。

这种方法是将多层底革块叠置黏合，从其断面切片，然后用切片包粘跟体。由于底革的叠置黏合形成了明显的结合纹线，与底革堆跟的外观相似，因此常被误认为是底革堆跟，所以也称多层底革包跟为假皮堆跟。另外，将整块底革片薄，在其表面修饰划刻堆跟纹线，然后再进行包跟，产生的外观效果也与底革堆跟的外观相似。

（二）鞋跟面皮

鞋跟面皮（俗称天皮）是安装在鞋跟小掌面上的鞋跟部件，起到增加鞋跟耐磨性，延长使用寿命的作用。

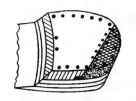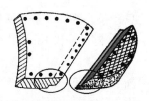

制作鞋跟面皮的材料大多数是橡胶或是塑料（如聚氨酯），也可以使用天然底革，现今多用于手工男鞋的高端定制。鞋跟面皮的形状与鞋跟小掌面相同。根据大多数鞋跟面皮在穿用过程中易磨损后跟部位，特别是外怀的后侧，因此，可以在外底的后跟部

图4-66　镶嵌鞋跟面皮

位镶嵌耐磨块，或使用由两种材料组合而成的镶嵌鞋跟面皮，如图4-66所示，以使外怀后侧的鞋跟面皮不至于过早地磨损。

1. 天然底革类鞋跟面皮

天然底革的鞋跟面皮需要经过以下的整型加工：通片、铣砂跟面边沿、涂饰。

①通片：在平刀机上进行，使鞋跟面皮的厚度（一般男鞋为5mm，女鞋为4mm）均匀一致。若厚度不足时，可以用两层底革黏合在一起，经压平机压平1h，静置12h，即可裁断使用。

②铣砂跟面边沿：在天然底革上裁断出的鞋跟面皮往往有毛边和边沿偏斜的毛病，

经过铣削可以使其底边沿垂直，部件规格化。

同外底的底边沿修削一样，鞋跟面皮边沿的铣削也必须使用标准靠模。其跟口面部分直接在砂轮机上砂磨，而其他多余周边的铣削则需要将鞋跟面皮固定在靠模上后，在平台靠模铣底边机上进行。铣削结束后，在边缘上刷水回软，然后在砂轮机上用0#旧砂布砂磨光滑。

③涂饰：在铣削后的边缘上涂色浆、罩光或喷漆，以改善其外观质量，具体内容可参阅本章第二节外底整型部分。

需要说明的是，在高端定制中，鞋跟面皮是在安装鞋跟后与外底边沿及外底面一同进行铣砂和涂饰的。

2. 代用材料类鞋跟面皮

鞋跟面皮的形体尺寸与产品品质有关。一般男式皮鞋、女式平跟鞋及部分中跟鞋的鞋跟面皮较大，而高跟鞋及部分女式中跟鞋的鞋跟面皮较小。

对于尺寸较大的鞋跟面皮，如橡胶类鞋跟面皮，在安装前只需要进行黏合面及边缘的砂磨处理，经刷胶烘干后即可与鞋跟黏合。有的成型底在制底过程中已经在后跟部位镶嵌了耐磨块，如图4-67所示。目前制鞋企业是从专业的鞋跟企业采购鞋跟，这种鞋跟已经安装好了鞋跟面皮，在跟底组合装配工序中直接安装。

图4-67　外底后跟部位镶嵌耐磨块

对于尺寸较小的鞋跟面皮，如塑料类的鞋跟面皮都是带固定销的，直接将其固定销插入跟体底部的插孔中即可，不需要进行整型加工。

目前市面上除了带单固定销的鞋跟面皮之外，还有带双固定销的鞋跟面皮带以及固定销+双定位栓的鞋跟面皮，如图4-68所示，可以防止在穿着过程中鞋跟面皮发生扭转。

(a)　　　　　　　　　　　　　(b)

图4-68　有固定销的鞋跟面皮
（a）双固定销的鞋跟面皮　　（b）固定销+双定位栓的鞋跟面皮
1—固定销　2—固定孔　3—定位销　4—定位孔

另外，市面上还流行一种无噪声的鞋跟面皮——BESSELL双层天皮，具有舒适、防滑、耐磨等特点，而且没有传统高跟鞋行走时发出的噪声。

3. 皮质鞋跟面皮的装钉

钉合鞋跟面皮这项工作既可以安排在底部件的装配工序中，也可以安排在合外底后的加工操作中。

皮质鞋跟面皮的钉合方法主要有两种：

（1）明钉法　鞋跟面皮上可以看到钉帽的钉法为有帽明钉法，而鞋跟面皮上没有留下钉帽的为无帽明钉法。

①有帽明钉法的具体操作：

a. 在鞋跟小掌面及鞋跟面皮的肉面刷胶；两者对正黏合。

b. 用 9mm 圆钉（四分钉）钉合鞋跟面皮；钉与钉之间的距离为 4~6mm，圆钉距跟边 3~7mm，在跟口中心可钉两颗钉或三颗钉，呈一字形或呈品字形，如图 4-69（a）所示。

要求将钉子钉入跟体，钉帽与跟面钉严密。

②无帽明钉法的具体操作：

a. 在鞋跟小掌面及鞋跟面皮的肉面刷胶；两者对正黏合。

b. 用 16mm 长的圆钉从鞋跟面皮钉入鞋跟跟体。

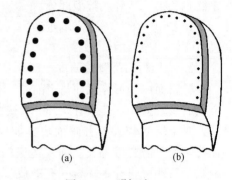

图 4-69　明钉法
（a）有帽明钉法　（b）无帽明钉法

c. 钉帽距跟面 2~3mm 时，用胡桃钳子掐去钉帽。

d. 将剩余的钉杆部分敲捶钉入跟面，如图 4-69（b）所示。

要求钉鞋跟面皮钉的钉位要美观整齐，同双对称一致，钉与钉的距离和钉子距边的距离都要根据跟型来灵活掌握。

（2）暗钉法

暗钉法是指在鞋跟面皮上看不到钉帽或钉杆的钉法，具体操作如下：

①将鞋跟面皮的肉面及鞋跟小掌面刷胶，晾干。

②用 16mm 长的圆钉，距跟体边 6~7mm，钉入跟体，钉间距为 10mm 左右，钉入深度为 5~6mm。

③用对口钳斜向掐断钉杆，使跟体表面上保留的钉杆长度占鞋跟面皮厚度的 2/3。

④将鞋跟面皮摆放在掐断的钉杆之上，对正位置，捶击跟面，在反作用力的作用下，斜尖形的钉杆刺入跟面，使跟面与跟体粘钉严紧、平伏、牢固，且鞋跟面皮上不露钉痕，如图 4-70 所示。

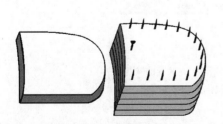

图 4-70　暗钉法

4. 采用鞋跟面皮标准样板

皮质鞋跟面皮的钉合方法以手工为主，因而在实际操作中，往往会产生钉子距边宽窄不一，钉子间距不等，同一鞋码所用钉子的数量不同等缺陷，从而影响产品的外观。

可以采用统一的钉鞋跟面皮标准样板来解决这一问题，具体操作如下：

①制作鞋跟面皮纸样。

②按照鞋号大小进行扩缩。

③在纸样上确定钉位。

④用 5mm 厚的白铁皮复制样板；用直锥在钉位点扎出孔印。

⑤将白铁皮样板端正地附在鞋跟面皮上，用榔头轻轻捶敲，即可在鞋跟面皮上留下清晰的钉位。这样钉合鞋跟面皮后，钉子的距边、钉间距以及数量则规格一致。

（三）预制鞋跟的整饰

除带跟的成型底外，皮鞋生产过程中还大量使用预制鞋跟，在跟底结合装配工序中进行钉跟或装跟。预制鞋跟现今多为木质的或塑料的（如 ABS 跟），经过跟体整型加工后，一般还需要在跟体的表面包裹一层材料，以改善预制鞋跟的外观。

1. 跟体整型

木质鞋跟经过粗加工后，大掌面的凹度与绷帮成型后的后跟踵心凸度不一定完全吻合；跟口面与大掌面的夹角、跟体后弧线与大掌面的夹角以及跟口面与小掌面的夹角也不一定完全相同，因而必须进行测定和砂磨，达到规格一致。

木质鞋跟的整型加工要注意两点：一是同双鞋跟的大掌面与跟体后弧线间的夹角要一致，否则两只成品鞋的长度会一大一小；二是跟口面与小掌面的夹角一般为 90° 而不应偏离较大（马蹄形跟例外），否则会使鞋跟受力后呈不稳定状态，进而出现掰跟现象，造成掉跟或使木质跟体豁裂。

塑料鞋跟由模具注塑而成，其形体角度均能符合技术要求。但在生产高档鞋时，则必须在跟体表面包裹一层与帮面颜色一致或谐调的皮革或合成革。由于塑料表面很光滑，与包跟皮之间不易黏合，两者间易产生空浮现象，从而影响成鞋外观质量。因此，必须对塑料跟体的表面进行砂磨处理。

塑料跟体砂磨的主要部位是跟的后弧面与侧弧面。所用的砂布可略粗些，但要注意不可将大掌面及小掌面的边棱砂坏，或改变跟形。要求砂磨均匀，表面无大棱印，以保证包鞋跟皮后，跟体表面光滑平整。

2. 包跟

从外底的形状上看，大致可分为压跟、卷跟和坡跟三种，但每一种都有各种各样的跟形。各种跟体的包跟操作大致一样，区别只是在包鞋跟皮的尺寸方面。

（1）压跟的包制

①制作包鞋跟皮样板：与贴楦设计一样。由于包鞋跟皮要在大小掌面处分别折回，故需要加出 4~6mm 的折回余量；另外，包鞋跟皮在跟口面的中线处对接，所以也需要留出 2~4mm 的余量，如图 4-71（a）所示。

②刷胶：在跟体表面、大小掌面的边沿及包鞋跟皮的肉面上均匀地涂刷胶粘剂。刷胶两遍，晾至指触干后待用。

如今，出于环保的要求，热熔胶膜受到制鞋企业的欢迎。首先将热熔胶膜与包鞋跟皮复合，在包鞋跟时无须刷胶，包跟的贴合面平整，生产过程中无溶剂挥发。

注意：使用合成革作包鞋跟皮时，由于胶粘剂中的溶剂会将涂饰层溶解，故只需要

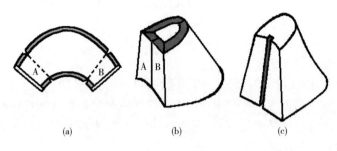

图 4-71　包压跟

（a）4~6mm 折回余量　　（b）鞋跟皮对接　　（c）藏边槽

对跟体表面刷胶，包鞋跟皮上不刷胶；使用浅色的包鞋跟皮时，胶粘剂中不需要掺入深色固化剂，以防止其渗出到包跟皮外，即造成泛黄现象，影响鞋的外观。

③包跟：将包鞋跟皮的对称轴线与鞋跟后端的中心线对正，黏合固定，留出大小掌面的折回余量；在向前及向上下两个角的方向用力推粘包鞋跟皮，使其紧紧贴附于跟体表面；将包鞋跟皮的上下口分别向大小掌面折回、包粘。与上凸型部件的折边一样，要均匀打褶，距边棱 2.5~3.0mm 处无褶，其余的褶可用刀片平。也可采用打剪口的方法消除皱褶，但剪口距边不得小于 2mm。

与尖角形部件的折边一样，包粘跟口处的上下两个角时，要各剪一个三角形的剪口。

将包鞋跟皮的两端在跟口面处重叠搭接，沿跟口面的对称轴线用刀直割，拿掉多余的包鞋跟皮，然后粘牢，包鞋跟皮的两端自然严密对接，如图 4-71（b）所示。

为使包鞋跟皮在跟口面处的对接严紧、美观、牢固，在注塑塑料鞋跟时，可在跟口面的中心线处设计一道藏边槽，如图 4-71（c）所示，包鞋跟时，将包鞋跟皮的两端同时压嵌进槽口内粘牢即可。

（2）卷跟的包制　卷跟鞋分为卷顶皮式、卷压皮式和金属跟套式三种。与压跟鞋不同之处是：卷跟鞋的外底在包粘到跟口处时，不再与内底和帮脚黏合，而是卷粘到跟口面上。为了便于卷粘外底，跟口面与大掌面的夹角不采用直角，而呈凹弧形或斜线形，如图 4-72（a）所示。

卷跟的包法与压跟的包法基本相同，只是跟口面处不全包。

当两侧的包鞋跟皮折回到跟口面上时，留出 3~4mm 的余量，粘平整，其余的剪去。注意在包粘跟口面的竖棱边时，要将包鞋跟皮打剪口，剪口距边棱不能小于 1mm，如图 4-72（b）所示。

将大掌面前端的包折皮与跟口面竖棱上端的包折皮合粘在一起，超过大掌面前端两角 2mm，以确保卷外底时，鞋跟与帮脚及外底结合紧密、线形圆滑无缝隙［图 4-72（a）圆圈内所示］。

卷跟鞋的鞋跟一般都先不安装鞋跟面皮，待粘外底后再装。

目前，设备制造商已经研制出了包卷跟机（图 4-73），可提高加工速度和包跟质量。

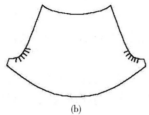

图 4-72　卷跟鞋鞋跟及包鞋跟皮
（a）凹弧形夹角　（b）鞋跟皮打剪口

图 4-73　包卷跟机

（3）坡跟的包制　坡跟鞋所用的外底可以是卷底，也可以是平底。其包法与卷跟鞋鞋跟相似。

（四）插鞋跟皮

插鞋跟皮用于传统缝线鞋中。如图 4-74 所示，同盘条、外掌条一样，插鞋跟皮也是用于调整外底跟部的平伏程度和调节鞋跟高度的一种鞋跟部件。另外如使用胶外底时，为保证后期鞋跟的钉合牢度，减轻成鞋的重量，有时在后跟部位不使用盘条，而是用插鞋跟皮；或者在盘条与底之间再加插鞋跟皮，为钉跟提供一个持钉力强的基础。

插鞋跟皮的厚度一般为 4~5mm，形体尺寸略大于后跟，以便在跟底边修削时与后跟一起进行修削。若厚度不足时，可用两层底革黏合、压紧后使用。裁断好的插鞋跟皮只需要在片主跟、内包头机上进行片剖加工即可，上口片宽 20~25mm，片边出口。

（五）拼鞋跟皮

传统的堆跟是由几层底革黏合而成的，如图 4-75 所示，故拼鞋跟皮又被称为鞋跟里皮，制成的鞋跟则称为底革堆跟。其目的是为了充分利用剩余的边角底革碎料，降低产品成本，减少固体废料对环境的污染。

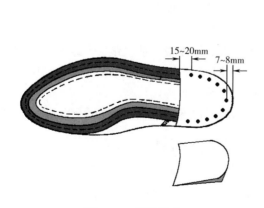
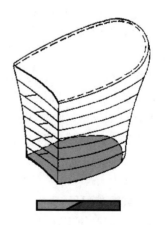

图 4-74　插鞋跟皮

图 4-75　底革堆跟

底革堆跟的制作方法是：用两块完整的底革分别做鞋跟底座和鞋跟顶层，然后用底革碎料拼接跟体，每一层所用的底革厚度要一致，且各层的形体尺寸要大于成型鞋跟所对应层的周边2~4mm，以便在跟底边修削时留有余地。

将厚度相同的底革片边出口，片宽12mm；在片出的坡茬上刷胶，然后坡茬相对，搭接黏合。在黏合好的各层底革片的黏合面上刷胶，再逐层粘在底座上，最后黏合顶层。

将黏合好的堆跟加压，干燥，使各层间紧密结合，然后进行跟体的修削、整饰。

要求同双堆跟的高度一致，形体对称。所用的底革为同一品质，以免后期整饰烫蜡后出现色泽不一的外观缺陷。

如果鞋跟较高，可采用钉、粘结合的方法制作堆跟，以保证鞋跟的质量。

第五节　跟底结合装配

鞋跟与外底、内底的结合称为跟底结合装配。

鞋跟的装配质量不仅关系到产品的外观造型，而且还直接影响着成鞋的穿用舒适性及成鞋结构的牢固程度，因此，跟底结合装配是皮鞋生产过程中的一个重要工序。

一、鞋跟的分类

鞋跟高度是指鞋跟大掌面最高点与水平面之间的垂直高度。鞋跟的分类方法如下：

1. **按鞋跟高度进行分类**

有无跟（鞋底后跟部位呈平坦状，无鞋跟结构）、平跟（鞋跟高度小于30mm）、中跟（鞋跟高度介于30~50mm）、高跟（鞋跟高度介于55~80mm）和特高跟（鞋跟高度大于85mm）。

另外一种鞋跟高度的归类方法是：鞋跟高度<1/10楦底样长时，为平跟；鞋跟高度介于楦底样长的1/10~2/10时，为中跟；鞋跟高度>2/10楦底样长时，为高跟。

2. **按材质分类**

有皮跟、木跟、胶跟、塑料跟、水晶跟、假皮跟、组合跟（跟体多为木质或塑料，用天然皮革或合成材料包覆，在跟口面处有电镀金属板）。

3. **按造型分类**

有压跟、卷跟、坡跟、形体跟和艺术跟等。形体跟包括直跟、方跟、立方体、圆柱体、插跟、锥形跟、马蹄跟、逗号跟、笼式跟等。艺术跟包括曲折跟、水滴跟、浮雕跟、流苏跟、圆球跟、欧式雕塑跟、卡通人物跟等。

受到奢华主义风格的影响，钻饰、金属色、珍珠等也是鞋跟的设计元素。

二、鞋钉、工具与设备

（一）鞋跟装配用钉

鞋跟装配主要使用圆钉、螺钉和卡钉。

1. 圆钉

圆钉用于钉内底、绷帮、钉盘条、钉跟等。鞋用圆钉是根据其长度进行分类的,见表4-4。

表4-4 　　　　　　　　　　　　圆钉的规格尺寸 　　　　　　　　　　单位：mm

用途	全长	钉杆直径	备注
钉盘条,钉鞋跟面皮	10±0.5	1.07±0.3	三分钉
钉堆跟,钉鞋跟面皮	12±0.5	1.07±0.3	四分钉
钉内底,钉堆跟	14±0.5	1.24±0.3	
绷帮,钉内底	16±0.5	1.24±0.3	五分钉
绷帮,钉鞋跟	19±0.5	1.47±0.3	六分钉
钉鞋跟	26±0.5	1.65±0.3	吋钉

2. 螺钉

鞋用螺钉有条纹钉、螺纹钉和十字槽螺钉三种（图4-76）。钉杆上有斜向条纹的为条纹钉,钉帽上有"十"字形刀口的为十字槽螺钉,钉帽上没有"十"字形刀口的为螺纹钉。但钉杆更粗、钉帽更厚,螺纹的间距也更大。常用螺钉的长度分别为16、19、20、25mm。

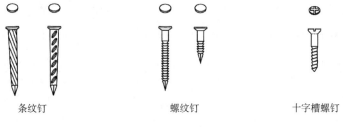

条纹钉　　　　　　螺纹钉　　　　　　十字槽螺钉

图4-76　各种螺钉

3. 倒钩钉

倒钩钉与圆钉相似,但钉杆上有两个反向的倒钩,如图4-77（a）所示,可以增加钉合牢度。

4. 卡钉

卡钉又称两脚钉、四脚钉,如图4-77（b）所示,长钉由锰钢板材制成,具有很强的钉合强度。

（二）鞋钉的选择

影响鞋跟安装质量的一个重要因素是鞋钉的种类、长度及使用数量。

1. 鞋钉的抗拔力

鞋钉的粗细、长度及表面状态不同,其抗拔力也不相同;不同材质的鞋跟对同种鞋钉的持钉力也不一样。表4-5为鞋跟材质、持钉力与装跟钉种类的有关数据。

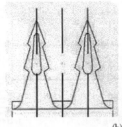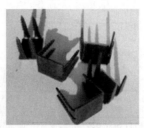

(a)倒钩钉   (b)卡钉

图 4-77 倒钩钉和长钉

表 4-5   鞋跟材质、持钉力与鞋钉种类的有关数据   单位：mm

鞋跟材质	鞋钉				平均持钉力/N	备　注
	种类	长度	钉杆直径	钉进深度		
桦木	圆钉	20	1.4	15	336	新钉
	圆钉	20	1.4	15	678	盐水强化锈蚀
	圆钉	25.4	1.6	20	1080	盐水强化锈蚀
桦木	木螺钉	20	2.8	15	840	直接敲入木材内
	木螺钉	20	2.8	15	1575	先敲入 2/3，再用螺丝刀拧进
桦木	螺纹钉	20	1.9	13	307	浅螺纹
	螺纹钉	22	2.0	13	1023	深螺纹
椴木	圆钉	20	1.4	15	63	新钉
	圆钉	20	1.4	15	137	盐水强化锈蚀
	圆钉	25.4	1.6	20	205	盐水强化锈蚀
椴木	木螺钉	20	2.8	15	305	直接敲入木材内
	木螺钉	20	2.8	15	650	先敲入 2/3，再用螺丝刀拧进
椴木	螺纹钉	20	1.9	13	50	浅螺纹
	螺纹钉	22	2.0	13	332	深螺纹
519 塑料	螺纹钉	20	1.9	15	660	
CS004 塑料	螺纹钉	20	1.9	15	1140	
519 塑料	螺纹钉	22	2.0	15	1120	
CS004 塑料	螺纹钉	22	2.0	15	1500	

由表中数据及实际经验可以总结出鞋钉的抗拔力大小顺序为：

①卡钉>木螺钉>螺纹钉>圆钉。

②强化锈蚀钉>旧钉>新钉，锈蚀钉的抗拔力约为新钉的 2 倍。

③粗钉>细钉。

④钉杆粗糙钉>钉杆光滑钉。

⑤钉入深度越深，抗拔力也越大，一般以钉进跟体 13～18mm 为宜。

⑥在一定极限范围内，钉数越多，抗拔力越大。

2. 持钉力

装跟牢度除与钉跟钉的抗拔力大小有关之外，还与鞋跟材质的持钉力有关。一般说来，鞋跟材质硬而紧密，持钉力大；反之，鞋跟材质软而疏松，其持钉力则小。因此，要根据鞋跟形体、跟高及鞋跟材质来选择鞋钉。

选择鞋钉的原则为：

①鞋跟大掌面大，可多用钉；鞋跟大掌面小，要少用钉。

②鞋跟材质硬，持钉力强，可少用钉、用较细的钉；鞋跟材质软，持钉力弱，则要多用钉、用较粗的钉和抗拔力较强的钉。

3. 鞋钉的尺寸与数量

安装鞋跟时，所用鞋钉的数量与鞋跟材质、鞋跟大掌面尺寸、鞋跟高度及鞋钉尺寸等因素有关。

鞋钉的长度可按以下公式推算：鞋钉长度=底部件厚度+钉入深度

这里所说的底部件包括内底、勾心、半内底。如果是全压跟鞋时，还要考虑外底的厚度。根据经验，鞋钉钉入深度一般为 15mm，鞋钉长度一般选 19mm，最大为 25mm。

鞋跟的材质和鞋跟大掌面的大小不同时，所需要装跟钉的数量也不同。大掌面小，但材质坚硬、持钉力强的鞋跟，在装配时使用的装跟钉数量少。反之，大掌面大，但材质持钉能力差的鞋跟在装配时需要适当增加装跟钉的数量。

一般女士压跟鞋和卷跟鞋装跟钉数量为 5～6 颗（不包括勾心孔内的固定螺钉）；桃形和鸡心等异形鞋跟装跟钉数量为 7～9 颗；长插跟装跟钉数量为 11～13 颗。另外，男式块跟的装跟钉数量为 9～11 颗。装跟钉的数量和位置如图 4-78 所示。

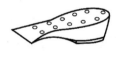

图 4-78　装跟钉的数量和位置

4. 装跟要求

①鞋钉或卡钉必须深入鞋跟 6mm（不包括突出的顶部的长度）。

②50mm 及以上高度的鞋跟，最好在踵心部位钉一颗螺丝钉。

③高度大于 50mm 且跟柱直径小于 15mm 的鞋跟，必须使用加固钢管或钢柱。

④加固的钢管或钢柱必须延伸至鞋跟顶端内或鞋跟底座内 3mm。

（三）装跟工具与设备

无论是手工装跟还是机器装跟，一般都要用到以下工具：

（1）装跟榔头　与制底用的榔头相比，装跟榔头的锤面平而小，便于敲钉；锤面与装木柄孔的间距增大到85mm，这样，在装跟时木柄便碰不到后帮边口；锤杆与木柄之间的夹角加大到85°，以避开鞋后帮与上口对钉跟的影响。

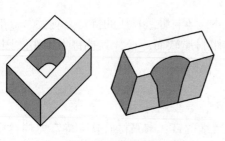

图4-79　装跟座

（2）装跟座　在安装中、高跟时，由于鞋跟小掌面较小，直接放在平台上安装时不平稳。使用装跟座则可以稳定跟体，易于进行操作，如图4-79所示。用柔软光滑的皮革黏附于装跟座的内壁上，可以防止在装跟过程中包鞋跟皮或鞋跟表面的涂饰层受到破坏。

装跟时，先将鞋跟坐入装跟座中，鞋跟小掌面不与平台接触，跟体表面与装跟座的内腔表面密切接触，这样在钉钉时，应力被均匀地分散到整个跟体及装跟座上。

其他装跟工具还有螺丝刀、撬锥、专用扳手等。

三、装　　跟

鞋跟的安装方法主要有钉跟和装跟两种。

鞋钉从跟体材料钉向外底和内底，将跟体钉固在外底的后跟部位，这种鞋跟的安装方法称为钉跟，鞋跟材料为天然底革，多用于手工线缝男鞋的高端定制。

鞋钉等从鞋腔的后跟部位穿透内底和外底而钉入跟体的安装方法称为装跟，目前，大部分皮鞋的鞋跟安装都是采用装跟的手法。

装跟方法分为手工法和机器法。

1. 手工装跟法

跟的形体与结构不同，装配方法也有所差别。手工装跟法的具体操作在装跟操作实例中介绍。这里只介绍装跟钉的钉入角度和距边尺寸的问题。

皮鞋鞋跟的形体千姿百态，但鞋跟的大掌面与跟体后弧线的夹角都介于50°～90°，大多数在50°～60°。在装跟时，装跟钉如果垂直钉入，钉尖就会从跟体表面穿出。因此必须随鞋跟形体的变化来改变钉入的角度。然而，如果只考虑鞋跟大掌面与跟体后弧线的夹角，而采用了50°～60°钉入角度的话，势必会降低鞋跟的抗拔力和钉合牢度。

除需要考虑钉入角度外，鞋钉距跟体边缘的距离也是一个重要的因素。距边尺寸小，鞋跟大掌面边缘与底、帮的结合严密，但钉尖易从跟体表面穿出；距边尺寸大，钉尖不易从跟体表面穿出，但鞋跟大掌面边缘与底、帮的结合则不严密，鞋跟的抗拔力及结合牢度也较低。因此在装跟操作中，必须根据鞋跟形体，灵活掌握钉入角度和距边的尺寸。

实践经验表明：

① 装跟钉的钉入角度一般都控制在70°～85°。

② 鞋跟的大掌面与跟体后弧线的夹角为80°左右时，装跟钉距跟体边缘的距离为10mm；鞋跟的大掌面与跟体后弧线的夹角每减小5°，装跟钉距跟体边缘的距离则增

加 2mm。

③ 也可在钉入之前将钉尖 4mm 处扳弯 10°~15°，钉钉时，使钉尖弯向踵心，这样既可避免刺穿跟体表面，又能增加跟的牢固度和结合紧密度。

2. 机器装跟法

机器装跟使用钉跟机，具有速度快、效率高、劳动强度低的优点。钉跟机的种类很多，但大致可分为定位钉跟机和选位钉跟机两类，图 4-80 为钉跟机的外形图。

（1）定位钉跟机 定位钉跟机主要由跟模、输钉管、压力器和冲钉杆等组成。

跟模是根据待装鞋跟的形体及装跟要求而特制的一种装跟模具，在跟模上事先已制好钉位孔，其作用是控制装跟钉的数目、位置及钉入角度。

输钉管的作用是从储钉器向跟模输送鞋钉。

冲钉杆则是借助于外界动力将鞋钉撞击钉入鞋跟。

压力器用于固定待装鞋跟，使之在装跟钉钉过程中不发生位移。

图 4-80　钉跟机

操作时，将出楦后的鞋套在跟模上，并将待装鞋跟放在鞋的后跟部位，校准位置；用压力器压紧鞋跟的小掌面；输钉管将装跟钉送入跟模的钉孔内；启动冲钉杆，在外力的作用下鞋钉刺穿内底、帮脚和外底而钉入跟体。

（2）选位钉跟机 使用这种钉跟机时，由操作者选定钉钉的位置，其工作原理及操作与定位钉跟机的相同。

与定位钉跟机相比，选位钉跟机的效率较低，且装跟钉不大规整，但不受鞋跟形体和鞋楦大小的限制；而定位钉跟机尽管效率高，装跟钉也规整，但必须根据鞋跟形体的不同来更换跟模。

四、装跟操作实例

按照外底的形状可以将鞋粗略地分成压跟鞋、卷跟鞋和坡跟鞋。鞋跟的形体、种类不同，帮底结合方法不同，其鞋跟的装配方法也不一样。

（一）装压跟

压跟分全压跟和半压跟，这两种鞋跟的装跟方法大致相同，主要包括以下操作：

1. 检验鞋跟质量

检验同双鞋跟的跟口高、跟高、大掌面、小掌面及跟体后弧线是否一致；包跟操作、鞋跟材质及外观质量是否符合要求等。

2. 画大掌面轮廓线

将鞋跟端正地复合在外底的后跟部位，使鞋跟后弧线与后帮合缝线对正，跟口的两角距边棱距离相等，且两角连线与底轴线垂直，沿鞋跟大掌面画出轮廓线。

3. 修削外底

将大掌面轮廓线以外的外底部分削去，使外底与鞋跟接缝紧密，弧线自然流畅。

4. 装跟

①外底后跟部位及鞋跟大掌面刷胶，对正黏合。

②从鞋腔内用直锥扎孔，确定钉位及钉入角度。

③钉鞋钉，中、高跟鞋还需要在勾心固定孔内钉木螺钉。注意钉入 2/3 后，再拧入跟内，所有装跟钉的钉帽要与内底面平齐。

需要说明的是，压跟一般都是在合外底、出楦之后安装的；但如果生产统包内底的凉鞋或翻条排楦鞋时，装跟钉不得穿透内底。这时，只能先将外底与鞋跟组合，然后再进行合外底操作。

（二）装卷跟

卷跟的安装方法有两种，第一种方法是在出楦前装跟，俗称"倒装跟"，适用于中、高跟产品；另外一种方法是出楦后装跟。

1. 出楦前装跟的操作程序

①鞋跟大掌面砂磨起绒，将距大掌面边棱 1.5~2.0mm 的包鞋跟皮也一同砂磨起绒，砂磨不可太靠边棱，以免砂痕、胶迹外露。

②外底黏合面砂磨起绒。

③在内底的后跟部位画跟口线。

④内底跟口线后距内底边棱 2~3mm 的帮脚及内底（包括填芯）砂磨起绒。

⑤除尘，黏合面刷胶。

⑥钉倒装钉：与鞋跟面皮暗钉法相同，在内底的后端及跟口处两侧各钉一颗 19mm 的圆钉，打入内底 5mm 后，用对口钳斜掐掉钉帽，形成锋利的钉杆尖。

⑦预钉跟：将鞋跟大掌面对准黏合位置，平放在钉杆尖上，用榔头敲击鞋跟小掌面，使之钉粘在正确位置上。

⑧黏外底前掌、跟口线及跟口面，最后将底舌黏合在鞋跟小掌面上。

⑨钉鞋跟面皮，出楦，注意不得使鞋跟错位。

⑩由鞋腔内钉装跟钉，参见压跟的装配方法。

2. 出楦后装跟的操作程序

出楦后装跟适用于平跟鞋产品。其操作程序为：

①将鞋跟与外底黏合，组成带跟的"组合外底"。

②调正、绷帮、定型。

③按成型底的装配方法进行合外底操作。

④出楦。

⑤钉装跟钉，参见压跟的装配方法。

（三）坡跟的装配

坡跟的装配有三种方法，分别是胶粘法、倒装跟法和装跟法。

1. 胶粘法

这种方法是在出楦前，采用胶粘方法先将坡芯与内底黏合，然后再合外底，适用于统包内底产品，其操作工序如下：

①坡跟大掌面砂磨起绒。

②在内底上画出坡跟前端的位置线。

③将位置线后的帮脚及内底砂磨起绒。

④除尘、刷胶。

⑤将坡跟大掌面对准黏合部位黏合。

⑥用榔头敲击黏合面。

⑦将外底按前尖—前掌—坡跟依次黏合。

⑧钉鞋跟及鞋跟面皮。

2. 倒装跟法

操作程序与卷跟鞋的倒装跟法基本一致，只是钉入的倒装钉为 19mm 的圆钉 3~5 颗，出楦后由鞋腔内钉装跟钉，用钉数及钉位则根据坡跟形体的大小选定，装跟钉可选圆钉，也可使用螺纹钉，或两者结合使用，用钉数 5~13 颗不等。

3. 装跟法

将坡跟与外底先装配成组合外底，按照成型底的装配方法进行合外底，出楦后再进行钉合。

使用卷跟式外底制作坡跟鞋时，坡跟（此处的坡跟又称为长插跟）与内底帮脚结合可用螺钉（或圆钉）从内底上钉入跟体进行结合；而与外底则可采用黏合法或钉钉法结合。也可先将坡跟与外底结合，组合为成型底，然后再与内底帮脚结合，如图4-81所示。

由于坡跟的前端距离脚的曲折部位及前掌着地点较近，如果坡跟的前端太薄则易折断，如果稍厚又会影响外底的线形。所以采用衬布进行护角处理，如图4-82所示：用帆布或鞋里革将坡跟的两个跟角顺势延长，使衬布护角比跟体角长出5mm左右，然后再粘包鞋跟皮。

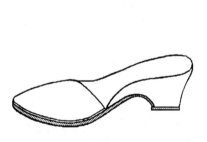

图 4-81 坡跟与外底组成的组合底

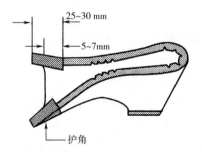

图 4-82 坡跟的衬布护角

如果采用全包内底时，坡跟与内底的结合则不能使用钉钉法，而要采用胶粘法，在包制坡跟之前必须要进行衬垫处理。

先将衬垫革（二层革或类似的材料）的前端逐渐片薄至片边出口，然后钉在坡跟的大掌面上，如图4-83所示，使衬垫革的前端超出坡跟前端4mm；刷胶，粘制包坡跟皮。大掌面上的包鞋跟皮要砂粒面，以便与内底黏合牢固；大掌面的凹度必须与内底结合面的凸度相吻合。

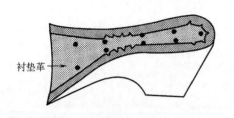

衬垫革

图4-83 坡跟的衬垫处理

如果鞋帮、内底和包鞋跟皮缝合在一起，以排楦法成型时，坡跟则不必进行包制，只需要进行砂磨整型；加上衬布护角即可，待在帮底结合的总装工艺中，再进行装配。

（四）装跟的质量要求

装跟操作主要从以下几个方面进行质量控制：

①跟高符合设计要求。

②装跟端正、牢固，装跟方向及跷度准确，跟面平整。

③鞋跟面皮上的排钉规律整齐，左右对称。

④内外底—鞋跟—鞋跟面皮的结合缝隙严密，后帮弧线与跟体后弧线顺畅自然。

⑤同双鞋跟的形体规格对称一致。

五、钉　跟

钉跟主要有钉皮跟和钉胶跟两种。

（一）钉皮跟

在高端定制的线缝男鞋中，可以将几层底革叠置、粘钉在一起，制成底革堆跟。这种鞋跟在外观上具有独特的魅力。钉皮跟实际上是指钉底革堆跟。其加工工序为：画跟口线→钉外掌条（插鞋跟皮）→钉鞋跟里皮→测平、修平→钉鞋跟面皮。

（二）钉胶跟

1. 钉胶跟的方法

胶跟的钉合有定位明钉法、选位明钉法和定位暗钉法。

①定位明钉法：大多数胶跟在使用模具压制硫化时，模具内的跟面部位已预先设计出了钉跟的钉位，钉跟时只需按钉位钉钉即可，这种方法称为定位明钉法。

②选位明钉法：胶跟跟面上无预先设计出钉跟的钉位，可根据具体情况自行确定，这种方法称为选位明钉法。

③定位暗钉法：胶跟面上预先设计出了钉位孔。钉跟时钉子打入胶跟，钉帽陷于钉位孔内，跟面不露钉帽，这种方法称为定位暗钉法。

为确保钉跟牢度，也可用六分木螺钉进行加固；还可在跟口的两边钉螺钉，避免胶跟在跟口处与外底之间产生缝隙。

需要说明的是：如外底为橡胶底，帮底结合采用手工线缝法时，一般是将胶跟与胶底先行钉合，然后再缝合，这样可以在缝外底时连同胶跟的跟口一同缝合住。

2. 钉胶跟的操作方法

胶跟是用橡胶预制成的成型鞋跟，因而钉胶跟的操作比钉皮跟的要简单。钉胶跟的操作如下：

①根据鞋号大小选择所对应的胶跟。

②在外底后跟处画出跟口线。

③钉合外掌条及单层鞋跟里皮（或插鞋跟皮）。

④砂磨胶跟大掌面及外底的结合面，除尘。

⑤在胶跟大掌面及外底的结合面上刷胶，晾干。

⑥将胶跟对正外底后跟部位，目测两者对称轴线重合后，黏合。

⑦将胶跟钉牢。钉长以刚好钉穿内底、钉锋露出 1.5~2.0mm 为宜。

3. 钉跟质量要求

①作为钉跟的基础，钉的选择要适当，钉锋透过内底的要有 12~15 颗，且超过内底面 2~3mm。

②钉跟钉的距边宽度、钉间距以及倾斜度要适宜，做到钉合牢固且不露钉。

③使用锈钉钉合。企业中一般是将新钉浸在盐水中约 10min，再取出，晾干，这样可使新钉的表面产生锈蚀斑。

（三）钉跟质量检验

鞋跟是成鞋的一个重要组成部分，钉跟的好坏直接影响着成鞋的外观及内在质量和穿用舒适性。钉跟操作主要从鞋跟高度、钉跟牢度及对称性等方面进行质量控制。

1. 跟高符合设计要求且跟面平整

鞋跟高度不是随意确定的，它与成鞋的前跷有着密切的关系。另外，鞋跟的高低与成鞋的磨耗、变形以及人的运动、生理机能都有着重要的关系。表 4-6 给出了有关的研究数据。

表 4-6　　　　　　　　鞋跟高度与脚底部受力大小的关系　　　　　　单位:%

鞋跟高度/mm	受 力 部 位					
	拇趾点	掌心点	脚心点	踵心点	拇趾点+掌心点	脚心点+踵心点
20	6.8	37.1	2.6	52.1	43.9	54.7
30	8.2	37.4	2.6	51.3	45.6	53.9
40	9.1	41.4	2.2	48.1	50.5	50.3
50	12.6	42.8	1.2	43.5	56.4	44.7
60	13.8	45.1	0.6	40.5	58.9	41.1
70	15.2	46.7	0.6	36.5	62.9	37.1
80	15.7	49.9	0.4	34.0	65.6	34.4

鞋跟高度是在设计时就已经确定好的。钉好鞋跟面皮后，可以直接测量鞋跟高度，以确定是否符合设计要求。另外，也可以通过鞋的前跷大小来检查鞋跟高度是否符合设计要求。

一般，女鞋跟高为 30mm 时，前跷高为 15mm。跟高每增加（或降低）10mm，前跷则降低（或增加）1mm。男鞋跟高为 40mm 时，前跷为 15mm。跟高每增加或减低 5mm，前跷则减低或增加 1mm。

测量鞋跟高度及钉跟的平整度时，将鞋放在平台上，要求：①鞋的前掌着地点、跟口及鞋跟后端点要三点成一线。②鞋跟面皮与平台紧密接触，无跟口架空或撑跟口现象，跟面与前掌心面形成稳定的支撑面。③同双鞋的跟高必须一致，前跷必须相同。

2. 钉跟牢固

钉跟牢度的简便检验方法：左手捏住成鞋的主跟部位，右手握紧鞋跟并用力向外拔跟，如跟底结合处无缝隙或在外力的作用下产生较小的缝隙，松开右手后，又恢复原状，则可视为钉跟牢固。

3. 同双鞋跟规格一致

同双鞋的鞋跟造型一致，对应尺寸相同；鞋跟面皮上的排钉规律整齐，左右对称。

六、可更换鞋跟的女鞋

对于职业女性来说，一天可能要出现在几个不同的场合。在上下班的路上，她们喜欢穿着舒适的平跟鞋；到了办公室，由于要维护公司形象，则可能要换上高跟鞋；如果下班后要出去吃饭或去舞会，更高的细跟鞋可能就更应景了。

近年来，设计师设计出了可以快速变换鞋跟的女鞋。如加拿大设计师 Tanya Heath 于 2009 年设计出了可更换鞋跟的女鞋。2013 年她创立了 TANYA HEATH 品牌，是可调高度和可更换鞋跟的高跟鞋，如图 4-84 所示。这种鞋子可以随意跟换鞋跟，从 4~9cm 任意切换。为了搭配鞋子，设计师还设计出了不同材质、不同高度、不同粗细度的鞋跟。

图 4-84　可更换鞋跟的高跟鞋

以色列的设计师 Daniela Bekerman 将鞋跟进行了模块化设计，可以直接通过替换鞋跟来改变鞋子的风格、高度和感觉，如图 4-85 所示。

图 4-85　模块化设计的鞋跟

一般来讲，鞋跟高度不同，对帮部件和底部件的设计都有不同的要求。因此，可更换鞋跟的鞋子在不改变鞋跟高度的前提下来实现跟型和风格的改变，这是比较容易实现的。而要改变鞋跟的高度，同时还要保证鞋帮和鞋底的舒适性，确保成鞋的穿着符合人脚的运动生理机能，这是比较难做到的。所以，一双鞋子可更换的鞋跟为三个高度比较好。

图 4-86　鞋跟锁紧机构

可更换鞋跟的鞋子主要是在鞋的后跟部位及鞋跟大掌面上设置滑槽等类似的机构和锁紧机构，如图 4-86 所示，不同的设计有不同的结构。

思　考　题

1. 线缝、胶粘、模压、硫化和注压工艺可分别使用哪些材质的外底？
2. 为什么在片剖外底的腰窝及后跟部位时要使用托模？
3. 机器片剖和手工片剖是否都需要对外底部件进行浸水？浸水时要控制哪些条件？
4. 外底刻容线槽有哪些种类？
5. 内底的整型加工工艺和规格标准与哪些因素有关？
6. 勾心整型操作需要注意哪些问题？
7. 勾心安装不当会产生哪些质量问题？
8. 机缝沿条内底的单破缝起埂与双破缝起埂各有何优缺点？
9. 如何确定容帮槽的开槽方向、开槽长度和宽度？
10. 半内底、主跟和内包头的边口为何要进行片削加工？
11. 皮革主跟和内包头的压型方向为何不同？
12. 在缝合手法上，平面侧缝沿条、侧面立缝沿条及透缝沿条有何不同？
13. 鞋跟高度与脚掌各部位的受力大小及成鞋的磨耗、变形等有何关系？
14. 钉跟钉的种类及抗拔力大小顺序有何关系？
15. 如何控制钉跟钉的钉入角度及钉跟钉距鞋跟大掌面边缘的距离？
16. 如何装压跟？卷跟和坡跟的安装方法各有哪些？

第五章　绷帮成型

帮部件经过裁断、加工整型和装配等工序后，帮套已初步具备了成品鞋的雏形，需要通过绷帮操作，将帮套进一步定型，使之符合鞋楦形体，为帮底结合做好准备。

将装好主跟、内包头的鞋帮，套在钉有已修削好内底的鞋楦上，通过外界作用力的拉伸，使鞋帮紧附于楦体，塑造并定型成与鞋楦一样形体的加工过程称为绷帮。

在制鞋生产过程中，绷帮是帮底结合工序的开始，也是整个生产过程中的关键工序。其操作的难度大，技术性强，对产品的外观及内在质量都起着决定性的作用。

第一节　绷帮成型原理

裁断工序中所产生的帮部件都是呈平面状的，即使是经过镶接及缝纫，所形成的帮套也只是初步具有鞋的雏形。在使帮套塑造并定型成与鞋楦一样形体的绷帮加工过程中，主要的影响因素有四个，即帮样设计中样板的曲跷处理、缝帮、帮面材料的力学性能以及外界条件的作用。

当鞋楦的形体不同，帮面划分的手法（即鞋的款式）不同时，在绷帮过程中帮面材料所受到的应力也不同，因而所产生的成型、定型效果及成鞋的外观质量也会随之而改变。因此，对不同帮面材料和不同鞋楦形体的产品，在绷帮过程中所采用的绷帮手法及所施加的作用力也应该不同，这是每一个设计师和工程师所必须重视的问题。

一、成型原理

（一）帮样设计中样板的曲跷处理

设计师对在帮样设计过程中所产生的纸样要进行展平和曲跷处理，这种由楦面曲面转化到平面（即由三维曲面向二维平面转化）的过程，以及对样板的各种曲跷处理，实际上是进行了角度变化的技术处理。按照这种经过角度变化处理的样板裁断出的帮部件，经过镶接和缝纫，自然而然地会接近楦体的曲面形状，因为镶接及缝帮这个由二维平面向三维曲面的转化过程，恰好是展平及曲跷处理的逆过程。

例如：用贴纸的方法将一个半球体包裹时，必定会产生许多条凸于半球体表面的皱褶；将这些皱褶剪去，然后再将纸展平，就会产生一个齿轮状的样板；按照这个样板进行裁断、镶接及缝合操作，就可以得到一个半球壳，如图 5-1 所示。上述过程实现了由三维曲面向二维平面的转化，以及由二维平面向三维曲面的转化过程。

因此，对样板进行展平和曲跷处理，是使平面帮件转变为立体帮套的前提。

（二）缝帮

缝帮操作实现了展平及曲跷处理的逆向过程，使得平面状的帮部件经过镶接和缝合，形成了立体的帮套，为绷帮成型及成鞋的定型奠定了基础。

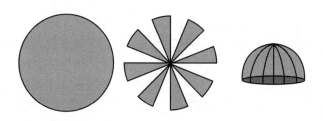

图 5-1　由平面制得半球壳示意图

例如：将三块前帮部件缝合在一起，所形成的三段式前帮自然而然地近似于楦体前段的马鞍形，如图 5-2 所示；将前帮盖与前帮围跷镶缝合后，帮套已初步形成了鞋的轮廓，前端形体与鞋楦头部的球形相似；后帮的缝合，使得帮面发生扭转，围拢成了近似鞋腔的雏形，如图 5-3 所示。

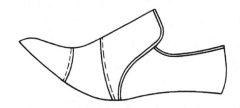

图 5-2　跷镶缝合

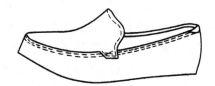

图 5-3　帮面分割

因此，如果说对样板进行展平和曲跷处理是使平面帮件转变为立体帮套的前提条件的话，那么缝帮则是使平面帮件转变为立体帮套的基础。

（三）鞋帮材料的力学性能

经过镶接与缝纫加工，虽然帮套已接近鞋楦的形体，但许多部位（特别是帮脚处）还与楦体不符，必须通过一定的外力作用，使其各部位发生不同程度的延伸和收缩，才能使整个帮面平伏紧贴在楦面上。在此过程中材料的力学性能起着重要的作用。

皮鞋生产中所使用的帮面材料主要是天然皮革、合成革、毡呢以及绸布等织物材料，它们的主体都是由无数的天然纤维或合成纤维交织成的网状结构。由于网结连动原理，这些材料在外力的作用下都具有延伸性和收缩性。对于主要的帮面材料——天然皮革而言，它更具有成型和定型所必不可少的可塑性及弹性。

当物体受到外界力的作用而产生形变时，物体力图恢复原来形状的性质称为弹性；而保持变形后形状的性质则称为可塑性。

如图 5-4 所示，对于具有网状结构的材料来说，如果在某一方向上受到一定的拉伸力，在与其垂直的方向上就会受到一定的收缩力的作用。这是因为某一网结受到外力的作用而发生形变或位移时，就会牵动相邻网结，使之也发生相应的形变或位移，而这个网结的形变或位移又会牵动下一个网结，如此传递下去，就会使整个受力线上的网结发

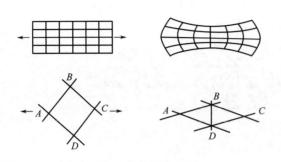

图 5-4　网结联动示意图

生不同程度的形变或位移。同样，与受力方向相垂直的网结则也会发生形变或位移，但发生形变或位移的方向与前者刚好相反。这就是所谓的网结连动原理。如由 A、B、C 和 D 四点组成一个网结，当 A、C 两点受到横向的拉伸力时，A、C 两点发生位移，使两点之间的距离增大，同时 B、D 两点也发生位移，但两点的距离缩小。

天然皮革的主体是由胶原纤维编织成的三维网状结构，它所具有的可塑性和弹性对帮面的绷帮成型及定型起着决定性的作用。

把一块皮革蒙在楦头部位，将皮革的两边向后拉紧（如同绷帮一样）时，皮革纤维在拉力的作用下沿着受力方向伸长。由于天然皮革具有弹性，转变成曲面状的皮革会力图恢复原来的平面形状，但由于鞋头部位对皮革有一个向前的反作用力，加上外界施加的作用力，使得变形后的皮革无法恢复原来的平面形状，因此，皮革只能紧紧地贴附在楦头表面上，这就是皮革帮面能够绷帮成型的原因之一。另一方面，天然皮革还具有可塑性，如果在一定时期内无法恢复原来的形状，就会在一定程度上保持变形后的形状，这就是皮革帮面能够定型的原因之一，采用前帮定型机对整前帮进行压凹定型就是这个道理。

需要注意的一点是：天然皮革的延伸性大小随动物的品种、性别、年龄、生长环境，动物皮的加工方法以及所选的裁断部位而发生明显的变化，甚至同一部位的粒面层与网状层的延伸性也不一样。正如在第一章面料裁断部分所强调的那样，天然皮革帮部件的下裁必须考虑皮革纤维的走向问题，这不仅仅是为了延长成品鞋的穿用寿命，同时也是绷帮成型的需要。

（四）外界条件的作用

依靠帮料所固有的力学性能，经过曲跷处理、缝帮和绷帮操作，帮套紧附于楦体而暂时成型，但未定型，脱楦后仍会发生形变，只有借助于外界条件的作用，才能使成型后的帮套定型。

促使帮套成型和产生永久性定型的外界条件有：

1. 绷帮力

在绷帮力的作用下，皮革沿着受力方向发生弹性变形，但由于楦体对皮革有反作用力，使得变形后的皮革无法恢复原来的形状，而只能紧紧地贴附在楦体表面上，从而成型。

2. 主跟、内包头、勾心、内底、半内底以及由部件的缝合而产生的定型框架

主跟和内包头在干燥定型后具有一定的刚性，从而使鞋的前后端得以定型；而内底、勾心和半内底则为帮套所形成的三维腔体提供了基础；某些帮部件的缝合可以产生对帮套起支撑及定型作用的结构，如前帮的缝埂、挤埂等操作。

3. 胶粘剂

面料与里料、面料与衬料、里料与衬料之间使用胶粘剂进行镶接，可以提高镶接后帮套的局部刚性，有利于定型；而帮套与内底、半内底等基础部件的结合更不能缺少胶粘剂。

4. 湿热定型

在绷帮之前，某些帮部件和底部件会进行回潮或用溶剂处理；绷帮结束后，带楦的帮套需要进行烘干，以除去部件所含的湿分，同时，在湿、热的作用下，帮料的弹性会降低而可塑性增大，使绷帮过程中帮料发生的弹性变形转变为塑性变形。当然，合外底后的湿热定型或冷定型仍然有助于帮套的定型。

绷帮成型及定型的四个要素不是孤立存在的，而是相互依赖、协同作用、缺一不可的。

二、绷帮与鞋帮材料、鞋靴式样及楦型的关系

（一）鞋帮材料

任何鞋帮材料都有一定的抗张强度。因此，对于旨在使帮料发生延伸和收缩，消除帮面的细小皱褶，使帮套紧附于楦体的绷帮力的大小要加以控制，否则会撕裂、拉断帮料或使帮料达到应力的极限而影响产品的寿命。

一般说来，油脂含量高的（14%～18%）皮革，强度大，韧性好，适用于制作重型鞋靴，所施加的绷帮力可以较大；油脂含量适中时（5%～9%）；皮革具有一定的抗张强度和延伸性，适用于各类普通鞋靴的手工、机器绷帮，绷帮力应适中；羊皮的粒面薄，抗张强度小，适用于绷帮力较小的手工绷帮，或绷帮力可以精细调整的机器绷帮；合成革的延伸性大，弹性好，脱楦后易恢复原形，其抗张强度小，且随被拉伸长度的增大而减小，如当合成革被拉伸12%时，其抗张强度降低30%～35%，因此适用于女鞋、童鞋和凉鞋等产品，所施加的绷帮力也应小。

（二）鞋靴式样

绷帮时还应该考虑鞋靴的式样来调整绷帮力的大小。

满帮鞋各部件在绷帮及穿着使用过程中的受力方向可以确定，因而也可以确定各部件的下裁部位及下裁方向，在绷帮操作过程中，可不必过多地考虑绷帮力的大小；对于条带式凉鞋产品而言，帮条的宽窄不一致，穿着使用过程中所受力的大小也不同，裁断时，企业为提高原材料的出裁率，裁断出的条带在绷帮过程中的受力方向可能与皮革主纤维的走向不一致，即不能最大限度地发挥材料的抗张强度，因此绷帮时只需要将条带拉附于楦体即可；而如使用网眼编织的材料时，由于网眼在绷帮时易被拉伸变形，因而也只需要拉附于楦体即可。

（三）楦型

使帮料紧附于楦体表面的作用力有两个，即绷帮力和楦体的反作用力。绷帮操作中所施加的绷帮力越大，楦体施加在帮料上的反作用力也就越大；另外，楦体，尤其是楦头的形体越细、越尖，应力也就越集中，施加在帮料上的反作用力也就越大。因此，楦头圆滑时，绷帮力可以较大，而楦头尖细或棱角分明时，绷帮力应适当减小。

第二节 绷帮前的准备工作

帮底结合方式不同，绷帮方法也不同，相应的绷帮前准备工作也有所差异。目前企业规模化生产中广泛使用的绷帮成型方法有绷楦法和排（套）楦法两种。

胶粘组合工艺流程如下：领料与配帮→（栓带）→主跟、内包头的回软、装置→后帮预成型→装钉内底→鞋帮湿热处理→（刷绷帮胶及烘干活化）→涂抹隔膜剂→套楦→调正→绷帮→定型。

一、领料与配帮

按照生产通知单和工艺指导书，领取鞋帮、鞋楦、底件以及其他辅料等，根据车间生产计划合理安排配帮。

配帮操作应考虑流水线各工位的操作难易程度、流水线运行节奏和各个楦型的组合结构，将鞋帮、鞋楦、底件（分形体、分鞋号）配套放置于流水线上，注意均匀配帮以保持流水线的流畅。

二、拴 带

凡系带类产品，如耳式鞋，都需要在绷楦前将系带穿入鞋眼，其目的是调节成鞋的跗围尺寸，使之符合设计要求，确保成鞋的穿着舒适性。如在绷帮过程中穿系带时，由于鞋耳已经紧附于楦体，系带则难以穿入鞋眼。

拴带时，要求按照比设计的两耳间距小 2~3mm，将两耳扇对齐、捆紧，不得过多地重叠或间距过大。为避免鞋绳勒伤面革，可在绳下加衬薄垫。

如两耳间距小于设计尺寸过多，会造成绷帮余量不足，影响帮底结合的牢度，而且用强力将帮套绷伏时，会使帮料的受力增大，在缝线处出现针眼被拉变形（俗称"呲眼"）的现象，而在脱楦后，成鞋的跗围又过大，穿着时不合脚。

如两耳间距大于设计尺寸，绷帮时绷帮余量则过大，剪去多余的帮脚则造成浪费；而在脱楦后，成鞋的跗围又过小，穿着时挤脚。

袢带鞋要将鞋带皮穿入鞋钎内，用圆钉插入带眼中，卡住鞋钎。

丁字鞋（有鞋鼻结构）类产品，其后帮带不穿入鞋鼻中，而是用一根皮条固定，使其在设计位置前 8mm 处定位，如图 5-5 所示。这样，在出楦后才能适应脚型。

运动鞋生产企业常使用穿带枪（类似于射钉枪），将"工"字形塑料条穿入左右两鞋耳上对应的鞋眼中，可大大提高工效。

橡筋式鞋无法栓带，为确保绷帮过程中跗围尺寸的合理和帮面的平伏，缝制帮面时需要在橡筋下缝制衬布条使其固定，避免在绷帮中拉伸变形。

图 5-5 丁字鞋后帮带的固定

三、主跟、内包头的回软及装置

经过加工整型后的主跟和内包头具有一定的硬度和弹性，但可塑性差，延伸性小，绷帮时难以伏楦，也难以定型，所以必须进行回软处理。回软处理的目的就是要降低主跟和内包头的硬度及弹性，增大可塑性和延伸性，以便于绷帮和定型。

经过回软处理的主跟和内包头分别装置在前尖和后跟部位的帮面与帮里之间，通过绷帮，与帮部件一起成型、定型，从而起到保持鞋形不变的作用。

（一）回软方法

目前生产中使用的主跟和内包头主要有天然底革、合成革以及热活化型材料等。材质不同，回软处理的方法也不同。

1. 浸水法

这种方法适用于材质为天然底革及用天然底革碎屑压制而成再生革类主跟和内包头的回软处理。

浸水回软操作需要控制的因素有水温、浸水时间及浸水后部件的含水量。水温一般控制在 25~30℃，夏季用低温，冬季用高温；浸水时间 1~2min；含水量要求达到 30% 左右。

需要注意的是，浸水操作应使主跟和内包头全部浸透。如果主跟和内包头浸水不透或含水量过少，底革中则可能残留有硬块，柔软度也尚未达到要求。这不仅会造成绷帮困难，而且会使帮面形体不圆滑，有凸棱和皱缩不平的缺陷。

如果含水量过大，内包头和主跟装置在面里之间后会产生以下的问题：影响与面、里的黏合，造成面、衬、里三者之间松壳，导致面和里过早地被磨损；绷帮过程中被挤压出的水分会渗透到鞋帮表面，形成水渍，或沾污鞋里，或与胶粘剂一同渗出，使鞋里粘楦，从而影响脱楦；使成鞋前尖和后跟部位的硬度不足，定型不好等。

2. 溶剂浸泡法

这种方法适用于合成革类的主跟和内包头。它们是由无纺材料浸渍合成树脂而制成的，俗称化学片或港宝。合成树脂不具有亲水性，因此，只有用能溶解树脂的溶剂浸泡，才能使这类主跟和内包头回软，恢复黏性。

浸泡用的溶剂一般为苯类，如甲苯、二甲苯或苯。但由于苯类溶剂的毒性大，对操作人员的身体健康有影响，因此，可以使用混合溶剂来降低浸泡溶剂的毒性。浸泡用的混合溶剂由等量的甲苯和汽油配制而成。

用混合溶剂浸泡的时间一般不超过 30s。浸泡时间过长，部件中的溶剂含量则过高，在绷帮时，被挤压出的溶剂渗透到帮料的表面，并将皮革的涂饰层溶解掉；另外，浸泡时间过长，主跟和内包头也变得极黏，不易被平伏地装置在面里之间。

浸泡结束后，应从溶剂中取出主跟和内包头，停放 5~10min，使溶剂充分浸润合成革主跟和内包头，主跟、内包头中合适的溶剂含量为 30%~35%。

现有专用的主跟、内包头浸泡机，可以同时浸泡一定数量的主跟和内包头，然后密封起来，随用随取。由于控制了溶剂的挥发，所以在浸渍后的半日内均能有效使用。

3. 加热回软法

浸渍过热熔性树脂或含有热熔树脂的合成类主跟、内包头的回软需要采用加热回软法。某些无主跟、内包头的产品，为使鞋的前尖和后跟部位定型，往往在帮面肉面的对应部位上喷热熔性树脂。绷帮前，也必须将这些部位上的热熔性树脂回软。

企业多采用对帮面、内包头及夹层中的胶粘剂等进行回软、活化与整平整型的专用蒸汽湿热设备，使用时把主跟、内包头或喷有热熔性树脂的鞋帮套在专用设备上加热到 55~70℃，使其回软，恢复黏性。主跟和内包头装入面里之间后，即可进行绷帮或拉帮定型。需要注意的是，对合成材料的鞋帮只需加热即可，不能加湿。

（二）主跟和内包头的装置

1. 装主跟要求

①刷胶要均匀，防止胶浆堆积，使帮面产生棱凸不平的现象。

②距帮脚 6mm 处不刷胶，以免胶浆在绷帮过程中被挤出而沾污鞋帮，给绷帮操作带来不便。

③如果使用布里或其他纤维织物类的里料，在主跟上与帮里接触的一面刷胶时，只需要少量刷胶，防止过多的胶粘剂在绷楦压力下透过纤维孔而粘楦或污染帮里。如果是皮里则可略多涂抹一些，保证皮帮里与主跟粘实。

④因为皮革粒面层的收缩力大于肉面层，因此在装置主跟时，天然底革类的主跟应将粒面朝向鞋腔方向，防止干燥后鞋帮口随主跟的收缩方向向外咧口，导致鞋口变形；合成材料类的主跟，要将平面朝向鞋腔，片坡茬的一面与鞋帮的肉面黏合。

⑤装置后的主跟上口距后帮上口缝线 2~3mm，不得顶到鞋口边，否则在穿着使用过程中会磨脚后跟；但若装置过低时，鞋口则发软，易变形，穿着时不跟脚。

⑥主跟下端缩进帮脚边缘 6~8mm，绷帮时主跟弯折至内底面需要 4~5mm，如果主跟在内底上的折回量少，其支撑力就小，易出现"坐跟"的缺陷。

⑦对于男鞋产品，装置主跟时要将其对称中心线与后帮的后合缝线（或后帮后部的中轴线）对正重合；而女鞋产品则需要将主跟的对称中心线从后帮后合缝线起向内怀方向移动：平跟鞋移动 4~5mm，高跟鞋 6~7mm，以增加内怀腰窝部位的衬托力。

2. 装内包头要求

①采用天然底革类的内包头时，因为在收缩力方面皮革大于布料，如果装置内包头时是粒面朝向鞋腔的，当其收缩后会将帮里顶起，从而卡磨脚趾背；而若粒面朝外时，由于有面革在外，内包头的收缩只能增加鞋前端的定型性，所以，内包头的装置方向是粒面朝外，肉面朝向鞋腔，与主跟的装置方向正好相反。

②当使用合成材料类的内包头时，需要将平面朝向鞋腔，片坡茬的一面与帮面的肉面黏合。

③内包头的装置一定要正。两角连线要基本垂直于前帮中轴线，不得出现外怀超前、内怀偏后的现象；内包头的底边与帮脚周边距离相等，缩进帮脚边缘 6~8mm。

④对于某些无前帮里的产品，可用氯丁胶将内包头的上口与帮面的对应位置粘牢，黏合的宽度为 10~12mm，其余部位涂抹浆糊等胶粘剂，以提高前尖部位的成型稳定性。另外，内包头的装置方向要求是粒面朝向鞋腔，穿用时粒面与脚接触，光滑形似皮

帮里。

目前，一些休闲鞋也使用自动包头印置机在鞋的前帮面革肉面层上印置上热熔胶作为内包头，使前帮部分具有良好的定型性和较高的弹性。

3. 装置主跟、内包头的其他问题

在装置主跟、内包头前，如果发现帮里大于设计尺寸，应先予以修剪，然后再装主跟、内包头。

如果帮面较硬，或所用的鞋楦头型高大（如劳保鞋楦等），或前帮长度较长且为一整块，绷帮时，面、里、衬的延伸幅度大，易产生皱褶而难以平伏。在装主跟和内包头前，需要先将帮面的肉面一侧刷水，回潮闷软后，再抹涂胶浆，然后装主跟、内包头。也可以使用鞋面蒸湿蒸软机和腰窝后跟部蒸软机进行加热回软。

为了提高成鞋的成型稳定性，可在帮面与帮里之间涂抹天然胶水或天然胶乳，或用软性压敏胶将帮面与帮里黏合，或采用在制帮过程中粘贴薄衬布的方法。

装置主跟、内包头后，存放时间不宜过长，防止主跟、内包头所含的湿分挥发，浆糊干固而导致绷帮时难以平伏，帮面、主跟（内包头）及帮里也难以黏合成一体，造成脱壳起层的缺陷。

企业也可以使用点阵热熔胶粘剂型的鞋里和衬里材料，采用湿热定型技术实施点阵型黏合，是替换涂刷内里胶的新工艺，可以很好地提高真皮鞋面鞋靴的透气性能，配合点阵热熔黏合主跟、内包头的使用，改善皮鞋内腔的湿热舒适性和卫生性能。

对于一些采用干性热熔性内包头或劳保类帮面材料较厚的产品，在鞋帮蒸湿软化之前，可在前帮帮脚 7~9mm 处缝线，针距 3 针/cm，将帮面、帮里布和内包头一起缝合，其目的是固定内包头，防止因绷帮拉伸作用而改变内包头的相对位置。注意缝合后保持鞋帮平伏。

四、后帮预成型

为了便于绷帮成型，一般都使用后帮预成型机对主跟部位进行预成型。后帮预成型机又称为拉帮机，其原理是借助于热和压力的作用，使后帮部位预成型为鞋楦后身的形状。

后帮预成型的作用有两个：一是把后帮、主跟、帮里黏合为一体并初步成型为鞋楦后身的基本形状，经过预成型的后帮，主跟很服帖地夹在后帮和衬里之间，内外表面光滑而无皱褶，挺实而有弹性。二是后帮进行预成型拉帮处理之后，有利于绷前帮的准确定位，可减少绷前帮的调整时间，提高绷帮质量。

后帮预成型的方法也有两种：一是冷成型法，适用于热熔型主跟；二是热成型法，适用于普通型主跟。两种成型方法都是在拉帮机上的成型模具中完成的，所不同的是冷成型是对主跟和后帮先加热再冷却成型，而热成型是主跟与后帮在加热中即可成型。

以冷成型法为例，按照鞋型结构选择适合的冷、热模，使其符合鞋型和工艺要求，启动机器预热 10min；参数设置为：橡胶模温度 75~85℃，热模温度（120±5）℃，冷、热模压合时间 15s；检查主跟是否装置到位（主跟、鞋里距帮脚 6~8mm），然后把帮面后身主跟位放入烘箱内，待主跟烤软后取出进行定型。

热模定型：双手捏住帮面腮位两边，把鞋帮后跟位套在热模上，对齐帮面后缝线与热模中线，调整帮面下口帮脚使其与铝模下口平齐，用双手平行适度用力往下拉紧帮面，使其自然贴伏热模鞋楦上。踩下热模脚踏开关夹住帮面，松开双手，按下启动按钮进行压合；松开脚踏开关，待机器自动复位后，把帮面取下，检查鞋里是否起皱，合格后迅速套冷模定型。

冷模定型：双手捏住帮面腮位两边，把鞋帮后跟位套在冷模上，对齐帮面后缝线与冷模中线，调整帮面下口帮脚超出冷模弯位 10~12mm，两手均匀向下拉帮面，使主跟上口伏于冷模；踩下冷模脚踏开关夹住帮面，松开双手，用橡皮锤敲平后缝，两手同时按下定型启动开关进行压合；松开脚踏开关，待机器自动复位后，将帮面取下。

后帮预成型的技术要点有：后帮在楦模上的高度要正确，特别是同一双鞋后帮高度要一致；拉伸力不可过大或过小，用力大则发生鞋帮变形过多或撕裂鞋帮，用力小则成型效果差；成型后的后帮内外表面不得有褶皱现象；主跟在后帮面、里中要粘得牢固、均匀，整体平顺。

五、装钉内底

在绷帮之前，需要将内底固定在楦底面上，使其与楦底面的形状相吻合。用手工或机械的方法将加工整型后的内底或由内底-勾心-半内底组成的组合内底钉合在楦底面上的操作称为钉内底。

1. 手工装钉内底

手工操作中一般使用 2 颗或 3 颗 16~19mm 的圆钉进行钉内底。

如果加工整型后，内底的尺寸形体和跷度与楦底盘完全相符，只需用 2 颗钉即可将内底钉伏、钉牢，男鞋产品也大多使用 2 颗钉。如果加工整型的质量较差，跷度与楦底盘不相符，则需要用 3 颗钉定位，女式中、高跟鞋多数使用 3 颗钉。

第一颗钉钉在距前尖 30~40mm 的楦底中轴线上，钉入一多半后，将钉帽向前敲，使之弯折在内底上，便于以后拔除；第二颗钉钉在后跟的踵心部位，但钉帽是向后弯折的，使内底在以后的加工操作中不发生移动。如果使用的是组合内底，第二颗钉则刚好是从勾心的固定孔中钉入的。如果内底-勾心-半内底是采用铆钉固定的，第二颗钉则钉在勾心旁，并将钉帽扳倒在勾心上。第三颗钉钉在腰窝部位的前端，使内底在此处与楦底面贴紧。如果勾心前部有铆钉，可在勾心前端的一侧钉腰窝定位钉，然后将钉帽扳倒在勾心上。

2. 机器装钉内底

生产企业多使用钉内底机或空气射钉枪进行钉内底。

钉内底机分脚踏式和触击式两种。使用脚踏式钉内底机时，楦底面朝上，将内底端正地扣伏在楦底面上，左右手手掌分别握住鞋楦的跗背及后跟部位，手指拢住内底边缘，使其不动，然后将射钉孔对准固定钉位，踩下踏板，射出的钉即可将内底固定。触击式则只需要用内底的打钉部位触击射钉口，射钉器即可射出固定钉。钉内底机一般使用 U 形卡钉。

需要注意的是：钉成型内底时，需使成型内底与鞋楦周圈一致。内底不能钉钉的，要用松紧带或批缝纸把内底固定在鞋楦上，有槽位的应该避开槽位。

六、鞋帮湿热处理

为防止绷帮过程中帮面材料产生局部断裂，可在绷帮前对帮面和内包头材料进行软化处理，以增加材料的塑性和延伸率，帮面湿热处理有利于绷帮的拉伸、绷紧和成型。

帮面材料不同，帮面软化的工艺方法也有所差异。对于合成材料帮面可采用加热法；对于天然皮革帮面可采用湿热法，利用高温蒸汽渗透到皮革中使其软化；对于一些厚重的天然皮革材料也可以采用浸湿法。

七、刷绷帮胶及烘干活化

在内底和帮脚上刷胶，绷帮时可以直接将帮脚粘固在内底上。在各种绷帮方法中此法的工艺流程简单，操作方便，但对绷帮操作技术的要求较高，适用于软帮鞋和凉鞋等产品的一次绷帮成型法。

若采用全钉钉绷帮法、前绷后钉法或自动喷胶绷帮机进行绷帮时，则不需要此项操作。

刷胶操作既可以在绷帮前也可在绷帮过程中进行。刷胶后及时进行烘干活化。

刷胶操作要求：在内底周边（或黏合帮脚所对应位置上）及帮脚上刷胶。一般采用氯丁胶或白乳胶，内底上的刷胶宽度为 12 ~ 15mm，帮脚周边上的刷胶宽度为 10 ~ 12mm。刷胶量要均匀，不得堆胶、溢胶或漏胶，不得污染鞋帮和鞋楦。

八、涂抹隔膜剂

在帮里的主跟、内包头部位，以及鞋楦的前尖、后跟和跗背部位涂抹滑石粉作为隔膜剂，防止由于装主跟、内包头时所涂抹的胶粘剂在绷帮压力的作用下透过帮里，将鞋楦和帮里粘住，脱楦时就会撕破帮里；还可以减小帮里与楦面间的摩擦力，便于出楦。

涂滑石粉时，用纱布袋包裹滑石粉，轻轻拍在所需的部位即可。如果帮脚已经刷胶，切忌把滑石粉撒在刷胶部位上，以免影响黏合。由于使用滑石粉作为隔膜剂容易造成鞋腔内的污染，现在一些高档鞋多使用薄塑料膜将楦体包裹起来，或者采用将楦的前尖和后跟部位浸蜡等方法来代替涂滑石粉法。

第三节　手工绷帮法

从绷帮操作的主体来看，绷帮可分为手工法、机械法和手工-机械结合法。

将装好主跟、内包头的鞋帮套在已装置内底的鞋楦上，通过对鞋帮材料的拉伸使其紧附在楦体上，用钉子将帮脚边缘固定于内底边缘，使鞋帮塑造定型并成为与鞋楦一样的形体，再将帮脚与内底黏合固定。如果这个操作过程采用手工方式完成，则为手工绷帮法。

按照绷帮操作的手法，又可以将绷帮法分为一次绷帮成型法、全钉钉定位成型法、前绷后钉法和拉线绷帮法四种。

一、绷帮定位

（一）前帮与后帮定位

定位也称为调正（吊正），是绷帮操作的基础，其目的是确定鞋帮各部位在楦体上的位置，使前帮长短、帮口形状、边口松紧及后帮高低等符合设计和工艺的要求，并达到同双鞋对称、协调一致的目的。

1. 前帮定位

（1）操作方法

①核对帮套与所用鞋楦的尺码、型号。

②套楦，整理主跟、内包头和帮里。

③将鞋楦横向放在大腿上，一只手将鞋帮后合缝与鞋楦后弧中线对正重合，另一只手将鞋帮前端的中心点与鞋楦前端点对正重合。

④握紧帮、楦，使帮套不发生移动，将鞋楦翻转，内底朝上，夹在两腿之间。

⑤右手用绷帮钳夹住鞋帮前端点的帮脚，利用钳锤的杠杆作用，缓缓用力，将前帮拉回，搭上内底边棱上10mm左右。

⑥左手拇指按紧楦棱边，防止被拉伸的部位缩回，右手松开钳口，用钳子衔住钉帽，顺手插在左手拇指边。

⑦左手用拇指和食指捏住钉杆，右手用钳锤将钉子钉入楦体，钉子距楦底边棱约7mm。

⑧按照上述操作方法，在内包头的两角处绷、钉第二和第三颗定位钉。

⑨在跖趾线前30mm左右处，分别绷、钉第四和第五颗定位钉，使前帮口门控制线以前的部位定位。

（2）注意事项

①定位前将鞋帮套在鞋楦上时，帮套可能较紧，这时可以将后帮抬高，使后帮上口超出鞋楦的统口之上，先将头部定位，然后再落楦。

②绷第二和第三钳时，要将帮面、内包头和帮里理顺，同时绷紧，保证内包头贴伏在楦体上，两角被定位钉固定，防止在后期的绷帮操作中内包头发生位移。

③绷第二钳时，用力要适中，为第三钳留下余地，避免鞋帮偏于一侧。

④鞋帮越大，第二和第三钳的用力应越大，使帮套纵向收缩。

⑤在钉完第三或第五颗钉之后，要将鞋楦翻转过来，目测鞋帮各对称部位是否端正，测量前帮长短是否合乎规定尺寸等。如有偏斜而无法调整时，则要拔除定位钉，重新进行调正和定位。

⑥钉定位钉时必须两侧对称地交替进行，不应先钉一侧，后钉另一侧。

⑦定位后的前帮长度可大于规定尺寸2~3mm，为后期绷帮排钉留出余地。

（3）操作说明

①无论是钉定位钉，还是钉绷帮钉，实际操作中有两种手法。

a. 用绷帮钳钳口夹住帮脚→以钳锤为杠杆→压钳把、拉伸鞋帮→用握楦手（左手）

拇指压住楦底棱，使帮脚不发生移动→松开钳口→用钳子夹住圆钉帽→插入拇指旁的帮脚→用绷帮钳钉钉入楦底。

b. 前段操作至"使帮脚不发生移动"相同，不松开钳口→左手取钉，按立在钳口边，同时压住帮脚→松开钳口→用绷帮钳将钉打入楦底。

②前帮的调正定位有五钉法、七钉法和九钉法，要根据产品品种、鞋帮的松紧和鞋号的大小而定。如果鞋号小，只需要5颗钉。

③大号产品在基本定位端正的情况下，需要在第一和第五跖趾部位绷、钉第六和第七颗钉，以初步确定口门的形体。

④对于硬包头鞋或所用的楦体头式高大或有明显棱线的产品，在绷、钉完第六和第七颗钉后，要用钳锤将包头部位捶敲一遍，然后在第一颗钉与第二、三颗钉之间，绷、钉第八和第九颗钉，以增加头部的定型性。

（4）前帮定位出现问题的原因　前帮定位后，后帮合缝线可能出现纵向不直或与楦体中心线不重合，有以下两个原因：

①由于设计或制帮的失误，使帮的内、外怀长度出现偏差。若差值在2mm以内，可用两手抓住帮脚，通过外力的拉伸作用而加以调整；如果差值较大，则需返回制帮工序进行返修。

②由于操作不当，致使后合缝线不正。如：绷拉内、外怀两侧时用力大小不等，使鞋帮向用力大的一侧偏转；钉定位钉时不是两侧对称地交替进行，会出现向先钉的一侧偏转的缺陷。解决办法：将一平板条插入帮面与主跟之间，拨正后合缝线，然后用绷帮钉定位固定；或拆除定位钉，向反方向扭转，重新定位即可。

2. 后帮定位

前帮定位前要将鞋帮套在楦体上，这时要确定后帮口的位置。后帮口的位置要根据不同的鞋楦形体和跟高来确定。

平跟鞋楦一般都使用跷楦定位法，即将后帮口上提，使其高于设计高度5~8mm，小尺码的可达到15mm；帮套较大时则要坐楦定位。

高跟鞋以及半高腰鞋和长筒靴（不论平跟还是高跟），均需要坐楦定位。即将后帮口定位于设计高度，或略高出2~4mm，为后期的绷帮留出加工量。

从图5-6中可以看出：平跟鞋楦的下斜长 AB 大于上斜长 AC，前帮定位后，后帮口的高度高于设计高度；在对后跟部位进行定位和绷帮时，要通过捶敲楦底面或用绷帮钳向下拉扯后帮帮脚，使后帮口下降，达到规定的高度（此项操作称为落楦）。在此过程中，鞋帮得到进一步的拉伸，更平伏地贴伏于楦面，从而提高了绷帮效果。而高跟鞋以及高腰鞋和长筒靴所用的鞋楦是下斜长 AB 小于或等于上斜长 AC，所以要将后帮口定位于设计高度，或略高出2~4mm，为后期的绷帮留出加工量，而不能采用跷楦定位法，否则通过落楦使后帮口下降的操作，不仅未能使帮套得到进一步的拉伸，反而使帮口更加松弛。

（1）操作方法

①目测、调整后帮合缝线，使之与楦体中心线重合。

②用绷帮钳钳口夹住后合缝处的帮脚和帮里，以钳锤为支点支在楦底面上，向下压

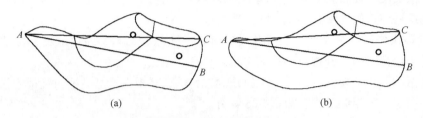

图 5-6　楦体结构与上、下斜长的关系

(a) AB>AC　(b) AB≤AC

钳把，从而使后帮口下降，达到规定的高度。如果楦跷较大且留出的帮脚较短，使绷帮钳无法夹住帮脚时，可将楦底朝上，夹于两腿之间，用榔头捶敲楦底跟部的内底，利用反作用力使后帮口达到设计高度。

③钳回帮脚于楦底面，在后帮后合缝处的帮脚边钉第一颗后帮定位钉。

④用钳锤或榔头捶敲后合缝及主跟部位，使后合缝处平伏无棱，弧线顺畅。

⑤在后合缝线的一侧、距上口 15mm 处钉一颗规帮钉（后帮高定位钉），以固定帮口高度、后缝及主跟的位置。

⑥向前方用力，拉展主跟及后帮里，在跟口线处分别绷、钉第二和第三颗定位钉。

（2）注意事项

①落楦时要防止帮里和主跟产生皱褶不平的现象。要用绷帮钳将两者拉展、抻平。如果帮脚缩到了楦底面之上而钳口不能夹住帮里和主跟时，可先增大落楦的幅度，使后帮口低于设计标准 5~8mm，待用绷帮钳拉展帮里和主跟后，再将后帮口复位。

②落楦后主跟搭在内底棱上的长度要达到 5mm，否则容易产生"坐跟"。

③规帮钉不得钉在缉帮线上，以免钉断缝线。

④同前帮定位一样，钉定位钉时必须两侧对称地交替进行，不应先钉一侧，后钉另一侧。

⑤后帮定位结束后，矮帮鞋后帮口的内怀要高于外怀 1.5~2.0mm；外怀帮口不得正抵在外踝骨的下缘点上，以免穿着行走时磨卡踝骨。

（3）操作说明

①在后帮合缝的一边钉规帮钉的不足之处是在鞋后帮上会留有钉孔，影响产品的外观。因此，某些企业对有冲里工艺的产品，在帮部件的组合工段中，并不将超出帮面的帮里完全冲掉，而是保留鞋口部位的帮里，在确定后帮高度时，将规帮钉分别钉在踝骨部位帮口帮里的余边上，既确定了帮高，又保证了帮口线型。不过，这种方法不能固定主跟，且高腰鞋也不能使用此法。

②空腰式的凉鞋产品一般都先将后帮定位，然后再对前帮进行定位，前帮的鞋鼻插压在后帮带下即可。

（4）后帮定位出现问题的原因　前帮定位后，后帮很正，但在落楦后，出现后帮合缝偏向一侧或不直，原因如下：

①后帮内、外怀面革的延伸性相差较大。为提高出裁率，根据"帮面外怀优于内

怀"的原则，内怀部件可能在抗张强度较小的边腹部或颈肩部等松软部位下裁。虽然后合缝与底面垂直，但偏离了楦后部的中轴线。

解决方法：如后合缝偏离得较小，可用双手将其扭正。如后合缝偏左，可以先用绷帮钳将后合缝处的帮脚向右拉，使之超过楦体中心线1mm，然后双手将帮件扭转，使后缝线与楦体中心线重合或向右超出0.5mm，在后帮上口后合缝的左边（即延伸性小的一侧）钉规帮钉即可。

如果后合缝偏离得较多，则需要将后帮重新跷楦，在延伸性大的一侧塞入撑垫物，延伸性小的一侧刷水湿润，增大其延伸量；然后落楦定位，使后合缝与楦体中心线重合；在后帮上口延伸性小的一侧钉规帮钉，抽出撑垫物，并在该侧面革上刷水，加热熨烫或烘干，使其收缩。到成鞋时，由于有主跟和固型胶粘剂的作用，后合缝就不再因延伸率有差异而变形了。

②设计尺寸不对或缝帮操作有误。如果整批鞋帮都出现这种情况，则要检查设计中内、外怀鞋帮的长短是否得当；帮部件结合的标志点是否错位；或缝制装配中是否按照标志点准确压合等。

③其他。鞋楦不规范，个别鞋楦楦体肉头安排不合理；主跟两侧厚薄不匀等。

（二）前、后帮定位过程中影响拉伸力的相关因素

1. 帮面材料

帮面材料不同，定位及后续的绷帮操作中所用的拉伸力的大小及拉力方向也应随之变化。对于抗张强度低、延伸性小的帮面材料，如果拉伸力过大，会使帮面绷裂；若材料的延伸性大而抗张强度低时，拉伸力过大则易造成帮体变形；有些面革的纤维粗壮、编织紧密，抗张强度高，如果拉伸力太小则难以绷伏，所以要根据材料的不同而施加不同的拉伸力。

实际操作的经验表明，除需要施加适当大小的拉伸力外，要使帮套被绷伏，还必须注意拉伸力的方向。一般的原则是：尽可能地将帮脚皱褶分散，不要使之堆积在一处，这样有利于皱褶的消除，帮面也更容易平伏。

2. 楦型

楦型是影响拉伸力大小及方向的另外一个决定因素。

如楦头圆滑、坡度渐缓的楦型，所施加的拉伸力易被头帮均匀承担，产生的皱褶在楦底边上也易被均匀分散，因而操作比较简便。

若楦头上翘时，欲使跗背部位绷伏，第一钳的拉伸力不能过大，绷帮时则要加大跗背部位两侧的拉伸力，从而绷出马鞍形。

使用尖头楦时，第一钳所施加的拉伸力集中在楦体的尖端，如拉伸力过大，易出现帮面裂浆、裂面或破裂的现象。

使用方头鞋楦时，其定位及绷帮过程中产生的皱褶集中在方棱的两角，这时要注意拉伸力的方向，尽量使皱褶分散在方棱的三条边上，而避免集中在两角处。

3. 帮面结构

需要根据前帮是整块的还是经过分割的，是长前脸还是短前脸，是纵向分割的还是横向分割的，是条带编织的还是刻洞修饰的等不同情况，确定拉伸力的大小及方向。

与整块帮面相比，经过分割、镶接后的帮面其形体已基本接近楦面形体，镶接及缝合操作又使力的传递受到了一定程度的阻碍，施加的外力往往集中在外力作用点附近的那块帮料上，因此，定位及绷帮时所需施加的拉伸力应适当减小。

对于长前脸整帮结构的产品，无论是手工方法还是机器方法，定位及绷帮操作的难度都较大。外力过大则易损坏帮面，外力过小又不能绷伏。现今企业都使用压凹机，先将前帮压出跗背部位的下凹形状，然后再定位、绷帮。

短脸浅口鞋在定位、绷帮时，所施加的拉伸力不宜过大，防止造成鞋口变形或出楦后回缩的缺陷。

盖围结构的产品在进行定位、绷帮时，用力过小或过大都会使前帮盖变形以及前帮围的边线不到位或偏下。因此，必须严格按照设计的盖围形状和尺寸，适当调整各部位的外力大小及方向。

帮面采用编织材料和刻洞修饰时，在外力的作用下，网眼及孔洞易变形，所以在定位及绷帮时，拉伸力的大小要适度，否则会使产品报废。

综上所述，定位加工是绷楦加工过程的基础和重要环节。它关系到下道工序的速度和质量，也将影响产品的造型质量和成鞋的成型稳定性。定位方法既有一定的规律性，又需结合鞋楦、帮面材料、鞋帮结构等因素，灵活地调整拉伸力的大小及方向。

二、绷帮成型

（一）一次绷帮成型法

手工绷帮时，可以采用全钉钉绷帮成型法，也可以采用一次绷帮成型法。前者绷帮过程精细严谨，工序较多，总体绷帮质量高，对于技术人员来说，系统地掌握绷帮过程中鞋靴款式结构、鞋帮材料、楦型以及绷帮过程中施力大小与方向与绷帮质量的关系有重要意义。后者工序简便，但对绷帮操作人员的技能要求较高，需要在编制工艺流程时预先处理好帮脚绷帮余量、主跟及内包头边角余量，便于一次绷帮成型。

一次绷帮成型法是在绷帮的同时将帮脚和内底边缘黏合，因此需要预先在内底和帮脚上刷胶，绷帮时可以直接将鞋帮黏合在内底上。这种方法适用于品种多、批量小的产品，以及软帮鞋和凉鞋等。

1. 工艺流程及操作

①一次绷帮成型法的工艺流程：领料与配帮→（拴带）→主跟、内包头的回软、装置→后帮预成型→装钉内底→鞋帮湿热处理→刷绷帮胶及烘干活化→涂抹隔膜剂→套楦→调正→绷前帮→绷后跟→绷腰窝→捶敲定型。

②操作：按照一般的绷帮顺序及手法，从前尖部位开始，接着绷后跟部位，最后绷腰窝部位；每钳拉一次帮脚，就在需要钉钉的部位将帮脚按、粘在内底的反面，然后用钳锤砸实，使帮脚与内底黏合牢固；全部帮脚绷粘完毕后，用榔头将内底边上的帮脚茬砸平。

2. 说明

①一次绷帮成型法的加工速度快，效率高，但要求帮套的跷度准确，帮体长短合

适，帮面柔韧而不僵硬；帮脚规整，主跟、内包头和帮里的下口底边修剪适宜。

②绷、粘时，定位要准确，帮脚的皱褶要分散均匀。如果第一次黏合定位不准，揭起后重新绷粘第二次，黏合力就很低；若超过两次，帮脚则很难粘牢。反复绷粘还会影响成鞋的定型性。

③为避免皱褶分散不匀而出现大褶，造成底茬不平，可事先在前尖部位打 3 个三角形剪口，剪口顶角距楦底边须在 3mm 以上。

④采用一次绷帮成型工艺时，可在前帮钉 3 颗钉，后帮钉 3~5 颗钉，进行辅助定位。钉钉时，不使帮脚与内底黏合，待定位准确后，再绷粘帮脚。

⑤为避免黏合力不足而影响帮套的成型和定型，也可以用钉钉的方法进行辅助定型。

⑥在帮脚及内底反面的边缘上刷胶后，进入烘干通道进行烘干活化。通道内的温度一般为 50~60℃，调节传送带的运转速度控制烘干活化时间在 2~3min。

⑦一次绷帮成型工艺适用于无主跟、内包头的产品（特别是凉鞋）和软质主跟、内包头产品，或后跟用钉钉法结合的产品。

⑧一次绷帮成型工艺既可用手工的方法，也可以用机器进行绷帮。使用机器绷帮时，既可以在帮脚及内底反面的边缘上预先涂胶，也可以使用自动喷胶绷帮机。

（二）全钉钉绷帮成型法

全钉钉绷帮成型法是手工绷帮法的一种。它是利用绷帮钳对帮料的拉伸、扭褶及捶击的强力作用，使帮料产生延伸和收缩，消除皱褶，并紧伏于楦面，然后用钉子将帮脚固定在内底边缘上从而使帮套定型的一种方法。掌握这种绷帮方法，对于初学者更深刻地理解绷帮成型的内涵和技法有重要意义。

前后帮定位、砸型后，如目测无误，就要进行精绷，使整个帮套紧伏楦体，帮脚紧贴楦棱和内底，消除内底边 5mm 以内的帮脚皱褶，达到底茬平，帮面平伏、平整、无棱，同双对称一致。

1. 操作

可以先绷前尖部位，也可以先绷后跟。前尖是皱褶最多的部位，消除皱褶需要较长的时间；前尖也是产品的主要部位，帮面形体是否平伏、美观将直接影响产品的销售，所以也是绷帮成型的重点。后跟部位的主跟较厚，回潮返软后如不能及时定型，待湿分挥发，主跟变硬后，则难以再绷伏。

①绷前帮时，以前尖的第一颗定位钉为中心，用钳口夹住两钉之间的帮脚，向中心点方向拉伸，按照钉定位钉的方法，将拉回的帮脚钉住。

②重复上述操作，在前帮的定位钉之间加钉绷帮钉。

③如此时仍未达到帮面平伏、底茬平的效果，可在两钉之间继续加钉绷帮钉。由于钉距渐密，钳口夹帮及钉钉都比较困难，因此，拉伸帮脚时需要旋转钳把，使帮脚扭转，另外，在将帮脚拉回后，可用钳把将皱起的帮脚压出一个凹槽，以便于钉钉。

④后跟部位的绷法与前尖部位的相近，注意要拉展鞋里和主跟。

⑤绷腰窝部位的前端时，拉伸方向朝向前掌心；而绷腰窝部位的后端时，拉伸方向则朝向脚心，使主跟及后帮上口伏楦。

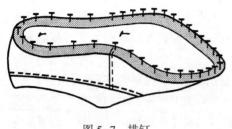

图 5-7　排钉

由于绷帮操作是通过绷帮钉压住帮脚、绷伏帮面的，与定位后明显的区别是绷帮后在底茬上出现了排列整齐的钉子，如图 5-7 所示，所以这种绷帮操作又称为排钉。

2. 注意事项

①每绷拉一次鞋帮钉一颗绷帮钉后，要用钳锤捶敲一次帮脚边棱，一方面有助于绷帮定型，另一方面可使子口清晰。

②钳帮用力要稳、缓、均匀，否则帮面的松紧程度会不一致。

③绷帮及钉绷帮钉的操作要两侧对称地交错进行，避免出现帮套扭转、歪斜现象。

④钉钉要直，距边均匀，剩余的钉杆高度基本一致，以便于拔钉操作。

⑤前尖与后跟部位绷帮钉的钉距为 4～5mm，向腰窝过渡时逐渐变稀疏，可达 10mm。腰窝至跟部的钉距要根据帮脚伏楦的情况，可加大至 12～15mm。

⑥在 1、3 和 5 号钉之间分别钳拉帮脚，并加钉 4、6 号绷帮钉后，4、6 号钉处的帮面必然紧于 1、3、5 号钉处的帮面，拔掉原来的钉，将帮拉紧到同等程度，重新钉钉，则可以使 1～5 号钉之间的帮面平伏。对整个定位后的帮脚进行上述操作，就会使鞋帮普遍地再被二次绷紧。这种方法省力、绷帮力均匀、绷楦效果好。由于它是钉一颗钉拆一颗钉地逐渐向前捣绷，所以称此绷帮法为捣钉。在排钉过程中使用捣钉法，可以绷伏难以平伏的帮面和帮脚。

同定位操作一样，绷帮力的大小、方向和受力点的选择具有很强的技术性，它不仅关系到帮套的成型和定型，而且对产品的穿用寿命有极大的影响。

⑦为使主跟、内包头紧伏楦体，符合鞋楦形状，必须在定位及绷帮过程中用榔头或钳锤砸型，否则帮面难以平伏并定型。

砸型注意事项：对于较厚、较硬的帮面材料，可先用湿布在帮面上涂水，然后再滑动溜砸；砸包头部位时，要向前和向两侧溜砸，方头和有棱埂的楦型，要沿楦头棱面平砸和侧砸；砸主跟部位时，要向下、向前溜砸；鞋帮上口和腰窝处，要砸出鞋楦曲线形。注意锤面接触帮面的角度，防止锤棱砸伤帮面。

（三）前绷后钉成型法

全钉钉绷帮成型法经过调正、绷帮和干燥定型后，需要将部分绷帮钉拔除，修剪多余的主跟、内包头和帮里后，再将帮脚与内底黏合。这种方法的操作较为复杂，加工周期也较长，前绷后钉成型法则较为简单。

1. 工艺流程

套楦→调正→绷前帮→绷腰窝→钉后跟部位→捶敲定型。

2. 操作

①定位，绷前尖、腰窝部位，排钉。

②后帮砸型，使主跟基本伏楦。

③钳拉展后跟帮里，距内底边棱 3～4mm 处保留帮里和主跟，多余的用割皮刀

割去。

④绷伏后跟部位的帮脚，在帮脚皱褶上钉8mm长的鞋钉，使内底、主跟和帮脚紧紧地钉合在一起。

所用鞋钉的数目及钉距要以能将后跟底茬钉平为标准。透过内底的钉尖待出楦后再进行盘平。在大规模生产过程中，前绷后钉法所用的鞋楦在后跟处都有一块中空铁板，如图5-8所示，使钉入的秋皮钉钉尖自动折倒。钉合后跟部位后的底盘如图5-9所示。

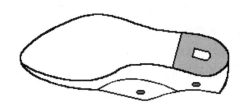

图5-8 鞋楦后跟部位的中空铁板

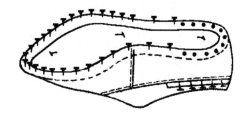

图5-9 前绷后钉法

后跟部位的钉合既可以采用手工方法，也可以使用绷后跟机。

钉钉结合法一般不能用于绝缘鞋类产品的生产。

（四）拉线绷帮法

拉线绷帮法也称为拉绳收拢法，是用缝纫机在帮脚的边缘上缝三角形跨针（如同锁边一样），将锦纶绳锁缝在中间，绷帮时拉紧绳线的两端，将绳头打结固定。

使用拉线绷帮法时帮面材料必须柔软，可塑性好；使用软性主跟、内包头或不使用主跟、内包头；为增强前尖和后跟部位的定型性，也可用热熔性树脂喷制主跟和内包头。

软质主跟、内包头可用天然胶粘贴在帮面与帮里之间，主跟和内包头的底边缘只达到楦棱而不弯折。

使用主跟、内包头喷涂机，将热熔树脂喷涂在鞋帮的相应位置上；在套楦之前加温软化，然后再套楦、定型。这种方法非常适用于合成革的鞋帮。

帮脚边锁入的锦纶绳必须能经受200N以上的拉力，否则难以完成帮脚的收拢及成型。

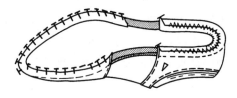

图5-10 后帮拉线绷帮法

拉线绷帮的操作既可以用手工方法，也可以用拉线绷帮机进行。拉线绷帮如图5-10所示。

（五）凉鞋的定位及绷帮

凉鞋产品多采用条带式造型，其内底部件的加工整型方法与满帮鞋有所不同，因而在绷帮方法上也有所差异。

1. 绷帮前的准备工作

（1）内底的固定　凉鞋产品的内底在底部件的加工整型工段中已进行了包边或统包内底的处理，绷帮前需将其固定在鞋楦底面上，固定内底的方法分钉合与黏合两种。

钉合法适用于包边内底的固定，与满帮鞋的一样，分别在距前尖 30～40mm 的楦底中轴线上、后跟的踵心部位以及腰窝部位的前端钉 3 颗钉，使内底与楦底的边缘对齐，左右脚一致。

黏合法适用于统包内底的固定，若采用常规的钉合法固定时，会在统包内底皮上留下钉眼，影响产品外观。所以，一般都先将内底对正复合在楦底面上，然后用胶布或胶带纸粘贴固定，如图 5-11 所示。

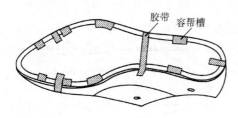

图 5-11　统包内底的固定

（2）帮脚的处理　由于凉鞋的帮条一般都比较窄，如采用胶粘法固定帮脚时，条带的帮脚与内底的黏合必须十分牢固，以免在穿用过程中开胶。为确保黏合质量，需要对帮脚进行预处理。

①在帮脚的里面，距帮脚边 10～12mm 处画出砂磨、黏合标志线。

②按照标志线砂磨帮脚部位（帮面的肉面及帮里的正面）。羊鞋里革粒面层娇嫩，使用 2# 砂布，猪、牛鞋里革使用 3# 砂布。要求砂磨均匀，无漏砂和砂坏现象，绒毛浓密、长短一致。

③对于细条带凉鞋的帮脚一般不采用机械起毛，以免降低条带的强度。可采用化学处理的方法，在帮脚处涂刷处理剂来提高条带的黏合力。

（3）帮脚和内底反面边缘的刷胶　如果采用一次绷帮成型工艺时，帮脚和内底反面的边缘要进行刷胶。

2. 帮脚掩盖内底边类凉鞋的定位及绷帮

根据内底加工整型方法的不同，凉鞋的定位、绷帮有两种情况：一种是同满帮鞋一样，用帮条掩盖内底的边沿；另一种是将帮条插入内底上已经刻铣好的帮槽中。这两类凉鞋既可以采用钉钉法，也可以采用一次绷帮成型法。

条带式的凉鞋，特别是细条带式，在拉伸帮条时，用力不宜过大，否则帮条会过度伸长，在脱楦后，帮条的收缩又会使成鞋变形。

绷拉鞋头部位条带时，应根据条带之间有无交叉进行对应的处理。

如条带之间无交叉，拉帮时从楦背窝最低点的条带开始，先拉右侧再拉左侧，然后从鞋头第一根条带往后跟方向，按顺序完成后续条带；参照样品鞋先理顺帮面条带前后分布顺序，捋直帮脚丝带，将条带帮脚按画线位拉入对应槽位内并敲牢敲平。

如条带之间交叉，拉帮时从最下层条带开始，先拉右侧再拉左侧，从下往上按顺序完成后续条带；参照样品鞋先理顺帮面条带上下分布顺序，捋直帮脚丝带，将条带帮脚按画线位拉入对应槽位内并敲牢敲平。

绷拉凉鞋后帮部位时，如后帮为条带类型，则将后帮对准鞋楦后跟高度记号点固定后，将条带两侧帮脚按画线位分别拉入槽位内并敲牢敲平；如后帮为后包类型，则应确保后缝线正直、后跟高度符合工艺要求，在后缝线上口第二或第三针眼位钉上一颗小圆钉固定，然后将后缝对准中底中轴线，将后跟位帮脚拉正并粘紧在中底上，再将两侧帮脚按画线位拉入槽位内并敲牢敲平。

如果是满头、满跟、空腰式的结构，与满帮鞋一样，前尖及后跟部位的帮脚、主跟和内包头的下口要先进行处理，然后再一次绷帮成型。

如内底只进行了包边而未统包，绷帮时可以采用钉钉法。

3. 插帮条类凉鞋的定位及绷帮

如果凉鞋帮条的条带较宽，或处在弧度较大部位时，需要将帮脚先绷平，皱褶分散均匀，然后再黏合。

内底边沿外露的宽窄不等，帮的结构不同，绷粘的方法也有所区别。一般有单向绷粘、双向绷粘和多向绷粘三种。

如图 5-12 所示，单向绷粘是帮面和帮里向同一方向绷粘，帮里小于帮面。双向绷粘则是帮面与帮里分开，分别向内底中心和内底边缘两个方向黏合，这种黏合法需要内底外露的边沿较宽。

如图 5-13 所示，多向黏合多用于特殊结构，如 Y 形分趾凉鞋，其第一脚趾与第二脚趾间的帮脚常为圆柱形或扁圆柱形，单方向黏合时牢度较差，因此，将其分开向各个方向黏合。

图 5-12　单向、双向黏合　　　　　　　　图 5-13　多向黏合

（六）绷帮成型的整理及质量要求

绷完帮的半成品，在帮料湿分挥发完之前，主跟、内包头尚未硬挺之际，要用榔头溜楦，将头型砸实，后跟弧形圆滑，帮套紧伏鞋楦，鞋口向内收回。拔掉规帮钉，将后缝捶溜圆滑。

整型时，捶溜的方向与绷帮时的相反，由楦底棱向楦台方向捶溜。整型后，楦底棱清晰、鲜明，同双的部位、部件、规格等对称一致，帮面无捶痕。

鞋企可使用捶打机（按摩机）对帮面进行整型加工，其主要工作机构类似于滚轮轴承，在滚轮的辊压作用下达到帮面整型的目的。借助于蒸汽热风除皱机可以消除帮面的皱褶。其原理是在湿热作用下，皱褶部位的皮革收缩而紧伏于楦面上，从而达到消除皱褶的目的。

绷帮成型后必须达到的质量标准是：正伏平实，规范无伤。

①正：以鞋楦的前后端点为中轴线，帮套上的各个部件左右对称，协调一致。

②伏：帮套紧紧贴伏于楦面，特别是跗背、腰窝及鞋帮口等部位无空浮现象。

③平：帮面平整无棱，帮脚底茬平伏，子口线清晰、圆滑流畅。

④实：面、里与主跟、内包头粘实，无空松现象；主跟、内包头紧伏于楦体；帮里松紧适度，无积存、皱缩现象。

⑤规范：同双鞋对应部件的长短、高矮、大小、线形等都对称一致，符合设计、工艺标准；主跟、内包头的装置位置规范。

⑥无伤：无刀、剪、钉子等造成的割伤、划伤，无榔头的砸伤和放置不当而产生的磨伤以及绷楦方法不当而造成的帮面绷裂、帮脚绷断出豁口；无潜在性的加工缺陷如粘楦等。

第四节　排（套）楦成型法

手工绷帮具有生产周期长、劳动强度大的缺点，因而早期在生产软底鞋和软底拖鞋时，人们用缝纫机先将帮脚和内底边缘缝合在一起，组成"鞋套"，然后将鞋楦塞入鞋套中，从鞋的内腔增压，通过挤、压、冲、顶来塑造出鞋的外形和内腔，这种方法称为排楦法，也称套楦法。

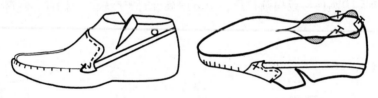

图 5-14　排楦绷帮法

随着模压、硫化工艺的出现，排（套）楦法开始应用于皮鞋的生产。这种方法具有生产周期短、操作方便的优点，但由于未经过绷帮，帮面没有得到充分的拉伸，因此易出现帮面不挺，主跟和内包头硬度不足，成鞋易变形等问题。

排（套）楦成型法适用于帮面材料柔软的轻便产品，如室内鞋、沙滩鞋、婴幼儿鞋、纤维织物帮面鞋、拖鞋、面革内底鞋、软帮鞋，部分模压鞋、压条鞋、翻条鞋、凉鞋、翻绱鞋、运动鞋等。

排楦成型用的楦体和楦件称为楦排，如图 5-15 所示，常用的楦排有整楦、两截楦、铰链弹簧楦、加楔楦和靴腰排。

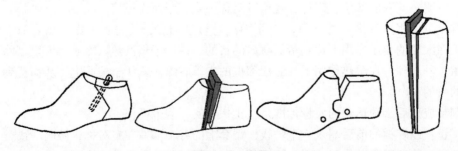

图 5-15　楦排

凉鞋类产品可以使用整楦排。操作时可直接将楦闯入鞋套中，以楦底的前后端点与内底的前后端点对正，即楦底中轴线与内底中轴线重合。楦前端点与内底前端点的距离，楦后端点与内底后端点的距离，要符合设计要求，且同双鞋必须保持一致。一般鞋楦后端点距内底后端点不小于5mm（特制的凉鞋楦例外）。否则穿用时脚跟将露于内底之外。

满帮鞋可以使用整楦排。操作时左手拉握底部，右手推压鞋楦，将楦前尖闯入鞋套内，用鞋拔子将鞋套后帮提拉到楦后身部位，用榔头捶溜砸型即可。

满帮鞋使用两截楦排时的操作比整楦排更为方便。具体为将前楦闯入鞋套内，将鞋拔子插入后帮内，把后楦压入前楦和鞋拔子之间；用钝口胡桃钳或双手校正内底及帮套的位置，使帮脚距楦底边一致；用榔头捶溜砸型。有的鞋帮弹性较好，也可不用鞋拔子，只需把后楦的后弧线抵住后帮里，强力挤压即可闯入鞋套腔内。

铰链弹簧楦的排法与整楦相同，但操作更为简便。

靴腰排专用于长筒靴产品。为了使靴筒（腰）光滑平整，塑造出一定的形体，需要用靴腰排从靴筒内挤张。根据人腿的结构特点，前部腿骨支撑较直，而后部腿肚肌肉圆凸，所以靴腰排分前排与后排，排楦时不能错位。

靴腰排也称为马靴排。因为硬筒马靴的靴筒必须用靴排去绷撑才能硬性定型。软筒靴也可用靴腰排撑挤、熨烫整型。靴腰排的排楦方法同加楔楦，先将前后靴腰排插入靴筒的前后部，再压入楔片。注意前后排的方向和位置要准确、端正。

一、排楦方法

排楦方法通常有两种，即湿排法和干排法。

1. 湿排法

将帮与内底的缝合处及鞋帮的前后两端刷水润湿，以降低硬度和弹性，增加可塑性，然后进行排楦，成型后进行干燥定型。

2. 干排法

将缝合完的帮套直接进行排楦，在排楦塑型的过程中，通过榔头的捶溜，使帮套伏楦，符合楦体的凸凹曲线，帮与内底结合的子口顺畅，翻条皮或包底皮平整，线形优美。

如果鞋帮或翻条使用人工革，则采用干排法，排楦后加温定型。随着温度的升高，帮料变软即可伏楦。如果个别部位形体不规整，可趁热用榔头捶溜。

如果先将帮套加温到35℃左右再排楦，然后进烘箱进行加温定型，效果则更好。加温的温度应根据材料的性能而定。

二、结合成型法

结合成型法是使用两种成型方法，结合鞋帮结构和工艺的特点，取各成型法之长，以提高成型速度和效果。在生产中使用的结合成型法有前拉后钉法（图5-16）、前绷后拉法、前绷后钉法（图5-17）、排楦绷帮法和排楦黏合法等。

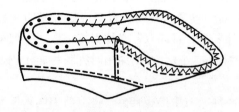

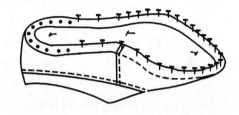

图 5-16　前拉后钉法　　　　　　　图 5-17　套楦工艺中的前绷后钉法

当使用厚的内底和软质主跟时，可采用钉钉法和拉绳相结合的方法。

包底皱头式产品，前掌部位以面革为内底，鞋套的前部采用排楦成型法；而腰窝及后跟部位使用半内底，采用绷帮成型法。这种产品穿着极为舒适，属于高档产品。

除上述结合成型工艺外，有些产品为了总装工艺加工的需要，在成型之后，再次重复进行成型操作。如注压鞋和模压鞋在绷楦成型之后需要出楦，涂刷胶粘剂之后，再次闯楦成型，以完成注压或模压总装工艺。

第五节　机器绷帮法

传统的手工绷帮成型法具有工效低、产品质量依赖于个人经验等不足，现在多用于样品鞋制作、个性化定制鞋等。当今消费需求的转变使得时尚化、个性化的小批量多款式的生产模式已逐步形成，加之制鞋机械的自动化、智能化程度越来越高，企业规模生产中都采用专用绷帮机械进行绷帮成型。

机器绷帮即使用专用绷帮机械，仿照手工绷帮的操作过程和技法，完成绷帮成型工序。具有拉伸力大，作用力均匀，工效高，质量稳定，劳动强度低等优点。

一、绷帮机分类及特点

1. 分类

绷帮机又称为绷楦机、钳帮机，具有很多种类。从传动方式上看，有机械传动、液压传动、气压传动等；从结合的形式上看，有胶粘、钉钉、拉绳、钢丝固定等；从绷帮部位上看，有绷前帮机、绷中帮机、绷后帮机、绷中后帮机、联合绷帮机等。

2. 特点

绷帮机是使用机械手模仿手工绷帮的操作，配以压着束紧器和扫刀的辅助作用而完成绷帮成型的。绷帮机上用于钳拉帮脚的钳子有 5 爪、7 爪或 9 爪等多种配置和型号，钳口的宽度为手工绷帮钳的 4~6 倍，钳子越多，钳口排列越紧密，绷帮过程中的拉伸力分布越均匀。

二、绷前帮机

绝大多数机器绷帮都采用胶粘法将帮脚固定在内底上。胶粘剂可以在绷帮前预涂，也可以在绷帮过程中自动喷胶。

自动喷胶绷前帮机采用条状或粒状的固体热熔胶，胶受热熔融后，通过输胶管，从喷胶嘴内喷到帮脚与内底边缘上。扫刀撸平的时间可通过时间继电器加以控制，按热熔胶的固化时间和熨平定型效果自动开离。自动喷胶绷前帮机都以液压传动为主，部分部件的联动以机械传动和气压传动为辅。

绷前帮机的操作步骤如下：

①根据楦型选择相吻合的第一爪、扫刀、束紧器，先安装第一爪、扫刀，再装束紧器。启动机器，打开油压开关进行预热，并按照工作说明书设置压合时间参数。

②拿起鞋楦，放进撑台摆正，旋转爪子旁边对应的螺丝调整爪子与楦的间距，使其与楦型相符。根据鞋楦跷度向右拉后座支架插销，调整支架高度并固定，再转动旋转轮调整斜度，使后座中线对齐鞋子后缝位。接着调整压头旋钮，使压头下压时对准脚背最低点；根据皮面材料、楦型，先调节外撑台高低，再调节内撑台高低。

③拿起帮面，检查包头是否蒸软；两手抓住帮面两侧腮位同时托住鞋楦，鞋头朝前，以帮脚画线位为基准，将鞋头帮脚放入第一爪，对准中心点，踩动脚踏开关，一爪抓住帮面后此时不能松开脚踏开关；顺势将鞋头两侧帮脚放入第二爪，将楦往前送（尖头不能送）同时双手把帮面轻微向后带，松开脚踏开关夹住帮面。

④双手拇指和食指捏着腮位两侧帮脚同时向下拉，顺势将帮脚放入第三、四爪，同时手掌夹住鞋楦腰位两侧往下按，使中底与撑台吻合，踩下脚踏开关夹好帮面。

⑤松开脚踏开关，待撑台上升后，目测口门长短、歪正、伏楦及后缝正直情况，调整射线十字标与鞋楦脚背中轴线吻合。同时按下扫刀开关，然后用左手扶住楦统口。

⑥待机器自动复位后，取出半成品鞋子翻转，检查帮脚的平整度，并根据帮脚松紧度调整内、外撑台的高低，调好后再进行批量作业。

此外，绷前帮机还有人工涂胶绷前帮机、缝沿条机绷前帮机等不同形式机型。

三、绷后帮机

在绷后帮前，需要调整后帮高度，将其定位，但方法不同于手工定位法。

在后帮合缝及帮脚处都不需要钉定位钉，而只需要将帮的高度拉到标准部位即可。对于短脸矮帮鞋，如后帮上口留有定位鞋里革时，可在革块上钉规帮钉，但必须将钉帽盘倒，以免硌伤绷跟机的压着束紧器。

绷后帮机的操作步骤如下：

①根据楦型选择合适的束紧器（分男、女鞋专用束紧器）；启动机器，打开油压开关进行预热，并按照工作说明书设置温度、压合时间、压力等参数。

②拿起鞋子，检查后缝是否正直，主跟位是否烤软；把楦统口孔位放入后跟支架上方楦桩固定，调节撑台进出螺丝，然后拧动脚背撑台齿轮，调整高低，使楦统口面与支架上口面平齐，拧紧固定螺丝。根据楦型，目测束紧器大小，双手拧动旋钮，调至合适位置。用手扶稳楦头部，踩下送入踏板，鞋子后跟位送入束紧器内，目测后跟支口与束紧器的上口是否平齐，不平齐时，踩下退出踏板，调整平台高低螺丝直至平齐。

③踩下送入踏板，用拉帮钳将后帮的褶皱部位向两边分开，再踩下送入踏板扫平帮脚，待机器自动复位后，取出鞋子。

四、绷中帮机

目前，生产企业使用的绷中帮机有三种类型。

1. 滚轮式绷腰机

滚轮式绷腰机实际上是预涂胶绷中帮机。

在绷帮前先手工刷胶，烘干活化后，将帮脚插入两个梯形轮中间。由于两轮的螺纹和转动方向相反，因而可将帮脚提起，并钳拉绷伏于楦体。经过滚杠的滚动擀压作用，帮脚平伏地粘合在内底上。由于滚杠是锥台螺旋纹，所以可以使帮脚向底心方向推紧擀伏，并擀压粘牢。

2. 喷胶挤腰机

腰窝部位基本上都是曲面，因此，绷中帮机的扫刀不可能用整块平板，而要用组合式的弹力夹压板，其形状如鱼刺形（或称手指形），从两侧向内弹性推挤，同时由喷胶嘴自动喷胶，使帮脚与内底黏合。其顶杆的下降、扫刀的复位都是由定时器自动控制的。

3. 钉中帮机

与喷胶挤腰机一样，利用鱼刺形组合扫刀将中帮帮脚挤倒，压平之后，用卡钉将帮脚与内底钉合。卡钉取自整盘的细钢丝，在钉钉时，被截下一段，压成反 U 形后，钉入帮脚与内底之中。

五、熨烫挤型及烘干定型

1. 熨烫挤型

绷帮后，底茬往往不能全部达到平伏的要求，特别是使用三台设备分别进行前、后、中的绷帮操作时，前、中、后部的交界处会出现棱界，不完全平坦圆滑。因此，需采用熨烫挤型机对帮脚底茬进行挤压熨烫。

熨烫挤型机的主要工作部件是前后两个加温的楔形铁。通过对鞋帮底茬帮脚的挤压熨烫，促使皱褶熨开，促使其平伏。熨烫挤型机的压力为 0.3~0.4MPa，熨烫温度为 90~110℃，时间为 15~25s。

2. 烘干定型

干燥定型的目的是为了排除帮套所含的湿分，强化帮套的定型效果，便于后期的加工操作，防止在贮藏时会出现霉变。

机器绷帮多为流水线操作，具有生产周期短、鞋楦周转快的特点。一双鞋楦在一天中要生产几双鞋。也就是说从钉内底到出楦只用几小时。因此，干燥定型的形式不能采用自然风干，而只能用烘箱或烘干通道等设备进行快速加温干燥。在烘干定型过程中，应充分注意烘箱温度的高低、相对湿度的大小和空气的流速等影响水分蒸发的重要因素，控制干燥后材料的含水量在 12%~20%。

六、机械绷楦的注意事项

与手工操作相比，机械绷帮时的钳拉力大，各钳的绷力均匀，所以在进行帮的结构设计、曲跷处理和绷帮余量的确定时，要充分考虑其技术参数。

机器绷帮的"智能性"差，不能像手工操作那样，可随操作者的意向调整绷法和绷力的大小。所以部件必须标准化，材料必须规格化。如内底、内包头、主跟、面革、鞋楦等都要规格一致；楦台上的后身定位孔、楦底上的内底定位柱以及后跟的盘钉铁板等，都必须准确无误。

压着束紧器、扫刀的形体直接影响着机器绷帮的质量高低。工程技术人员必须在新楦型鞋投产之前，按照楦型和鞋部件规格，制作相应的压着束紧器（模具）和扫刀。

绷帮操作者必须熟悉设备的性能，掌握操作技能，根据具体情况，随时调试设备（如底托的上升高度、各钳的位置、胶的温度等），使各机件能够协同动作。

思　考　题

1. 绷帮成型的四个要素是什么？分别叙述每一要素对绷帮成型及定型的作用。

2. 帮面材料、鞋靴款式以及楦形与绷帮力大小之间有何关系？

3. 胶粘组合工艺流程的主要内容有哪些？

4. 拴带过松或过紧有何不良后果？

5. 装置主跟时，距上口缝线及帮脚边缘各为多少？如控制不当会产生哪些问题？

6. 装置内包头后如果外怀超前，里怀偏后，在穿用过程中会出现什么问题？

7. 天然底革类的主跟和内包头在装置方向上有何要求？

8. 前帮定位后，后帮不正的原因是什么？

9. 楦型不同时，后帮定位采用的方法有何不同？

10. 砸形及绷帮操作中需要注意哪些问题？

11. 绷帮定型的质量标准是什么，有何具体含义？

12. 干燥定型的目的是什么？如不进行干燥定型会产生哪些后果？影响干燥定型的因素有哪些？

13. 一次绷帮成型法适用于哪些产品？对设计、制帮及绷帮前的准备工作有何要求？

14. 固定凉鞋的内底及定位绷帮时要注意什么问题？

第六章　胶粘组合工艺

帮部件经过裁断、加工整型和装配等工序后，帮套已初步具备了成品鞋的雏形，通过绷帮成型操作，帮套得到了进一步的定型。接下来就可以采用不同的方法将其与经过加工整型和装配的底部件进行结合，完成帮底的装配加工。

使用胶粘剂将帮脚、内底与外底结合在一起的加工工艺称为胶粘组合工艺。

胶粘法在我国古代的靴鞋生产中就曾用过，只是所用的胶为动物的皮、骨、蹄角和筋腱等熬制而成的天然胶粘剂，黏合强度不高，黏合的部位也有局限性。现代皮鞋生产过程中广泛采用的胶粘工艺是在 20 世纪 50 年代初兴起的，所用的胶粘剂、固化剂和处理剂主要是化学合成材料，黏合强度也大大提高。近年来，随着环境保护问题的提出，越来越多的企业开始使用更为环保的水性胶粘剂。

胶粘组合工艺的特点是：工艺流程简单，操作简便，劳动强度低，生产周期短，机械化、自动化程度和加工效率高，生产成本相对较低，款式品种易于变化，适应标准化、装配化和规模化生产，是目前世界制鞋工业中应用最为广泛的组合工艺。

第一节　前期准备及帮脚处理

通过绷帮成型操作，帮套得到了基本定型。在绷帮定型后、帮底结合前，还需要根据不同绷帮成型方式对帮脚进行处理，对整鞋进行定型与整型处理。

一、黏合帮脚

采用全钉钉绷帮法或前绷后钉法时，在定型后还需要进行拔绷帮钉、钉规帮钉、修剪里子余茬、黏合帮脚等操作，机器绷帮或一次绷帮成型法则不需要这项操作。

（一）钉钉与拔钉

全钉钉绷帮法是使用绷帮钉将帮脚固定在内底反面的边缘上的，在黏合外底之前，必须将绷帮钉拔去。但此时帮脚与内底仍然未牢固结合，在皮革固有的弹性的作用下，拔钉后，帮脚仍然会回缩，帮位发生变化，从而影响成品鞋的尺寸和形体。因此，在拔钉之前，需要用少量的规帮钉将帮套固定，但又不影响后续操作。

在前尖、包头、跖趾关节、跟尖部位处以及腰窝和跟口的里外两侧，距楦底边 1.5~2.0mm，钉 16mm 的规帮钉。规帮钉距楦底边太大，后续的修剪里子余茬的操作则难以进行；但若距楦底边过小时，不仅钉钉不牢，而且易损坏楦底边，合外底后，规帮钉的钉眼也容易外露。

拔除绷帮钉时，拔钉方向要与帮脚倒伏的方向相同，如果方向相反，帮脚容易被拔带起来，造成帮体变形；注意拔钉角度，避免用力拔钉时对帮脚造成撕裂等二次破坏。

（二）修剪里子余茬

胶粘组合工艺是使用胶粘剂将帮面和帮里的下口边缘（帮脚）黏合在内底的反面上。如果鞋里、主跟和内包头的底茬过长，鞋里与内底的黏合宽度过大，就会减小帮面帮脚与内底的黏合宽度，易造成开胶现象。因此，在黏合外底之前，需要修剪里子余茬。

①揭帮脚：由于在装置主跟和内包头时使用了胶粘剂，或化学片类的主跟及内包头在用溶剂浸泡后，产生了自黏合性，绷帮定型时帮面与帮里会黏合在一起。因此，在拔去绷帮钉后，需要在帮脚处将帮面与帮里剥开。

揭帮脚后，要使帮面的帮脚向外翻开，而帮里、主跟和内包头的帮脚要平伏搭接在内底的反面。

②修剪里子余茬：沿楦底边缘用割皮刀将多余的帮里、主跟及内包头割去，使帮里、主跟及内包头在内底反面上的搭接量为 4mm 左右。

若搭接量过长，鞋里与内底的黏合宽度过大，就会减小帮面帮脚与内底的黏合宽度，易造成开胶现象；若搭接量太小时，成品鞋在穿用过程中帮里抽缩，产生空松的现象。

在割除多余的主跟和内包头时，割皮刀应与楦底面呈 20°~30° 的夹角，使割出的边口呈斜坡状。如果刀口呈垂直状切割后，边口为一棱台，不仅帮面的帮脚与内底的黏合不平伏，而且在后期的砂磨帮脚操作中极易将帮脚砂破，从而影响帮脚的强度。

（三）黏合帮脚

黏合帮脚的目的是将帮面和帮里的帮脚牢固地黏合在内底的反面。

1. 操作方法

在帮面、帮里的帮脚及内底边缘上刷胶；进烘干通道进行烘干活化；刷第二遍胶；进烘干通道进行二次烘干活化；绷、粘帮脚；拔除规帮钉和钉内底钉；用榔头捶敲帮脚，使之黏合牢固。

生产企业中，刷胶和烘干活化都是在流水线上进行的。烘干通道分为两段或三段，每一段的开头都有操作工进行刷胶，刷胶后的在制品则放在传送带上，进入烘干通道中。图 6-1 为三段式烘干活化箱。

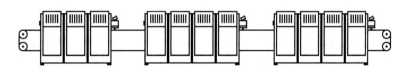

图 6-1　三段式烘干活化箱

2. 注意事项

烘干活化的条件为：温度 50~60℃，通过调整传送带的运转速度，控制每一节的烘干活化时间在 5~8min，烘干到"指触干"。

①刷胶的宽度与帮脚在内底上的搭接量一致，或略大于搭接量。刷胶太宽时，不仅费胶，而且多余的胶膜将对后续的内底与外底的黏合起隔离作用；刷胶太窄则影响黏合

牢度。

②刷胶至腰窝部位时，要用手将帮套捏紧，防止胶液流入鞋腔内，将帮里粘在楦体上，造成脱楦困难。

③刷胶后的在制品要注意防尘、防潮，以免影响黏合强度。

④粘帮脚时，要按照前尖→跟→腰窝的绷帮顺序，并按照原来的绷帮褶皱，用绷帮钳将帮脚拉回、黏合在内底面上，随即用钳锤敲砸帮脚，使之黏合牢固。

⑤钳拉力与绷帮时的相同，使粘帮脚后在制品的形体符合要求。

⑥为消除前尖部位的皱褶，使帮脚黏合平伏，可将该部位的帮脚打三角形剪口，剪口的顶角距楦底边 3mm 以上，最多打 3 个剪口。黏合完毕后，三角形剪口边必须相互吻合严密。

二、平整帮脚和子口

粘帮脚后，在制品的前尖和后跟部位还有许多帮脚的皱褶，会影响后续的黏合外底操作。通过平整帮脚，可以使帮脚平坦，与外底黏合的间隙均匀一致，保证黏合质量，子口圆顺规整，造型美观。

图 6-2　手工割帮脚

1. 割除多余帮脚

用割皮刀或三角刀将楦底面上多余的帮脚割掉，使搭接在内底上的帮脚宽度统一到 8mm；将前尖及后跟部位的帮脚褶皱片削平坦。割帮脚时，刀与内底呈 25°～30° 的夹角，将帮脚的边缘片成斜坡状，手工割帮脚如图 6-2 所示。割帮脚后剩下的帮脚若太窄时，被内底和外底夹、粘住的帮脚黏合面则太小，会影响黏合牢度。

2. 拔内底钉

拔内底钉一般采用手工操作完成。

如钉内底时使用的是圆钉，可用绷帮钳、平口钳或胡桃钳拔除；如使用 U 形钉，可用 V 形改锥撬除。拔钉后及时进行检查，确保没有遗忘或遗漏。

3. 帮脚和子口的按摩整型

如果帮脚部位表面不平整、不光滑，会直接影响鞋底在其上的定位、胶合以及装跟的牢固性；如果子口轮廓线与鞋底轮廓线不一致，则在合底时易造成轮廓线吻合参差不齐，影响产品外观质量。为了确保鞋后跟、前尖与鞋帮脚的装配质量和外观质量符合标准，必须对鞋后跟与前掌的帮脚和子口进行按摩整型。

按摩整型所使用的机器设备是全自动整型按摩机，可进行前掌整型按摩和后跟座整型按摩。其工作原理是通过高频振动的整型轮对帮脚边缘轮廓线进行捶打和挤压，经过整型之后，前掌与后跟座的帮脚子口线处十分清晰，帮脚、后踵、头部、内底与鞋楦表面更贴实，外形更美观，更易于后续贴底、装跟等操作。

三、湿热定型

鞋帮在绷帮过程中产生拉伸变形的同时，皮革的延伸率下降，因而存在较大的内聚应力。消除内应力而达到定型目的的工艺方法有两种：一是自然时效法，即把绷帮后的鞋在常温条件下自然晾干，经过24h以上或更长时间的搁置，使鞋帮中的内应力产生疲劳效应而自然消失，以达到干固和定型的目的；二是使用湿热定型机，进行强制性加湿加热，使鞋帮在3~5min内迅速地完成定型。

对鞋帮进行湿热定型，其作用表现在三个方面：一是利用天然皮革的热收缩性能，使帮面抱紧楦面，从而消除帮表面的细微皱纹；二是利用材料的热塑性，使材料内部分子之间的活性加大，借以消除材料内部因绷楦而产生的内聚应力，从而赋予帮面固定的形状；三是将各材料之间相互粘贴的胶粘剂充分活化，加速交联的形成，提高材料之间的黏合性能，稳固帮面已经构建的形态。最终达到对绷帮后的鞋帮形状进行定型的目的，经过定型工艺处理的鞋子，不仅外形美观，而且穿着舒适。

天然皮革材料制作的鞋帮在受热时会失去一定的水分而使纤维变脆，因此必须在湿热高温的条件下或气流中进行湿热处理。合成材料只有通过加热来消除内聚应力才能达到定型的目的，因此合成材料的鞋帮绷帮之后，只需进行干热气流进行即可。

四、后跟座整型

鞋的后跟部位是黏合外底或装钉鞋跟的重要部位，要求后跟部位底口处帮面曲面圆滑，子口线轮廓清晰，后跟座表面平整，如此才能保证黏合外底或装钉鞋跟时帮面底口与鞋跟紧密结合，彼此吻合协调且曲面圆滑顺畅。

后跟座整型即是通过熨烫、挤压、敲打和按摩等方式使其边缘子口线清晰美观，后跟座面平整光滑。

可使用后跟座整型按摩机进行后跟座整型，其整型原理包括两个方面：一是通过电热熨平板对帮脚熨平，二是通过高频振动的整型轮快速击打、挤压后跟座边缘。这种后跟座整型工艺多用于成型底胶粘组合工艺及女鞋钉跟工艺。

五、热风去皱

经过湿热定型机处理过的鞋帮，其表面的轻微皱褶已经消失，但局部较重的皱褶仍然存在。传统的去皱方法是用酒精灯烤、烙铁烙和热风吹，硬性和强制让皮革产生收缩效果，借以消除皱褶，但这样处理会使皮革的油脂挥发严重，导致皮革纤维变脆，容易断裂而产生裂纹，在一定程度上降低了鞋的使用寿命。

采用蒸汽湿润、热风去皱整饰，就是要消除鞋帮表面较粗大的皱褶，提高鞋的外观品质，防止皮革内的油脂挥发。其原理和作用有两个：一是利用蒸汽润湿皱褶，使皱褶的内应力松弛消除；二是用压辊滚压及用热风干燥，促使皮革粒面层收缩，褶皱即可去除。

第二节　黏合面的处理

一、画黏合外底子口线

为确保黏合外底的质量，特别是达到黏合位置准确、帮底组合端正、外底边沿平伏的要求，需要在砂磨起绒或刷胶之前，使用手工方式或画线机画出黏合外底子口线。

对于片底，一般采用手工方式画线。操作时，可根据不同材料选择对应的水银笔或高温消失笔，使大底对齐鞋头、后跟摆正，从后跟开始沿大底边周圈顺时针方向画线，线迹连续、清晰、标准即可。

对于成型底或带有沿条或侧墙的大底，一般采用画线机画线。操作时，将大底与鞋子对准后放置于画线机工作台面上并加压定位，在转动平台的同时，沿外底边墙子口轮廓线画线。注意成对鞋靴后跟画线高度、鞋头画线高度保持一致。

二、黏合面的处理

黏合面的处理是胶粘组合工艺的重要工序之一，其处理质量直接影响着帮底黏合的质量。黏合面的处理方法包括砂磨起绒和化学处理两种。

（一）砂磨起绒

砂磨黏合面的操作称为砂磨起绒，砂磨对象包括帮脚和外底黏合面。

通过砂磨，可以除去帮脚处帮面的涂饰层和外底黏合面上的脱模剂、氧化膜等隔离物质，以利于胶粘剂的扩散和渗透，形成黏合过渡层；砂磨起绒后，帮脚及外底黏合面的表面呈粗糙的绒面，增大了黏合面积，有利于提高黏合强度。

制鞋生产企业一般都采用机器砂磨的方法。因帮面及外底材质不同，所用的设备和方法也有所差异。

1. 帮脚的砂磨起绒

帮脚的砂磨起绒需根据材料及工艺要求选择起绒工具和起绒速度。

（1）砂磨起绒工具

①离心式橡胶砂布轮：企业目前使用较广泛的是离心式橡胶砂布轮，它是在橡胶轮上套上砂布带，作业中通过离心作用可使砂布带张紧，能很好贴合被砂磨产品表面。其运行稳定，噪声低，振动小，砂磨效率高。

②钢丝轮：钢丝轮的外观与整饰用的鬃刷轮相似，是把用钢丝轧曲后组装的钢丝刺钩带装在木盘轮上制成的。所用的钢丝有软、中和硬三种，分别用于不同面料帮脚的砂磨。钢丝轮的特点是刮拉力大，起绒效率高，砂磨面的绒毛浓密均匀，界面的尘屑少，可较大幅度地提高黏合强度，但操作的难度较大，砂磨后的边界也不整齐，需要手工补砂。

③钢片轮：钢片轮是用弹性较强的薄钢片冲凿出毛刺孔，然后再钉在木盘轮上制成。钢片轮的特点是砂磨起绒力大，但易磨划透帮脚或划伤手。

（2）起绒速度

①当面料为牛或猪面革时，由于革身较厚且纤维编织紧密，需要较大的砂磨力，因此要使用 2.5# 或 3# 砂布，或者使用硬号钢丝轮。机器转速可控制在 2800r/min 以内，砂除表层的最大厚度不可超过皮革总厚度的 1/3。

②羊面革和合成革类面料的厚度小，强度低，只需要较小的砂磨力，故使用 1.5# 或 2# 砂布，或者软性钢丝轮。机器转速控制在 2800r/min 以内，砂除的表层深度不得超过皮革厚度的 1/4。

③砂磨网眼类编织面料的帮脚时，因皮条细软，很易砂断，砂磨力要更小，可使用 2# 砂布，机器转速则降至 2000r/min 左右。

2. 外底黏合面的砂磨起绒

（1）砂磨起绒设备　由于胶粘鞋所用的外底一般是成型外底，生产过程中一般都使用处理剂处理黏合面，而不进行砂磨起绒。若需要砂磨起绒时，则多使用外底起毛机，用小型砂轮或立式砂轮砂磨，防止磨坏假沿条棱。此外，用于外底的砂磨起绒设备还有以下几种：

①砂布带砂磨机：其砂磨介质是宽度为 15~20mm 的砂布带，用于无假沿条的成型外底、中底等平板状材料的砂磨起绒。

②普通金刚砂粗砂轮：用于胶底黏合面的砂磨。其特点是砂磨力大，砂磨过程产生的热量高，造成砂磨面被砂焦，且砂磨出的尘粒也容易黏附在砂磨面上。因此需要控制砂轮的转速在 1400 r/min 左右，砂磨时不要只砂磨某一部位。

③黏砂砂轮：黏砂砂轮经过在木盘轮上刷胶、滚黏金刚砂及干燥等工序制成的，当砂粒磨钝或剥离后，可再刷胶、滚黏金刚砂粒，干燥后使用。

黏砂砂轮的特点是有效砂磨时间长，成本较低，砂磨力强，但砂磨振动大，适用于胶片、仿皮底或主跟、内包头等片状材料的砂磨。

④钢刺轮：钢刺轮是用 45 号元钢车成钢轮后再用扁铲提刺而制成的，具有惯性大、磨划力强的特点，适用于高强度胶底的砂磨起绒。

（2）起绒方法

①对成型底进行起毛时，应根据大底材料边墙的高低，选择与大底内圈弧度相吻合的砂轮；从左侧后跟位开始，将大底边内圈紧贴砂轮，沿鞋头方向均匀用力顺砂至鞋头位；调转鞋头，接鞋头位顺砂至后跟接口处。完成后及时清理大底灰尘，检查内底面的起毛宽度，一般为 10~15mm。注意边墙周圈起毛到位，无漏砂，无变形，无损坏。

②对片底进行起毛时，若片底厚度整体均匀一致，可使用机器起毛；若片底厚度不一致的，可使用手工辅助起毛。

机器起毛时需根据大底厚薄调节起毛机，使滚轴与砂纸间隙与大底的厚度相符。将大底后跟位朝前、需起毛的一面向下放入起毛机传送带上进行起毛。手工辅助起毛时可将大底需起毛的一面朝上平放于起毛板上，双手托住并使大底面平行接触砂轮，均匀用力来回砂掉表面涂层。

3. 质量要求

黏合面的砂磨起绒质量直接影响着帮底黏合的牢度，是胶粘鞋生产过程中的一个重要工序，因此，必须根据需要砂磨起绒料件的性能特点，选择合适的砂磨介质。操作人员要充分了解砂磨设备性能，熟练掌握操作技能。

①严格控制砂磨起绒的位置。帮脚的砂磨要按照与外底的黏合位置缩进 0.5～0.8mm。砂磨宽度过宽，合外底后会露出砂磨痕迹，从而影响成鞋的外观质量；而砂磨宽度过窄，帮脚与外底的黏合子口不严密，影响黏合强度。如果边缘部位难以砂磨准确（如使用钢丝轮进行砂磨），可不砂边缘处，随后采用手工方法进行补砂。

外底黏合面一律砂磨起绒。压跟鞋外底只砂磨到跟口线以后 5～8mm，再以后的部位不砂磨；如果装跟部位需要砂磨，注意后跟部距内底边 3～5mm 的边缘范围不砂磨，否则装配鞋跟后子口处会外露砂痕。

②严格控制砂磨深度。外底黏合面的砂磨以磨至表面无光，呈现出细密的绒毛为准。帮脚的砂磨以磨除表面涂饰层，露出纤维为准，砂磨深度不超过革厚的 1/3 或 1/4。砂磨过深，易砂断帮脚，从而影响成鞋的穿用寿命；砂磨过浅，对涂饰层的砂除程度不足，胶粘剂向帮脚内部的扩散和渗透会受到阻碍，导致黏合强度不足。

③砂磨后黏合面上的绒毛短而浓密，长度为 0.2～0.3mm 为宜。绒毛过短，胶粘剂的扩散和渗透能力以及黏合面积都相对较小，帮底黏合牢度差；如绒毛过长，当黏合面受到外界剥离力时，绒毛易被拉断，造成应力集中，导致开胶。

④帮脚周圈及褶皱砂磨均匀平顺，无漏磨、磨坏皮面、磨断帮脚现象。

（二）化学处理

成型外底黏合面的砂磨费工、费时且不易操作；对于 SBS、TPR、PU 等材质的外底，即使是经过砂磨处理也难以黏合牢固；还有一些黏度高的热熔性底材，其黏合面不适合砂磨处理，因为砂磨时的高温使材料表面呈黏稠状，无法磨成绒毛状。化学处理是解决上述三种难题的方法之一。

1. 化学处理的原理

化学处理是使用化学试剂对黏合面进行处理的操作。其原理如下：

①用化学试剂溶解黏合面上的隔离物质（如表面油污或隔离膜），为胶粘剂向被粘物内部的扩散和渗透创造条件。

②处理剂能够在被粘物的表面形成过渡层，这种过渡层既能够与被粘物很好地相容，又与胶粘剂有很好的亲和力。

③一些外底材料属于非极性材料，与极性鞋用胶粘剂的黏合能力小，不能达到黏合要求。通过处理剂的表面处理，可以改变非极性材料的表面状态，使其表面产生能够与极性胶粘剂发生反应的活性点，从而使被粘物之间产生黏合。

2. 处理剂的种类

化学处理剂一般都是由胶粘剂生产企业与胶粘剂配套开发生产的，如 SBS 底、TPR 底、PU 底、橡胶底等都有相应的处理剂。处理剂的种类很多，不同胶粘剂生产企业所提供的处理剂有不同的牌号。

①溶剂型：由一种或几种有机溶剂组成，可以溶解被粘物表面的油脂及蜡类物质。所用溶剂有脂类、酮类、卤代烷烃类、芳烃类和胺类等，主要用于 PVC、PU 等合成材料的表面处理。

②媒介型：是类似于表面活性剂的"双亲"材料，一般与非极性物质有良好的亲和性。由于在其分子结构中适度引入了极性官能团，所以与极性胶粘剂也可以互容。如氯化 SBS 和少量接枝 MMA 的 SBS 处理剂就属于此类。

③化学反应型：是处理剂中最重要的一种。通过化学反应型处理剂的处理，被粘物表面的结构发生变化，使得非极性材料的表面极性增大，从而提高与胶粘剂的亲和力。

化学反应型处理剂以卤化剂为主，如三聚三氯异氰尿酸、次氯酸盐、卤化磺酰胺类等，某些氧化还原剂也可以起到处理剂的作用。

3. 处理剂的使用

在实施黏合面化学处理前，应进行黏合面的净化处理，处理剂的使用应严格按照生产厂家建议的操作说明来进行。

①卤化剂：用于 SBS 底、乳胶底等非极性外底黏合面的处理。使用时，将 2% 的三氯异氰尿酸有机溶剂涂刷在外底的黏合面上，静置，待表面化学反应 5~10min 后，涂刷聚氨酯胶粘剂。

②环己酮：用于 PVC 面料、底料等的表面处理。

③苯：用于 PU 底黏合面的预处理。操作时，先在黏合面上刷苯液，然后再刷专用处理剂，最后刷胶粘剂。

④汽油：用于天然胶片之间黏合的表面处理。操作时，先将胶片表面涂刷汽油，使胶面的分子溶解活化，通过面对面的数次碰打，增加黏性，两胶片就可黏合结为一体，无须涂刷胶粘剂。

针对不同形式的鞋底，涂刷处理剂的要求也有所差异。如单片底需要在整个大底面上口均匀涂刷；成型底需要将内侧边墙周圈与底面均匀涂刷；有沿条的片底先均匀刷沿条内侧周圈，再刷底面。在帮脚处涂刷时，一般从后跟左侧开始，按帮脚起毛位周圈均匀涂刷。

4. 帮面处理的注意事项

处理剂和胶粘剂一般都是挥发性易燃易爆材料，使用时要注意防火和通风。

除天然皮革外，几乎所有合成材料，如 PVC、EVA、TPR 等在刷胶前均需进行表面处理。应按照鞋子材质选用对应的处理剂，批量生产前要进行严格的测试和分析。涂刷处理剂时要均匀到位，所使用的工具如纱布、棉花、海绵等要定时更换，处理剂要在 4h 内使用，以确保处理效果。

企业生产时，刷处理剂或胶水可选用封闭式多功能刷胶机进行。每日需要对盛装处理剂容器的输胶管道进行清洗，并将剩余溶剂及胶水集中统一处理。

三、填　底　心

将帮脚黏合在内底上后，由于帮脚、主跟、内包头及勾心等有一定的厚度，使得底心部位出现下凹不平的现象。为使外底黏合平伏、牢固，成鞋穿着舒适，需要对底心的下凹处进行填补。

1. 填底心的作用

通过填底心可使帮脚、内底和外底之间的黏合面吻合得更密实，杜绝内、外底黏合时的夹气现象，提高黏合强度；同时使黏合后的外底表面平顺光滑，无凹瘪塌陷现象，改善成鞋外观质量。

2. 填底心材料及填底心方法

填底心材料主要是加工过程中产生的边角碎料，如削磨加工过程中产生的胶底碎末和皮末；片剖过程中产生的二层革、再生革、弹性硬纸板等。也可预先按照底心形状裁断 EVA 等片材。

粉末状碎料可以与胶粘剂混合成填充物，然后涂抹在底心的凹陷处；而片状材料则可以直接刷胶黏合。

使用组合内底时，在内底的下面粘贴形状及厚度合适的、带藏筋沟的半内底，形成四周薄，中心厚的断面结构，如图 6-3 所示，黏合帮脚后，底面无凸凹不平现象，就可以省去填底心操作。

也可以在设计成型外底模具时，有目的的使外底的底心部位向上凸起，如图 6-4 所示，周边及腰窝中心处留出凹陷部分，以容纳帮脚及勾心。

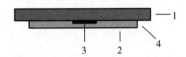

图 6-3　组合内底断面结构
1—内底　2—半内底　3—勾心　4—容纳帮脚处

图 6-4　成型外底断面结构
1—外底　2—假沿条　3—上凸底心

特殊用途的鞋可根据其功能的不同，填置特殊的底心。如竞走、跳伞等运动鞋使用不同硬度或具有缓冲作用的垫心；医疗保健鞋则在底心部位夹药垫、永久磁铁片；除臭鞋则是在组合内底中夹药材或香料等。

3. 填底心的质量要求

底心材料结合牢固，在穿用过程中无相互摩擦、迁移、堆积或变形现象；填底心后的底面必须光滑、平整，符合产品的造型设计要求，即前掌部位稍稍外凸，腰窝部位圆润且线条平滑、流畅，无筋痕，呈槽底状，后跟座和踵心部位平坦或底心略低于周边；填底心的成品鞋必须符合穿用要求。

第三节　胶粘组合工序

在完成前期准备工作和帮脚处理的加工后，即可进行刷胶、烘干活化及黏合外底的操作。

一、涂刷胶粘剂

将胶粘剂涂刷在被粘物黏合表面上的操作称为刷胶。在刷胶之前需要净化黏合面。

（一）净化黏合面

影响黏合强度的一个重要因素就是黏合面的洁净程度。与表面清洁的黏合结果相比，黏合面上有粉尘、油污、水分或隔离膜时，其黏合强度则大大降低。因此，在刷胶操作之前，必须彻底净化黏合表面。

净化黏合表面的操作是在砂磨起绒后进行的，以清除砂磨起绒操作所产生的粉尘。一般都采用鬃刷轮进行机械除尘或用压缩空气进行吹气除尘。

除尘后的料件应紧接着进行刷胶，而不得停放过久。如果由于工序安排等方面的原因，不得不停放较长的时间，在刷胶前则应该再次砂磨，以除去散落在黏合面上的灰尘及表面吸附的水分。

绷帮定型时，已经过干燥定型。如果料件的含水量还很高，则需要再次进行干燥处理，否则会降低黏合强度。

注意控制操作间的相对湿度和空气中的粉尘含量，以免在停放和转运过程中黏合面吸附水分和粉尘。

除尘后的料件不得与油类物质接触。

（二）配胶

鞋用胶粘剂的分子结构大部分是线型或支链型的。这类胶粘剂分子间的内聚力较小，如不采用相应的措施，帮底结合的黏合强度则不能达到要求。在胶粘剂中加固化剂就是一种有效的措施。

在胶粘剂中加配不同种类和比例的固化剂，以提高黏合强度的操作称为配胶。

1. 固化剂的作用原理

合外底用的胶粘剂大致上可以分为热熔型、溶剂型和水基型三类。除热熔型胶粘剂外，其余两种胶粘剂都需要加配固化剂。

固化剂又称为交联剂或交联固化剂，是一种带有多个活性官能团的低分子材料。在一定条件下，固化剂的活性官能团可以与被粘物以及线型胶粘剂大

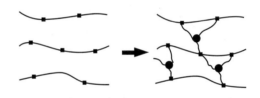

图 6-5 交联反应示意图

～—胶粘剂分子 ■—胶粘剂分子中的活性官能团
●—固化剂分子

分子上的活性官能团发生化学反应，也可以使胶粘剂的分子结构从线型转变为网状型或体型，进而提高黏合强度以及胶接接头的耐高温性。图 6-5 为交联反应示意图。

固化剂的种类较多，主要有胺类、酸酐类、过氧化物类和金属氧化物类。因此，必须根据胶粘剂来选择固化剂。一般说来，环氧树脂型胶粘剂使用胺类或酸酐类固化剂；不饱和聚酯树脂类胶粘剂使用过氧化物类固化剂等。

固化剂的作用大小与胶粘剂的种类、被粘物的性质以及固化剂的用量有关。固化剂的用量较少时，线型胶粘剂分子之间的交联反应程度低，胶粘剂分子之间的内聚力也小，因而黏合强度也低；但若固化剂的用量过大时，线型胶粘剂分子之间产生过度交联，致使胶粘剂呈刚性状态，在外界应力的作用下反而容易被破坏。因此，固化剂的用量必须严格控制。

2. 鞋用胶粘剂及其固化剂

（1）氯丁胶　氯丁胶是由氯丁橡胶溶解在甲苯类溶剂中制成的，浓度为 20%～

30%，属于溶剂型胶粘剂，有一定的毒性。其分子结构规整，内聚力强，属于结晶态聚合物，极性强，对多种材质有良好的黏附性能，应用广泛。

鞋用氯丁胶有普通型和接枝改性型两种，主要用于皮革与皮革、皮革与橡胶、皮革与纺织物、纺织物与橡胶之间的黏合，黏着力较强。

与氯丁胶配合使用的固化剂是异氰酸酯类，最常使用的液态固化剂是三苯甲烷三异氰酸酯的二氯甲烷溶液（20%），其商品名称为列克纳，外观呈棕褐色。使用时只需要按比例加到氯丁胶中，搅拌均匀即可，具有增强黏合效果、提高黏合强度和耐老化性能。

列克纳的用量与被粘物的性质有关：当皮革与皮革黏合时，列克纳的用量为氯丁胶的5%左右；当皮革与橡胶黏合时，列克纳的用量为氯丁胶的10%左右。有关固化剂用量与被粘物剥离强度之间的关系见表6-1。

表6-1   列克纳用量与剥离强度的关系   单位：N/cm

列克纳用量/%	皮革-皮革	皮革-胶板	皮革-轮胎底
0	37.50	22.0	15.5
5	78.75	20.5	36.5
7.5		20.0	
10	37.50	56.0	46.0
12.5		24.5	
15	32.75		23.0
20	37.50	29.0	15.5

注：实验条件为行程100mm/min，负荷10N的强力试验机。

与氯丁胶配合使用的另一种固化剂为7900固化剂。这是一种白色粉末状材料，主要成分是聚四异氰酸酯。与氯丁胶配合使用时的用量为2.5%~3.0%，使用前先将7900固化剂粉末溶于甲苯中，再将其溶液对入氯丁胶内，搅拌均匀即可。需要说明的是，7900固化剂的甲苯溶液与空气接触时间过长时，会产生变质，因此需要随用随配。

（2）聚氨酯胶   聚氨酯胶是以聚氨酯（PU）为主要成分的胶粘剂，它解决了氯丁胶无法黏合PVC、PU鞋材的问题，在帮底结合方面主要用于天然皮革、合成革帮面与橡塑并用底、TPR底及聚氨酯底等材料间的黏合。聚氨酯胶分子结构中含有—NCO极性基团，对各种材质都有较强的亲和力；其分子能形成氢键，有较好的初黏力和较高的内聚力，耐磨性、耐寒性、韧性都非常好，特别是具有氯丁胶难以相比的抗油脂和抗增塑剂性能，因此得到了广泛应用。

常用的黏合鞋底的聚氨酯胶也是溶剂型的，有一定的毒性和环境污染问题。不同的外底需要采用对应的处理剂进行预处理。

聚氨酯胶也是液态胶粘剂，与其配合使用的固化剂大多是以异氰酸酯为主要成分的液态化学材料，用量为胶粘剂的3%~5%。使用前，将固化剂加入到胶粘剂中，搅拌均匀后即可使用。

（3）水性聚氨酯胶 随着国内外环保法规要求的严苛化，制鞋企业使用溶剂型胶粘剂和溶剂型处理剂将会受到更多限制，水基胶粘剂作为一种环境友好型胶粘剂越来越受到重视。

水性聚氨酯胶以水为分散介质，不含—NCO基团，而含有羧基、羟基等基团，在水性异氰酸酯存在的条件下，可使胶粘剂的分子产生交联反应。大多数水性聚氨酯胶是靠分子内极性基团产生内聚力和黏附力进行固化，因此对许多合成材料，尤其是极性材料、多孔性材料均有良好的黏合性。

在初期黏附力方面，因水性聚氨酯胶以水为溶剂，其黏附性须在水分充分蒸发后，树脂微粒互相结合起来方能体现，其黏性表现要慢于溶剂型胶，因而其初黏力通常比溶剂型胶要弱。在后期黏着力方面，由于水性胶分子比溶剂型胶小，能渗入材质表面较小孔隙，类似于在材质表面投锚，其后期黏着力和溶剂型胶相近，用于多孔性材料，如网布和EVA类，后期黏着力比溶剂型胶要好。

使用水性聚氨酯胶黏合外底时，需加入5%的水性固化剂，使用气动搅拌器搅拌10min，转速控制在300~500r/min，保证混合均匀。固化剂可提高胶的初黏力和耐热、耐老化、耐水等性能。

水性聚氨酯胶固含量较高，达50%以上，使用时只需涂刷一次，降低生产成本。其性能稳定，操作方便，残胶易清理，不燃，可减少火灾风险和储存隐患。

水性聚氨酯胶储存条件温度为5~40℃，在5℃以下会因结冰而影响使用，温度过高也易使水性聚氨酯胶分层而变质，导致无法正常使用。

3. 配胶的有关注意事项

根据被粘物的性质，严格控制固化剂的用量比例。

根据季节的不同，固化剂的比例可适度增减。夏季可减量，冬季可加量。

由于固化剂与胶粘剂之间的交联反应在配胶后即已开始，在气温较高的季节，交联反应的速度加快，所以配胶后应立即使用，不得停放过久。待交联反应程度达到50%以上时，胶粘剂已不再适用。另外，交联反应是不可逆反应，如胶粘剂已经固化，再加入溶剂也不能将之溶解，这与制帮工序中使用的汽油胶不同。因此，胶粘剂必须用多少配多少，以免造成浪费。配好的胶粘剂在夏季的存放时间最长不超过30min，25℃以下气温中存放时间不超过1h。

4. 胶粘剂的性能测试与消耗定额的制定

（1）性能测试 由于胶粘剂在胶粘鞋生产中具有的特殊地位，因此，每当使用新的帮面及鞋底材料时，生产企业都要进行胶粘剂的筛选和工艺条件的实验，以确定最佳胶粘剂及工艺条件。另外，每批胶粘剂进厂后，企业也应该进行胶粘剂的性能测试，以免造成产品质量事故。

胶粘剂性能测试的方法有试片测试法和实物测试法两种。

①试片测试法：速度快、实用性强，在企业中广为采用。其测试过程为：在生产中拟使用的帮料和底料上裁出10mm宽的试样片；按黏合操作规程进行砂磨起绒（处理剂

处理）、除尘、刷胶、烘干活化、黏合、压合；进行剥离实验，测出剥离强度。

②实物测试法：将完成黏合操作工序的样品鞋在专用剥离强度实验机上进行剥离实验。如测试结果达到标准即可投产使用，否则还需要更换胶粘剂或调整黏合工艺条件。由于这种方法的速度较慢，所以一般多用于成品质量的定期检测。

（2）消耗定额的制定　胶粘剂消耗定额的制定方法一般采用实际测定法。即测试黏合操作过程中每 5 双或 10 双鞋的实际用胶量，然后换算成百双用量，再适当增加损耗量，所得出的用量即为胶粘剂的消耗定额（g/百双或 kg/百双）。胶粘剂的消耗定额不能一成不变，而应根据胶粘剂的种类、溶剂的挥发速度、被粘物材料的吸胶性大小等随时进行调整。

（三）刷胶

1. 黏合面状态

从胶膜的形成到黏合面发生黏合有以下四种情况：

①被粘物黏合面被砂磨起绒后，其表面呈凹凸不平的状态，如图 6-6（a）所示。

②如果胶粘剂的用量小，被粘物黏合在一起后，黏合面呈"点接触"状态，胶膜不连续，如图 6-6（b）所示，因而剥离强度低。

③当胶粘剂的用量适中时，被粘物黏合在一起后，黏合面呈"面接触"状态，胶膜厚度适中且呈连续状态，如图 6-6（c）所示，剥离强度高。

④如果胶粘剂的用量过大，被粘物黏合在一起后，黏合面虽然也是呈"面接触"状态，但胶膜厚度太大，如图 6-6（d）所示，这不仅造成胶粘剂的浪费，而且由于胶层太厚，胶粘剂中溶剂的挥发不畅。当胶液表面成膜后，内部的溶剂难以挥发，就会产生气泡，从而降低剥离强度。

 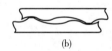 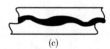

图 6-6　黏合面状态及胶膜厚度

2. 胶膜厚度与剥离强度之间的关系

从被粘物的剥离强度检测数据中可以看出，胶膜的厚度与剥离强度有着密切的关系，见表 6-2，当胶膜厚度为 0.2mm 时，剥离强度最大，黏合效果最好。

表 6-2　　　　　　　　　　　　　　胶膜厚度与剥离强度的关系

胶膜厚度/mm	0.019	0.050	0.066	0.130	0.200	0.210	0.250	0.260	0.300
剥离强度/（N/cm）	12	273	405	482	683	577	488	322	315

3. 刷胶次数与胶膜厚度之间的关系

胶膜厚度与胶粘剂浓度、刷胶次数及刷胶力的大小等因素有关。表 6-3 列出了刷胶次数与胶膜厚度关系的有关数据。

表 6-3		刷胶次数与胶膜厚度的关系		单位：mm
被粘物		刷一遍胶	刷两遍胶	刷三遍胶
皮革	厚度	0.008~0.108	0.056~0.128	0.098~0.230
	厚度平均值	0.058	0.092	0.164
橡胶外底	厚度	0.084~0.140	0.134~0.140	0.168~0.177
	厚度平均值	0.088	0.137	0.172

　　实验结果表明，在皮革上刷一遍胶，胶膜的厚度约为 0.06mm，刷两遍胶时，厚度增大至 0.09~0.10mm。如果是天然皮革帮面与天然皮革外底黏合时，帮底各刷两遍胶，胶膜的总厚度则约为 0.2mm，恰好是最佳胶层厚度，所以一般规定刷两遍胶。

　　在橡胶底黏合面上刷一次胶，胶膜厚度约为 0.09mm，刷两遍胶时，厚度增大至 0.13mm 左右。如果是天然皮革帮面与橡胶底黏合时，帮脚刷两遍胶，外底黏合面刷一遍胶，胶膜的总厚度则约为 0.18mm；若帮脚刷两遍胶，外底黏合面也刷两遍胶，胶膜的总厚度则达到 0.22mm 左右，均属于剥离强度较好的胶膜厚度范围。

　　胶粘剂的浓度越大，有效物质的含量也越高，形成的胶膜也就越厚，但胶粘剂的渗透能力反而越低；胶粘剂的浓度越小，有效物质的含量也越低，形成的胶膜也就越薄，但胶粘剂的渗透能力反而越高。

　　刷胶力大，胶粘剂容易渗透，但被粘物表面滞留的胶量少，胶膜厚度则小；刷胶力过小时，不仅不利于胶液的渗透，而且被粘物表面滞留的胶量多，胶膜厚度过大，反而会降低黏合强度。

　　4. 刷胶操作

　　刷胶操作以手工作业为主，也可使用专用设备或机械手进行刷胶或喷胶。

　　手工刷胶一般都是刷两遍，根据被粘物的吸胶能力及胶粘剂的浓度大小，可以增加或减少刷胶次数。刷胶操作需要遵循以下原则：

　　第一遍胶要稀一些，使胶粘剂能够充分浸润被粘物的表面，有利于胶粘剂向被粘物内部的扩散和渗透。

　　头遍胶的涂刷方法是往复推刷。因为单向刷胶时，被粘物表面上被砂起的绒毛会向一侧倾倒，产生绒毛上部有胶，下部无胶的结果，而双向往复刷胶则可使胶粘剂充分浸润被粘物的表面。

　　第二遍胶的浓度要大于头遍胶。二遍胶对提高剥离强度起着决定性的作用。有研究报道指出：头遍胶对黏合强度的提高几乎不起作用（参见表 6-2 及表 6-3）。但由于头遍胶的作用是浸润被粘物表面，并扩散、渗透到被粘物的内部，以便形成胶粘过渡层，为二遍胶发挥作用打好基础。因此，头遍胶的作用不可忽视。

　　二遍胶的涂刷方法是单向推刷，这样可以避免胶液产生堆积，胶膜的厚薄也比较均匀。

　　刷胶时应用力适中，每次胶刷完后都必须干燥至指触干。

　　刷胶后胶水要均匀到位，不能出现堆胶、漏胶或溢胶现象。

5. 刷胶的注意事项

①控制胶粘剂与固化剂的比例，控制每次的配胶量，避免造成不必要的浪费。

②严格按照操作规程进行配胶和刷胶。

③控制刷胶操作间的温度、相对湿度和空气中的粉尘含量，杜绝火种。一般要求室温在20℃以上，相对湿度在70%以下。温度低、相对湿度大时，胶膜表面容易吸附水分，从而降低剥离强度。

④注意通风、排毒，将胶粘剂中有毒溶剂对人体的损害降至最低限度。现今生产企业的刷胶操作是在封闭式传输通道中进行的，通道的顶部设有抽风装置，刷胶后的料件直接进入干燥通道。

⑤刷胶后的料件要避风、避免日光暴晒。风吹会使胶层表面快速结膜，而内部的溶剂和水分被封闭在里边，黏合时会出现拔丝现象，剥离强度也低；而日光暴晒会引起胶膜过早地发生交联反应。

二、胶膜的烘干活化

黏合面经过刷胶后，直接进入干燥通道进行烘干和活化。

烘干活化可以加快胶粘剂中溶剂或水分的挥发，缩短加工时间；促进胶粘剂分子向被粘物内部的扩散和渗透；为胶粘剂和固化剂发生交联反应提供反应活化能；软化胶膜和被粘物，降低被粘物的硬度和弹性，增加可塑性，减小黏结时的反弹力，便于在合外底后底型符合楦底形体。

（一）烘干活化条件

根据高分子物理学理论，加热可以加快大分子的热运动，有利于分子间的渗透和扩散，但温度过高，胶膜表面会迅速结膜，而内部的溶剂或水分尚未挥发完全，在胶层的内部就会产生气泡，从而降低剥离强度。若烘干温度过低，胶粘剂中溶剂和水分的挥发、胶粘剂向被粘物内部的扩散和渗透以及交联反应活化能等均不能达到要求，也会使剥离强度不理想。因此，必须根据被粘物的性质，制定烘干活化的温度和时间。

为达到烘干活化目的，温度和时间是两个相互关联的因素。烘干活化的温度越高，在单位时间里料件获得的热量也越大，因而烘干活化的时间就要相对缩短。由于制鞋企业现在都使用干燥通道进行烘干活化，所以要根据烘干活化温度，控制流水线传送带的传送速度，以期达到最佳的效果。

一般第一节烘箱的烘干活化温度为40~50℃，第二节烘箱的烘干活化温度为60~70℃，烘干总时间为10~12min。

（二）烘干活化设备

1. 设备

制鞋企业目前使用的烘干活化设备有两类，一类是烘干通道（图6-7），它是借助于传送带，将半成品与底件送到刷胶和烘干活化区分别进行刷胶和烘干活化。整个干燥通道的顶部设有抽风管道，以排除胶粘剂中的有毒溶剂。刷胶区设有操作孔，烘干区的内部装有加热装置。

另一类烘干活化设备是烘箱，分立式和卧式两种。卧式烘箱可以与胶粘鞋流水线连为一体，但占用较大的工作场地；立式烘箱不能与流水线连接在一起，一般都设在流水线的旁边，其占地面积小，但增加了料件的往返运送。

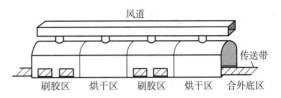

图6-7　隧道式烘干活化设备

2. 加热装置

烘干活化所用的加热源可以是蒸气、电热管、红外线灯泡、远红外线原件、远红外线电炉等。目前使用得较为广泛的是远红外加热原件。由于远红外线具有传导和辐射的双重作用，可以对胶层的表面和内部同时升温、活化，溶剂也得到充分挥发，故加工效率高。用同样温度，烘干活化时间可缩减1/3，具有安全，散热均匀，耗电少等优点。

（三）烘干活化的要求

烘干活化的程度一般是采用指触法进行检验的，即用手指触摸胶膜，感到胶膜已不再湿黏但又有黏感时为合适，称为"指触干"或八分干。这种方法适用于氯丁胶，而树脂胶中溶剂的挥发速度很快，刷完胶后，胶膜的触感即已经干爽，但注意胶膜仍未活化。

测试烘干程度时只试底心部位，不得触摸黏合面的边缘。距边20mm内为禁摸区，以免手上的汗液、灰尘、油污等沾污黏合面，影响剥离强度。

三、黏合外底

将刷胶和烘干活化后的外底与帮脚、内底（或中底）黏合在一起的操作称为黏合外底。黏合外底前，被粘物的黏合面必须已经达到烘干活化的要求，否则会影响剥离强度。

要求具备的条件有：黏合面达到"指触干"；硬质外底已经返软；粘底操作间干爽，室温与烘箱温度差不大于30℃，以免胶膜表面凝结水汽而影响黏合强度；粘底操作间清洁，与砂磨起绒操作间隔离，以免粉尘沾污胶膜。

由于烘干活化的温度、时间及传送带的运转速度都是事先测试好的，因此，当被粘物通过第二个烘干活化区后，一般都已经达到了黏合外底的要求。

（一）操作及注意事项

1. 黏合外底操作

黏合外底的操作方法一般有两种。

一种适合于片底合底，操作时先将大底前端对正鞋头起毛位，再固定两侧腮位，顺势按紧前掌两侧；再将大底后段与后跟起毛位对正粘牢，两侧保持均匀一致；最后由腰窝位置向后跟方向对齐起毛线，把两侧推平粘牢，黏合完后用榔头推边、敲平、细缝粘牢。

另一种适合于成型底、有沿条大底的合底。操作时先黏合鞋头部分，将鞋头按帮脚起毛线对正大底前端粘住，按起毛线从前向后左右对称黏合至腮位；再黏合后跟部分，将大底后跟位对齐起毛线，对正后跟位两侧均匀一致按紧粘牢；最后黏合腰窝两侧部分，由腰窝部位向后跟方向对齐起毛线，把腰窝两侧用榔头推平粘牢，不平顺的部位用撬刀撬开，按起毛位粘牢；黏合大底后，用榔头推牢大底边墙，细缝粘牢，不得有凹凸不平现象。

黏合后用榔头将外底捶砸一遍，以增大接触面积。注意锤面要平落在底面上，防止砸伤底面和留下捶痕。

成型外底的黏合顺序为：前尖→前掌外侧→前掌内侧→后跟→腰窝部位。由于前尖、后跟及成鞋的外侧是主要的外露部位，直接影响着成鞋的外观质量，所以在黏合外底时要特别注意。待前尖、前掌及后跟部位黏合端正后，最后黏合腰窝部位。注意要先黏合腰窝的中心，然后黏合腰窝的四周，以免底心包有空气，造成开胶。

卷跟鞋外底的黏合顺序为：前尖→小趾部位→拇趾部位→跟口线→跟口面→跖趾线至腰窝。卷跟鞋外底的黏合质量关键在于跟口线位置是否准确。如果黏合失误，会造外底偏斜，难以覆盖跟口面等缺陷。

2. 注意事项

黏合外底之前，先除掉黏合面以外的余胶。除去多余的胶粘剂，以免余胶影响成鞋的外观。如果在黏合外底之后，待胶粘剂已经固化时再除余胶，在撕扯力的作用下可能会破坏黏合面的胶层，造成局部开胶。

一般说来，成型外底都是与鞋楦配套的。如尺寸上稍有差错，经加热还软后，外底可适当抻长或皱缩。因此，当前部粘牢后，黏后跟时就可根据具体情况，适当抻拉或皱缩外底，保证后跟端点位置准确到位。

黏合外底后，外底假沿条的上缘应覆盖住帮面上的合外底子口线。

（二）质量要求

①严格控制烘干活化程度，确保黏合强度。

②黏合准确、端正、严密，无偏移、扭曲现象。

③黏合子口线规整清晰，与帮面黏合严密，无余胶、胶丝。

④被粘物黏合面紧密接触，底心处无空气滞留。黏合时应在腰窝部位将空气全部排出，避免穿用时气流冲开黏合面，造成开胶。

第四节　黏合后工序及质量分析

一、压　　合

压合可以进一步排除黏合面间残留的空气，增大黏合面间的接触面积；促进胶粘剂分子的进一步扩散和渗透；显著提高剥离强度。

黏合外底后的压合操作是在压合机上进行的。压合机的种类和型号较多，有气囊式、气垫式、墙式、盖式、十字型压边机等，但均以气压、液压或气油联动为动力。图6-8为压合示意图。

1. 压合机的主要机构

压合机主要由上压杆、托架、顶杆和气缸（或油缸）四部分组成。其中上压杆有前后两个压头。压合时，上压杆的前压头压住前帮的跗面部位，后压头压住楦台部位。为防止上压杆压伤帮面涂饰层，上压杆前压头的杆头要内衬海绵，外边再包裹皮革。要求这种皮革表面光滑，受压后不发黏，不掉色。

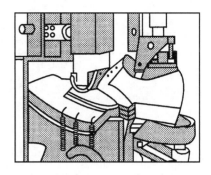

图 6-8　压合

2. 工作原理及操作

气压型压合机在托架上有一气囊。压合时，将鞋放在气囊上，将上压杆的前足对准前帮的跗面部位，后足对准楦台部位；踩下踏板后，进气阀门被打开，气囊开始充气，在油缸内油压的作用下顶杆也带动托架一起开始上升，直到上压杆的前足压住前帮的跗面部位，后足压住楦台部位。当气囊顶到鞋底而不能再向上挤动时，底面以外的气囊部分因没有受到阻力会继续上移一小部分，使鞋底"陷入"气囊之中。

油压式压合机的工作原理与气压式的相似，但工作噪声小，而且其托架上是垂直排列的硬质橡胶片。压合时，根据鞋楦跷度调整设备的腰档插杆，使其与鞋楦跷度相符；调整设备前压头跷度与鞋楦跷度基本相同；调整设备跟托，弧度与鞋跟弧度相同，且高度高于鞋后跟支口 15~20mm。因无腰窝部位的架空现象，压合效果好。

墙式压合机压合时，可分别设置上下、左右压合时间，根据鞋型选择相对应的胶模，前压头需调整到对准鞋楦前端平整处的适当位置，确保前压头不能来回滑动，不能压到装饰物。后压头需调节到对准鞋楦统口。

盖式机压合压合时，将鞋子底面朝上，根据鞋型选择对应的鞋模，将鞋模推入平台卡住，将鞋子放入鞋模内摆正；根据鞋型与鞋子长短，用手调整前模，使前模紧贴鞋楦脚背面卡住，调节撑杆升降或前后旋钮，鞋楦统口面与撑杆顶座面平齐；调节完成后，套上与跟型相吻合的青胶套模固定保护，通过红外感应自动压合，待机器复位后即可取出鞋子。

压合机鞋模分高模和平模两种，高模用于高跟鞋，平模用于平跟鞋或成型底鞋；对于靴子类型的鞋，需将靴筒理顺并套入撑杆，再放入鞋模压合。

3. 压合条件

压合时压力的大小及压合时间的长短对剥离强度的影响很大。

一般说来，压力大、压合时间长，剥离强度则高。但压力越大，压合时间越长，被压物的变形程度也就越大，产生的试图恢复变形的内应力也越大。当卸压后，在内应力的作用下反而会造成开胶。另外还必须考虑生产周期的长短。

剥离强度与压力大小及压合时间的关系见表 6-4。表 6-5 列出了常用底料的压合条件。

需要说明的是，外底的压合应该在黏合外底后趁胶粘剂分子尚处于活化状态时，立即进行压合，固化后压合的效果不好。压合后应及时检查鞋子有无漏压、开胶现象，如发现成批底面不平整或褶皱应立刻检查纠正。

表 6-4　剥离强度与压力大小及
压合时间的关系

单位：N/cm

压合时间/s	压力/MPa	
	0.3	0.6
5		29.7
30		34.9
180	27.0	
600	40.3	

表 6-5　　常用底料的压合条件

外底种类	压力/MPa	时间/s
猪、牛底革	0.5~0.7	10~12
橡胶底	0.4~0.6	7~8
乳胶底	0.4~0.5	7~8
仿皮底	0.4~0.5	6~8
微孔底	0.4	8~10

如压合后鞋面有轻微褶皱，可用热风除皱机加温吹平，鞋子与热风机出风口保持
4cm 以上距离，并不停地左右移动鞋子，使鞋面受热均匀，防止吹伤皮面。

二、冷　定　型

实验结果表明，机器压合后，随着静置时间的延长，剥离强度也不断增大；当静置
时间超过 24h 后，剥离强度随静置时间延长而增大的幅度越来越小，最后趋于一个稳定
值。图 6-9 给出了静置时间与剥离强度之关系的有关数据，所用的胶粘剂为氯丁胶，固
化剂为列克纳。

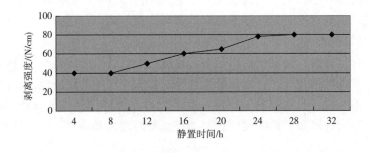

图 6-9　静置时间与剥离强度的关系

这是因为在压合外底之后，胶粘剂分子仍然处于活化状态，胶粘剂与固化剂以及被
粘物分子之间的交联反应尚未完全结束。因此，在静置时间内，这些交联反应仍在继
续，使剥离强度不断增大；当交联反应达到一定程度时，胶粘剂和固化剂分子的扩散及
渗透越来越难，剥离强度的增幅也逐渐减小，直到交联反应完全结束为止。因此，配胶
时将胶粘剂与固化剂充分搅拌均匀，以及在刷胶时，促进胶粘剂向被粘物的内部的扩散
和渗透是十分重要的。

为缩短生产周期，常采用冷定型法，即将压合后的在制品送入冷却定型箱中进行冷
却，这样可以促进胶粘剂的快速结晶。冷却定型的条件是：在 -5℃ 时冷却 15~20min。
常用的冷定型设备有架空吊篮式冷冻箱和急速冷冻定型箱。

当然，随着胶粘技术的进步和新型胶粘剂、固化剂的开发，固化时间也在缩短，为

进一步提高生产效率创造条件。

三、出　　楦

1. 出楦方法

将鞋楦从鞋腔内拔出的操作称为出楦。出楦方法有手工出楦和机器出楦两种。

鞋楦的结构不同，出楦操作也不一样。整体楦和铰链弹簧楦都是一次将鞋楦拉出的；对于有楦盖的楦，要先出楦盖，后出楦身；两截楦是先出后跟楦，后出前尖楦；加楔楦则是先出楔片，后出楦跟和楦头。

出楦须保证包头、主跟不变形；鞋子不得有断线、爆口门现象。

①单鞋出楦：将鞋楦孔套在出楦支架上，一只手向下压住鞋头往前推，另一只手握住鞋后跟向上拔，双手同时均匀用力，把鞋楦扳弯，鞋子后跟脱出后，再用力向下推，使鞋子出楦。如遇有容易裂皮的材料，须在脱楦前先在易裂的受力部位先涂上柔软剂，以免裂皮。鞋楦出楦后，轻捏后跟上口，保持 V 形状。

②靴子出楦：将靴筒拉链拉开，再将鞋楦插销拔掉、楦盖拿出，将鞋楦孔套入出楦支架上，一只手向下压住鞋头往前推，另一只手握住鞋后跟向上拔，双手同时均匀用力，使靴子出楦。

2. 出楦质量问题

在出楦操作过程中，往往出现坏口、变形或滞楦等问题。

（1）坏口　坏口是指出楦时将鞋的口门、锁口线、后帮鞋口、横条等部位或部件撕裂的现象。产生坏口的原因主要有设计、加工工艺和材料三个方面。

①在设计方面：帮面的分割未按照脚型规律和楦型结构进行；部件的尺寸、比例安排不合理（如口门、鞋口等）；样板处理（特别是曲跷处理）有误；缝线设计不合理（如锁口线等）；使用的鞋楦与预期产品不匹配。

以上设计方面的失误都可能使部件或帮面的局部位置产生应力集中。在脱楦力的作用下，部件或帮面的局部所承受的外界应力超过其极限强度，因而会出现坏口现象。

②在加工工艺方面：片边后的部件边口过薄；折下凹型弧线边时，剪口过深；缝线的针码过小、面线和底线的张力均过大；干燥定型及烘干活化时的温度过高、时间过长；出楦方法不当。

上述加工工艺方面的失误，会导致帮面材料，特别是部件边口的强度减小，在出楦过程中产生坏口现象。

③在帮面材料方面：使用低强度帮面材料或劣质帮面材料；帮面材料与产品不匹配。

这些是产生坏口现象的基础因素。在出楦过程中，如果发生坏口现象，应及时查找原因，采取相应的措施。

如果是设计方面的原因，则必须停止使用原设计方案，修正样板或改用合适的鞋楦；如果是加工工艺方面的原因，则需要调整相应的工艺条件或加工参数；如果是帮面材料方面的原因，则应更换帮面材料或采用补强措施；对已经进入帮底组合工序的产品，能采用补救措施的尽力补救。不能补救的，在出楦时应首先在易损部位或部件上刷温水，以回软帮面，增加皮革延伸性；出楦时要缓慢用力，切忌猛拉猛拽。

（2）变形 变形是指出楦后鞋发生扭曲、变跷、皱缩、黏合子口开缝等。

产生变形的原因有以下几个方面：出楦方法不当，使内底、勾心、半内底等固型支撑件发生变形，或使帮底黏合面之间产生缝隙；部件含湿量过大、未完全定型就已出楦；固型支撑件的硬度或支撑力不足；绷帮时主跟、内包头的下口未搭上内底边缘，或割帮里时的割除量过大。

在脱楦之后，如出现变形现象，应及时查找原因，采取相应的措施。如果是出楦方法不当，要立即纠正；如果是属于部件含湿量过大的原因，则应停止出楦，待干燥或晾干后再出楦；如果是所用的固型支撑件不合格，则应停止使用并更换；如果是加工工艺操作方面的原因，则必须予以纠正。

（3）滞楦 所谓滞楦是指鞋楦不能被拔出。产生滞楦的原因主要是粘楦和遗钉两个方面。

如化学片类的主跟、内包头用溶剂回软后，未经晾置就直接装入帮面与帮里之间，溶剂将化学片中的树脂溶解，产生黏性物质，将帮里与楦体黏合在一起；装主跟和内包头时，使用的胶粘剂量过大；粘帮脚时，胶粘剂流到帮里上（特别是内怀的腰窝部位）。合外底前未将钉内底的钉子拔除。

脱楦时，如果整个帮套或局部纹丝不动，一般都是粘楦问题；若帮面松动，但又脱不出鞋楦，则可能是遗钉问题。

如果属于粘楦问题，可用榔头砸溜粘楦部位，用竹片插入鞋帮与楦体之间撬拨，然后再出楦。如果是遗钉问题，则应设法将后帮的主跟部位脱出，然后插入螺丝刀或竹片，从鞋腔内撬动，逐渐扩开钉孔后再拔出鞋楦。

四、胶粘鞋的剥离分析

胶粘鞋在穿用过程中最容易出现的问题是开胶和断底。影响胶粘鞋帮底黏合强度的因素主要有胶粘剂的性能及配胶，被粘物的性能及表面处理，胶粘过程各参数的控制等。

一般都采用抽样分析的方法来检测一批产品的黏合强度。通过对所抽样品进行剥离强度的检测，不仅可以检查产品质量是否符合有关标准，而且还可以分析、判断导致开胶的原因，从而指导生产过程，提高产品质量。

对胶粘鞋进行剥离强度的检测时，一般出现以下几种情况。

（一）黏附破坏

在帮脚和外底这两个被粘物中，只有某一个被粘物的黏合面上有胶粘剂膜，且胶粘剂与该被粘物黏合牢固，而另一个被粘物的黏合面上无胶粘剂膜或大面积缺胶，如图6-10（a）所示。因此，开胶的根源在无胶粘剂的部件上。

产生黏附破坏的主要原因有：黏合面未经处理（包括砂磨起绒和处理水处理）或处理程度不足；砂磨起绒后黏合面未进行除尘净化；刷胶前部件的含湿量大，干燥处理程度不足；刷胶前黏合面上有与胶液不相容的物质或其他隔离物；胶粘剂浓度过大或刷胶方法不当而产生浮胶；黏合面未刷胶。

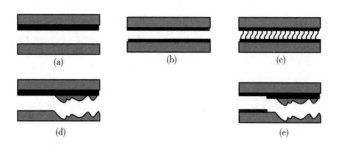

图 6-10　黏合剥离分析

（二）内聚破坏

两个被粘物的黏合面上都有胶粘剂膜，且胶膜完整，但剥离强度低，如图 6-10（b）所示。因此，开胶的根源在于胶粘剂本身。

产生内聚破坏的主要原因有：胶粘剂中未加固化剂；刷胶后的停放时间过长，或烘干活化温度过高，导致在黏合之前胶粘剂已经固化，两个被粘物黏合面上的胶膜不再发生黏合；烘干活化温度过低（或采用自然晾干），所提供的交联反应活化能不足，导致胶粘剂本身的内聚力过低；胶膜未经活化，或黏合操作室与烘箱的温差太大，导致两个被粘物黏合面上的胶膜不再发生黏合；刷胶后、黏合之前，两个被粘物的黏合面上都有隔离物质（如水分、油污、粉尘等）；胶粘剂失效；合外底后未经压合或未及时压合，压力过小、压合时间不足或压合后的静置时间不足。

（三）拉丝现象

胶粘剂与两个被粘物的黏着力很强，两个黏合面之间也有一定的黏着力，但在剥开帮脚与外底时，两黏合面间有胶丝，如图 6-10（c）所示。因此，开胶的根源在于操作。

产生拉丝破坏的主要原因有：烘干活化的温度低，时间短，使胶粘剂中的溶剂或湿分未充分挥发，未达到指触干就进行黏合；刷胶后胶膜被风干，导致表面结膜，但内部仍有溶剂或湿分；胶粘剂中未加固化剂或固化剂的用量不足；底料较硬，加热回软不足，胶粘剂的黏着力小于外底的回弹力，导致两个黏合面不能紧密接触；合外底后压合时的压力低，时间短。

（四）被粘物破坏

剥离时被粘物被撕破，而黏合面未被剥开，如图 6-10（d）所示。因此，开胶的根源在于被撕破的被粘物。

产生被粘物破坏的主要原因有：砂磨起绒的程度过大，导致被粘物（特别是帮脚）的强度大大降低；砂磨起绒后黏合面上的绒毛过长，剥离力集中施加在绒毛上；被粘物本身的强度小于胶粘剂的内聚力。

（五）混合破坏

剥离时，被粘物及胶膜均有被撕裂之处，如图 6-10（e）所示。说明胶粘剂的性能及配胶，被粘物的性能及表面处理，胶粘过程各参数的控制等都比较理想，达到了最佳黏合状态。

在穿用过程中，胶粘鞋的个别部位会开胶，而其他部位的剥离强度又很大。产生这种现象的原因除工艺操作方面外（如局部的砂磨起绒不到位，刷胶量不足等），穿用条件也是造成开胶的主要原因（如局部受到外界强力的冲撞、局部受热等），这里不再讨论。

思 考 题

1. 割帮脚后帮里搭接量的大小与成品鞋的质量有何关系？
2. 修剪里子余茬时需要注意哪些问题？
3. 帮脚黏合的整个操作过程需要注意哪些问题？
4. 帮脚及外底黏合面的砂磨起绒设备有哪些种类？各有何特点？砂磨起绒有哪些质量要求？
5. 化学处理的原理是什么？鞋用化学处理剂有哪些种类？各适用于哪些种类的外底处理？
6. 固化剂的作用原理是什么？固化剂的用量过大或过小会如何影响黏合强度？
7. 胶膜厚度与哪些因素有关？
8. 水性聚氨酯胶有哪些特点？
9. 剥离强度的影响因素有哪些？
10. 烘干活化的目的是什么？如何控制烘干活化条件？
11. 常见的黏合剥离现象有哪些？各由什么原因造成？

第七章　其他组合工艺

本章将重点介绍线缝、模压、硫化和注压组合工艺的有关内容。

第一节　线缝组合工艺

使用线缝方法将帮脚、内底与外底结合在一起的加工工艺称为线缝组合工艺。

线缝组合工艺是皮鞋帮底结合的传统工艺，是制鞋工业技术发展的基础。其他如胶粘、模压、硫化等组合工艺都是在它的基础上发展起来的。线缝鞋的结构，在制鞋理念上非常前卫，也正因为它的结构要求，使采用线缝组合工艺生产皮鞋的工艺过程变得较为复杂。

线缝组合工艺的特点：加工过程精密细致，技巧性强，劳动强度大，生产效率较低。其产品具有外形美观，结构牢固，结实耐穿，透气性好等优点，是制作高档商务男鞋的重要工艺之一。随着个性化定制及高端定制需求的提出，线缝鞋越来越受到重视，因此掌握线缝鞋的组合工艺技法对于制鞋工业技术人员是很有必要的。

一、线缝组合工艺的分类

根据缝制方式的不同，线缝组合工艺可以分为四类：缝沿条工艺、透缝工艺、缝压条工艺和翻绱工艺。缝制方式不同，其操作技法、工艺路线和技术要求也不尽相同。

1. 缝沿条工艺

以沿条为连接件，在绷帮后缝沿条。先把鞋帮帮脚缝合固定在内底边与沿条之间，然后再将沿条与外底缝合。其特点是工艺复杂，结构牢固。多用于高档男鞋、劳保鞋和军品鞋。缝沿条鞋结构如图7-1（a）所示。

2. 透缝工艺

将内底、帮脚和外底在鞋腔内进行纵向缝合，故也称为暗缝工艺。透缝法在个人手工制作布鞋时使用得最多，在工业化的规模生产中，透缝法多用于轻便柔软的产品（如室内拖鞋等）。透缝鞋结构如图7-1（b）所示。

3. 缝压条工艺

在绷帮定型后，将帮脚向外翻起并用压条压住帮脚，然后将压条、帮脚与外底进行纵向缝合，缝压条鞋结构如图7-1（c）所示。它的一种变形工艺是不用压条而直接将帮脚外翻并与外底缝合，称为拎面结构，如图7-1（d）所示。缝压条鞋的特点是结构简单，加工便捷，成品轻巧。但外露的缝线被磨断后，帮底易分离。多用于童鞋产品。

4. 翻绱工艺

先将帮套内外侧翻转后，把帮脚的内侧沿柔性内底边缝合，然后再把帮面、底面翻转回原位，最后合外底。翻绱工艺具有缝线不外露的特点，对帮面材料柔软性的要求高

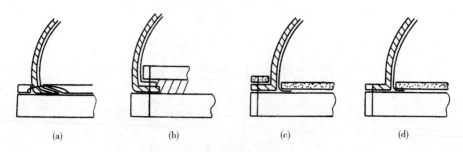

图 7-1　线缝鞋结构

（a）缝沿条鞋　（b）透缝鞋　（c）缝压条鞋　（d）拎面结构鞋

于其他产品，多用于轻便柔软的产品。

在以上四类线缝工艺中，缝沿条工艺最为复杂。本节也以缝沿条鞋的加工工序为主线，介绍线缝鞋的有关内容。

二、准 备 工 序

（一）缝线的准备

在线缝组合工艺中，缝沿条和外底所用的缝线通常使用苎麻线或锦纶线。

1. 苎麻线的特点、规格及用途

苎麻线具有强力大、伸长率很小、吸湿排湿快和耐磨性能高等特点。苎麻线的伸长率一般为 5%左右，潮湿时其强度能增加 40%~60%。苎麻线主要用于皮鞋、皮靴、布鞋的缝纫，如皮鞋的缝内线、缝外线、缝沿条，布鞋的纳鞋底等。

苎麻线的规格用 tex（特）×股数来表示，生产中应根据不同的要求进行选择。常见鞋用苎麻线的规格和用途见表 7-1。

表 7-1　　　　　　　　　　鞋用苎麻线的规格和主要用途

规　　格		主　要　用　途
tex×股数	英支/股数	
61.4×3	9.5/3	皮鞋缝帮、合后缝、掏缝线、缝埂
61.4×5	9.5/5	皮鞋缝底、铲缝
61.4×6	9.5/6	皮鞋皮底外线、缝底
61.4×8	9.5/8	毛皮鞋缝内线、皮鞋底缝沿条、胶底外线、皮鞋缝内线
61.4×9	9.5/9	布鞋和布棉鞋纳底
61.4×12	9.5/12	皮鞋缝沿条、缝底
61.4×2	9.5/2	皮鞋缝帮、合后缝
129.6×3	4.5/3	皮底外线
129.6×4	4.5/4	皮鞋底缝沿条、皮鞋缝内线
38.9×6	15/6	皮鞋缝帮、合后缝

2. 苎麻线的浸蜡加工

苎麻线是把苎麻的茎皮劈成细丝后加捻制成的，经过质量检查合格的苎麻线在使用前必须先进行浸蜡操作。

（1）浸蜡的目的及作用　制成的苎麻线由于股与股之间捻度不均匀而较松散，在缝制加工过程中，缝线所承受的拉力不均匀，易于被勾毛甚至扯断，缝制好的产品其缝线也极易松动或断裂，在穿用过程中缝线受潮后也易腐烂，因此需要浸蜡。

浸蜡的作用有：

①使苎麻线股与股之间的纤维相互黏紧，从而提高了抗拉强度。经测试，浸蜡后苎麻线的强度可提高30%~35%。

②改善苎麻线的防潮和防腐性能。由于松香蜡具有很强的黏附力，可以在苎麻线纤维的表面上形成蜡膜，从而提高苎麻线的防潮和防腐性能。

③减小缝线与被缝物之间的摩擦力，使缝线操作易于进行。

（2）浸蜡方式　苎麻线浸蜡的方式有手工和机器两种。

手工上蜡时，先把苎麻线的一端固定，然后分两步进行。首先一手拉紧苎麻线，另一手将裹有蜡块的布在苎麻线上来回摩擦，蜡块受热后熔融在麻线上，从固定端起依次向后上蜡；其次要进行揩蜡，即用未裹蜡块的布在苎麻线上来回摩擦，以抹匀并揩除余蜡。经过加工的麻线会变得光润结实，一般只用于手工缝制时使用。

机器上蜡与手工蜡线的方法类似，要经过浸蜡和揩蜡处理。操作时先将苎麻线通过蜡线机上的蜡锅进行浸蜡，一般蜡液温度控制在80~85℃；然后再经蜡线机上的夹线器（揩蜡器）清除浮蜡，最后通过绕线器将苎麻线绕在线盘上。机器上蜡的效果及效率优于手工上蜡，一般用于机器缝制工艺。采用机器缝制时，为了提高生产效率，许多企业将机器浸蜡与缝制同步进行。

在机器缝沿条时，多采用22.3tex/21锦纶线。缝线的加工与手工缝制使用的苎麻线有所不同，缝线可采用浸油、浸水和浸蜡处理，也有的不经任何加工而直接使用。

（二）沿条及内底的预处理

经过整型的沿条皮由于自然蒸发其含水量有所下降，这将会影响缝沿条操作，所以在缝制前要进行二次加工。

沿条皮的二次加工是指在缝沿条前对沿条进行浸水回软。浸水时间根据皮质的软硬和结实程度而定，一般浸水后沿条皮的含水量控制在30%左右，可将沿条皮对折，表面无水珠渗出为宜。若沿条皮含水量过小，其弹性相应过大，缝制时难以将缝线抽紧，并且在鞋的前尖处沿条难以弯折，易产生凹凸不平的现象；反之，含水量过大，缝制时沿条皮因拉伸而变形增大，烘干收缩后，容易产生裂缝。

浸水回软后，如果沿条在底部件加工整型阶段未进行片斜坡茬处理，需要在其粒面片斜坡。缝沿条前，还需要在内底及沿条的容线槽内刷水，防止扎孔时锥孔破裂。

（三）手工缝制工具的准备

手工缝制不但要求操作人员具有丰富的经验和技巧，并且要有一套好的工具。工具的好坏与生产效率、成鞋质量等息息相关。

手工缝制沿条时常用的工具有弯锥、弯钩锥、弯针等。下面予以简要介绍。

1. 弯锥

用于缝沿条时的扎孔操作。弯锥的头部呈椭圆形，其圆弧半径为 16~18mm，如图 7-2（a）所示。要求钢质的韧性好，锥刃锋利。

2. 弯钩锥

外形与弯锥相似，但在其头部有一弯钩，以便在缝沿条时可以扎孔、勾线；钩尖低于锥杆杆体约 0.5mm，以便于缝线的穿梭且不会拉毛缝线；锥头粗细略细于两根缝线之和，以保证针孔孔眼对缝线的衔线力，使缝线不发生错位；弯钩内壁光滑平整，不会拉毛缝线，如图 7-2（b）所示。

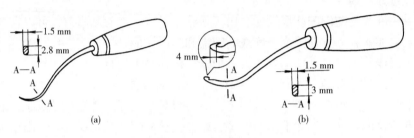

图 7-2　弯锥与弯钩锥
（a）弯锥　（b）弯钩锥

3. 弯针

与弯锥配合使用，主要用来穿针引线。弯针用大号缝衣针经加热后压弯制成，弯成所需弧度（与所用弯锥弧度相同）后再将针头磨钝、并把头部 10mm 左右处略微捶扁，使其便于穿拔。

缝制中使用的其他工具还有割皮刀、胡桃钳、榔头、平条板等，这里不再赘述。

三、缝沿条工艺

缝沿条工艺是线缝组合方法中的典型工艺，操作过程也最为复杂。本节将以工艺流程为序，介绍缝沿条工艺的有关内容。

缝沿条工艺的工艺流程为：缝线、沿条的准备→沿条、内底回软，沿条片斜坡→缝沿条→绊跟脚→割帮脚→沿条整平→钉盘条、插鞋跟皮→修沿条→装勾心→填底心→合外底→缝制外线→合缝→压道→底面整饰。

（一）缝沿条

缝沿条就是将加工整型好的沿条与帮脚及内底缝合，使三者结合为一个整体。沿条是缝沿条工艺中一个极重要的部件，它既起着连接鞋帮与内底的固定作用，又起着与外底连接的桥梁作用。沿条必须能够支持两道缝线，其一是沿条、帮脚与内底（起埂或粘、缝埂）的缝线，其二是沿条与外底的缝线。从这里我们不难看出，缝沿条实际上已经成为缝沿条鞋结构牢固性的一个最为重要的环节，缝沿条质量的优劣直接影响着成鞋质量的优劣。

缝制沿条有手工和机器两种方式。手工缝制时一般采用天然底革内底，只需在内底的肉面片斜坡和刻容线槽即可。机器缝制时可以破缝起埂、粘埂或者缝埂。

1. 手工缝制沿条

手工缝沿条可以用弯锥加弯针，或用弯钩锥来进行。由于使用的工具不同，故操作方法也稍有差异，下面分别予以介绍。

（1）弯锥缝沿条　弯锥缝沿条是手工缝制的传统操作方法。它是采用弯锥扎孔，双弯针双缝线相对缝合，并且双线之间不构成线套，如图7-3所示。

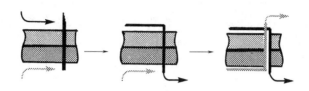

图7-3　弯锥缝沿条线迹

操作时，先借助蹬带等工具固定好鞋楦，再用弯锥从内底容线槽向外扎出，依次通过内底、帮脚、沿条，然后将穿好双针的缝线从锥孔的两侧相向穿过，两手将缝线抽紧，使沿条皮与帮脚缝合在内底边沿，再用胡桃钳敲捶孔眼处使其闭合，这样即完成了缝制的一个循环。重复上述操作，直至结束，最后把线头打结。

采用弯锥缝沿条时，双线之间没有结合点，不构成线套，故容易将缝线抽紧，并且当其中一根缝线断裂后不会影响另一根线，所以这种缝合方法比较结实牢固。

（2）弯钩锥缝沿条　弯钩锥缝沿条法是在弯锥缝法的基础上发展起来的，它是采用弯钩锥扎孔、勾线，双缝线缝合，并形成线套，如图7-4所示。

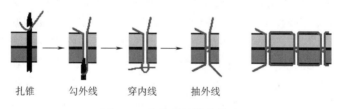

扎锥　　勾外线　　穿内线　　抽外线

图7-4　弯钩锥缝沿条线迹

操作时，先将鞋楦固定于托架之上，然后用弯钩锥从内底的容线槽向外扎出，当锥头穿出沿条皮时，将外缝线（靠沿条一侧的线，也叫主动线）套在锥钩上，然后拔锥，将外缝线的线头从内底容线槽中拉出60cm左右，待缝制结束后打结；紧接着还是从内底的容线槽向外扎第二锥，锥尖从沿条皮的容线槽中穿出后，将外线套在锥钩上，然后拔锥，使外线从内底容线槽中拉出10cm左右（此时外线形成了一个线环），将内缝线（靠内底一侧的线，也叫被动线）的线头穿入外缝线所形成的线环中，再将内外线同时抽紧，即完成一个缝制循环。依次重复，完成后将线头打结。

弯钩锥缝制的缝制速度是弯锥法的3～4倍，但由于内外线之间形成线套，故缝线不易抽紧，并且当一根缝线断裂后会影响另一根缝线。

（3）手工缝制的注意事项　手工缝沿条的操作过程中应注意以下几个问题。

①缝线用量。对比弯锥缝制和弯钩锥缝制的线迹，由于两种操作方法都是采用双线缝制，区别在于前者双线之间不构成线环而后者构成了线环。故前者所用双线的长度基本相等，而后者双线的用量不等，外缝线用量约等于内缝线用量的 3 倍。

②起针位置。所谓起针位置是指缝制第一针时的扎锥位置。一般选在跟口线后 6~12mm 处，这样做的优点在于后工序中鞋跟可以压住该部位，从而避免成鞋在穿用时该处产生裂缝。

③针码密度。针码密度是缝沿条产品的一个重要技术指标。针码密度过大即针距过小时，锥孔之间的间距小，抽线时易使部件边口碎裂；反之，针距过大时，强度难以保证。所以要根据不同的部位选取合适的针距。一般以每针 9~10mm 为宜。缝前尖处的5~6针时，针距以每针 8~9mm 为宜，便于沿条的弯折。里怀腰窝处因承受的外力较小，针距以每针 10~11mm 为宜。

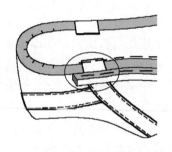

图 7-5　宽条带凉鞋缝沿条时的针法

对于帮面由几根较宽条带组成的凉鞋而言，在缝沿条时，沿条和内底上的进出位置与满帮鞋要求基本相同，而针码大小则要根据鞋帮条带宽度的变化而适当变化。当条带宽度大于 20mm 时，可以缝 2 针以上，针距仍为 10mm/针；当条带宽度在 10mm 左右时，则需要用两针缝线各压住条带的一边，如图 7-5 所示，避免锥孔扎在条带边缘而扎豁带条边，导致帮脚断裂。窄条带式凉鞋（5mm 以下）一般不进行缝沿条操作。

④扎锥方向。扎锥方向是指扎锥时锥尖的行走方向，包括内扎锥和外扎锥。内扎锥是指缝沿条时锥尖由内至外依次扎过内底、帮脚和沿条。外扎锥则恰恰相反，锥尖由外至内依次扎过沿条、帮脚和内底。

这两种扎锥方向各有优缺点。内扎锥的优点是缝线针码在内底容线槽中排列规则整齐，且沿条上的锥孔也较小，沿条不易扎裂；缺点是锥尖扎出内底坡茬时的准确位置不易确定，常会造成缝制后的沿条出进宽窄不一，高低不等的缺陷。外扎锥的优点是缝线针码在沿条容线槽中的排列规则整齐，且锥尖在内底坡茬上的准确位置易于确定，沿条的宽窄、高低位置容易控制；缺点是在沿条上的锥孔略大，沿条容易被扎豁。

⑤进出锥位置。在手工缝制沿条时，除了以上所述几点外，还必须严格控制锥子在沿条和内底上的扎入和扎出位置，因为这不仅关系到成鞋的外形是否美观，更关系到缝线、沿条等的寿命，从而影响整个成鞋的质量。下面以外扎锥法为例，对沿条、内底、帮面等的进出锥位置分别予以介绍。

a. 沿条：锥子在沿条上的进出锥位置要整齐一致，扎锥时锥尖沿着槽口边紧贴槽底扎入沿条，出锥位置控制在坡茬上距粒面 1.2~1.5mm 处，如图 7-6（a）所示。在这里关键要掌握好出锥位置：如果出锥位置距沿条粒面小于 1mm，即缝线过于贴近沿条的粒面，则沿条表面会产生"鼓包"，俗称"锥拱子"，不但影响了产品外观，也容易产生沿条露线现象；如果出锥位置距沿条粒面大于 2mm，又会因沿条皮受力面积的减少而产生沿条松软无力、针码不紧甚至缝豁的现象，同样也会导致沿条与帮面之间出现裂缝。所以缝沿条的进、出锥位置一定要控制好，保证缝沿条后平整严密，无鼓包、沿条露线等缺陷。

b. 内底：内底上的进锥位置一般在内底坡茬的 1/2 处，出锥位置在内底槽口的底部，如图 7-6 (b) 所示，与沿条皮上的扎锥一样，在内底坡茬上靠上或靠下扎锥都会影响到缝沿条的质量；如果在内底坡茬上距粒面 3mm 以下扎锥，由于内底肉面皮革纤维粗大，刹线时容易将锥孔拉豁；反之进锥位置如果过于靠近粒面，则会使缝制后的沿条松软无力，而且在内底粒面层形成"锥拱子"，影响产品质量。

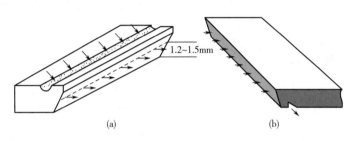

图 7-6 沿条及内底的进出锥位置

(a) 沿条 (b) 内底

比较沿条与内底上的扎锥位置不难发现，在整型加工过程中两者片坡茬后都留有 1.0~1.5mm 的厚度。此时若在沿条和内底坡茬上的扎锥位置相同，两者就可以相互吻合，但是在实际生产中却并非这样，与沿条上的扎锥位置相比，内底上的扎锥位置更远离粒面，且两者之间有 1.3~1.5mm 的空隙，这部分空隙正好由帮面和帮里的厚度所填补，使得沿条与内底缝合后紧密无缝，这也正是要求内底厚度要大于沿条厚度的原因之一。

c. 帮面：网眼式凉鞋的帮脚在绷帮之前就已用布条或线缝制固定，以防帮脚的松散；在缝制沿条时，扎锥切忌扎在编织的皮条上，而应该在网眼的孔洞中间进出锥。

d. 半沿条：缝沿条的部位只占底盘周长的 1/2 左右，故称其为半沿条，多用于半跟、高跟式样的高档女鞋。缝半沿条时，沿条的起止点在第一、五跖趾后 30mm 左右的位置上，所用的沿条比男鞋沿条宽度小 2~5mm，厚度薄 0.4~0.5mm，需要在起止点处要各片一个 8~10mm 的坡茬，缝制要求、进出锥位置与沿条缝制方法相同。

e. 通沿条：也称圈沿条，一般用于劳保鞋等重型靴鞋。缝通沿条时，起针位置在内怀掌口后 8~10mm 处，起止端点也要片坡茬，沿楦底棱缝一圈后，在终点处也要片一个与起点相吻合的坡茬，在各特征部位的扎锥与缝沿条的一致。由于在后跟部位外底与沿条要钉合，故在缝后跟部位的沿条时，就要向里缝一些。

通过上述分析可以看出，扎锥位置不是固定不变的，它要根据材料的厚度以及不同的部位适当选择。

⑥特征部位的扎锥方式。所谓特征部位是指缝沿条起针、收针部位，第一、第五跖趾部位和前尖部位。为了保证成鞋的外观及内在质量，对这些特征部位的扎锥位置就要与正常情况下的扎锥位置有所不同，通过扎锥位置的变化来调节沿条的宽窄与高低。扎

锥位置的变化主要体现在内底坡茬上，而沿条坡茬上则不发生变化。

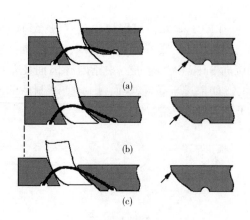

图 7-7　特征部位的扎锥位置
（a）起收针、前尖部位　　（b）正常位置
（c）第一、第五跖趾部位

a. 起针、收针部位：起针一般选在跟口线后 6～12mm 处。由于除通（圈）沿条外，其他产品（如半沿条）在缝制时，沿条的两端与楦底轮廓都要有一个圆滑过渡区域，即沿条在起止部位要逐渐变窄以适应楦底的轮廓曲线。所以对于沿条的两端即起止部位在内底坡茬上的扎锥位置，要比正常部位的扎锥位置更靠近肉面层，如图 7-7（a）所示。一般第一针应使沿条缩进 1.5mm，第二针则缩进 1mm，逐渐过渡至正常的扎锥位置；收针时则恰恰相反，由正常扎锥位置逐渐使沿条向里缩进。

b. 前尖部位：前尖部位的扎锥方式要根据产品品种的式样和楦型跷度而定。一般说来，从内包头的边缘开始，特别是前尖处的 5～6 针处，在内底坡茬上的扎锥位置要靠近肉面层一些，使沿条向里缝一些，如图 7-7（a）所示，这样可以抵消由于安装内包头后，帮里厚度增加而使沿条外凸的量。具体缝进量的多少要根据内包头的厚度来决定；对于没有硬内包头的鞋，在内底坡茬上的扎锥位置可与正常扎锥位置相同，如图7-7（b）所示。

c. 第一、第五跖趾部位：第一、第五跖趾部位是楦底面上最宽的部位，为了显示出跖趾部位的突点，成鞋的底形必须要与楦底形保持一致。因此在内底坡茬上的扎锥位置距粒面要近一些，即把沿条略向外缝出一些，一般情况下最突点可向外缝出 0.5～1.5mm，而在最突点的两侧使其向两边圆滑过渡下来即可，如图 7-7（c）所示。

从整体来看，缝沿条时还要考虑外底材料的性质对扎锥位置的影响。如对于胶底鞋，为了防止胶底下坠而产生沿条露线问题，通常要将沿条整体缝进一些；相反，对于皮外底鞋，由于它自身具有良好的成型性且容易上卷，则可整体缝出一些。

2. 机器缝制沿条

机器缝制沿条时采用缝沿条机来进行。与手工缝沿条相比，机器缝沿条在材料要求、工艺操作、生产效率等方面都存在很大的差异，更适合于批量生产。

（1）材料要求　与手工缝沿条的底部件相比，机器缝沿条的内底不进行片斜坡、开槽，而是进行破缝起埂或粘、缝埂，所以若使用天然底革材料时，机缝沿条鞋的内底比手工缝沿条鞋的内底要厚一些，否则难以进行破缝起埂，不能保证强度。为实现部件的标准化、装配化，提高生产效率，企业多采用内底粘埂的方法代替传统的破缝起埂。这样，内底可以使用代用材料，从而节约大量的天然底革。

机器缝沿条一般多采用注塑沿条。注塑沿条是采用塑料挤压机注塑加工制造而成的，它的一致性好，具有一定的强度和硬度，耐折、耐磨、耐寒性能也较好，具有很好的防水性能，特别适用制作高温下穿用的劳保鞋。采用注塑沿条使操作工艺大为简便，生产效率得到了提高。

（2）机器侧缝沿条的工艺操作要求　机缝沿条的速度快，对操作者的操作技能要求较高，需要操作者手脚相互协调、密切配合。缝制时要控制好机器的缝制速度，平稳移动鞋楦，根据楦型的变化掌握好缝制的角度，使缝线落在沿条的容线槽内，机缝沿条的针距为 8~10mm/针。

机缝沿条时，沿条是缝在内底周边竖起的"埂"上（包括起埂、粘埂或缝埂），而埂距内底边缘的宽度已经确定，缝沿条的出进与机针扎在埂子上的高低位置有直接关系，因为它直接影响着产品的外观和内在质量。如果缝线处于内底立埂上端，则容易产生沿条露线现象，且缝出的沿条软弱无力；反之，缝线如果偏低（处于立埂底端或棱根以下），又容易将内底立埂缝豁，缝外线时也容易将沿条线扎断。在机缝沿条时，一般要求弯钩针穿刺的位置恰好在接近内底棱根处，且缝线轨迹与内底棱根间距小于 1.5mm。

机缝沿条时，还需要根据缝料性质、机器性能、产品类别等条件适当选择机针和缝线，使其能够相互配合，减少断针、断线等质量问题的发生。常用的配合关系见表 7-2。

表 7-2　　　　　　　　　　　弯钩针与缝线的配合关系

弯钩针型号/号	41	43	45
弯钩针直径/mm	2.413	2.235	2.057
缝线规格/股	9.5/8~9	9.5/7~8	9.5/6~7

（3）机缝沿条的缺陷分析

①沿条露线：沿条露线严重影响沿条的缝合牢度。产生的原因主要有：缝制时弯钩针忽高忽低；沿条在立棱上缝制的位置不当；缝线张力未调节准确等。

②内底立棱被缝豁：内底立棱被缝豁有两种情况，一是棱根处豁裂，这是由于缝线距离棱根太近造成的；二是针孔与针孔之间豁裂，这是由于没有调节好压脚，被缝件每次的移动量过小，使得针距过密而造成的。

③缝线钩毛：缝线钩毛是指缝制过程中缝线被钩出毛刺或被劈开，这会降低缝线的强度，直接影响产品的内在质量。产生的原因有：弯钩针、绕线器等过线部件上有毛刺；过线部件之间的配合间隙不当。

④断线、针孔过大：缝沿条时产生断线、针孔过大等缺陷，主要是由于缝线与机针的选择搭配不当造成的，断线也可能是由于过线部件的间隙调整不当或缝线质量太差。

3.其他类型沿条的缝制

上述内容中主要以平面侧缝沿条为主，在侧缝沿条的基础上，由于结构、材料和工艺技法的不同又演变出侧面立缝沿条工艺，即翻条工艺。翻条工艺的沿条在缝制后需要翻转一定角度才可与外底结合，故这种工艺中的沿条也被称为翻条。

翻条工艺可分为两种类型：一是绷帮成型前缝翻条，二是绷帮成型后缝翻条。下面分别予以介绍。

（1）绷帮成型前缝翻条

①下翻侧缝翻条：下翻侧缝沿条中的沿条需要在肉面片斜坡，缝制时，将沿条粒面与鞋帮面粒面相对缝合，沿条边缘缝于帮面绷帮余量线以内 2mm 处。绷帮时沿条就随着帮脚向内底方向旋转 90°，帮脚与内底结合后沿条随之定型，如图 7-8 所示。这种沿条容易被当作是侧缝沿条，但是它的生产效率比侧缝沿条高。

②上翻侧缝翻条：上翻侧缝沿条中的沿条整型时需要在粒面铣容线槽，缝制时，将其肉面与帮脚粒面相对缝合，注意缝合要在大于绷帮余量 6mm 处进行。绷帮成型后，将沿条向粒面方向上翻 90°，并用平条板撵平，如图 7-9 所示。这种工艺操作较为简便，生产效率高，成鞋给人一种粗犷、强悍的美感，它的防水性能也较好，一般多用于生产男鞋和劳保鞋。

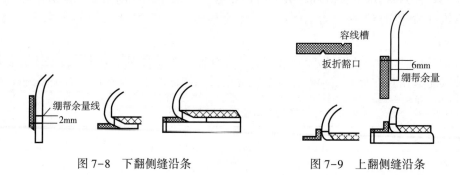

图 7-8　下翻侧缝沿条　　　　　图 7-9　上翻侧缝沿条

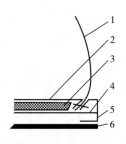

图 7-10　包镶嵌底型翻条
1—鞋帮　2—内底　3—衬垫
4—中底　5—翻条　6—外底

③镶嵌底型翻条（包裹式翻条）：镶嵌底型翻条的材料一般选用轻革或软性代用材料。如图 7-10 所示，操作时，将翻条革面与鞋帮粒面相对、垫式内底面与帮脚肉面相对，边口平齐，然后缝合，缝合的位置距料件边口 4~6mm（翻折后的缝合位置在楦棱内 1~2mm 处）；经过排楦成型后翻条会自然下翻，然后在其肉面刷胶与中底黏合；此时，翻条既可与外底缝合，也可黏合，因此翻条上可有针码，也可无针码，甚至可以是假针码。为了使成鞋轻便舒适，在内底下可粘贴海绵类弹性材料。翻条鞋给人以舒适、轻便、随和、富态的感觉。

（2）绷帮成型后缝翻条　如图 7-11 所示，操作时，首先从里踝部位起锥，在距离内底边 3~5mm 处，以 30°~45° 角依次扎入内底、帮面和翻条，从翻条的容线槽内穿出，钩线缝合。针码一般为每针 5~8mm。最后将沿条向粒面方向翻转 90°，进行合外底的操作。

还有一种绷帮成型后缝合的高式翻条，是胶粘与线缝工艺的结合。这种翻条多为注塑成型，横边和竖边呈现直角形状，其夹角大于装配后的角度约 10°，缝制后产生回弹力，促使翻条竖边紧贴帮面。操作时将沿条与外底黏合或缝合，再将外底与帮脚、内底黏合，翻条竖边与鞋帮下部周边贴合（翻条竖边高为 8~15mm）。出楦后沿竖边的容线槽将翻条与鞋帮底边缝合，针码为每针 8~10mm。这种结构的牢度主要依靠内底、帮脚与外底之间的黏合力来保证，翻条与外底和帮面的结合只起到一种装饰作用。

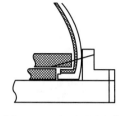

图 7-11 成型后缝翻条

4. 缝制沿条的质量要求

沿条是缝沿条工艺中一个极为重要的部件，是缝沿条鞋帮底结合的基础，缝沿条质量的优劣直接影响着成鞋质量的优劣，所以对于沿条的缝制质量要求比较高。

①沿条缝制在楦底面上以后必须平伏规整，符合楦底曲面的整体造型。

②缝线要具有一定的强度，能够承受正常穿用的负荷；针码大小均匀一致；不能有鼓包、断线、露线、缝豁等质量缺陷；

③手工缝制沿条时，进出锥位置在不同部位要有所区别，符合产品穿用要求。

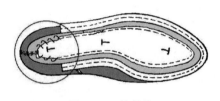

图 7-12 绊帮脚

（二）绊帮脚

传统的缝制工艺中，当沿条缝制结束后，一般都用缝沿条所剩余的缝线将后跟部位的帮脚直接缝合在内底上。首先将多余的帮脚切割整齐；接着用弯锥从后跟部位的帮脚扎入，从内底扎出（注意不能将内底扎透）；然后用剩余缝线中的一根，把帮脚缝在内底上。绊跟线缝到鞋帮后缝中心时，继续缝 2~3 针即可停下来，用另一根线从沿条起点处缝绊跟线，两线相遇后打结固定，如图 7-12 所示。

（三）割帮脚

缝完沿条后，沿条、帮脚和内底三者已经结合在一起，这时必须将超过沿条里边口的帮脚和内底棱一并割除掉，将沿条敲平后，可以保证整个底盘的平整性，利于后工序的加工，以及保证成品鞋的落地平整度，避免产生合外底后表面不平整、底边缘过硬不易弯曲等缺陷。割帮脚的方法有手工割除和机器割除两种。

机器割除帮脚主要用于机器缝沿条的产品，通常采用割帮脚机或割帮茬机来进行。该机通过夹边轮将帮脚翻起，用旋转的圆刀（杯刀）割除多余帮脚及内底棱，如图 7-13 所示。其工作效率较高，且有效地降低了劳动强度。割除后帮脚边沿距缝线约为 3mm。若不慎损伤或割断缝线，应予以标记补针。

（四）沿条整平

沿条整平是指通过敲捶及挤压的方法使沿条符合楦底面的形状。缝制后的沿条在缝线拉力的作用下会向帮面翻翘，出现高低不平、帮脚与沿条相缝合形成的线条不清晰等现象。这些都不利于合外底的操作，因此要进行沿条的整平。沿条整平有手工和机器两种方式。在整平前可根据需要适当刷水使沿条回软，含水量一般控制在 25%~30%。

机器整平的原理图如图 7-14 所示。操作时将楦底朝上，以沿条与鞋面缝合的棱线为定位线，将鞋楦靠压在圆柱形垫块上，然后移动鞋楦，依靠机锤的上下往复运动依次

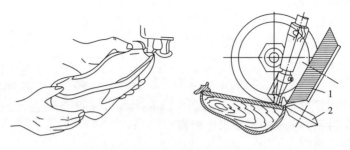

图7-13　割帮脚示意图
1—圆刀　2—夹边轮

锥平沿条。在这里，圆柱形垫块也起到了翻条送料的作用。

整平后的沿条要求表面平伏挺括，纤维更紧密，竖立在楦底边沿外的沿条符合楦底的弧度。

（五）钉盘条、插鞋跟皮

同缝沿条之前的准备工作一样，钉盘条之前要先进行浸水回软，以改善其可塑性；另外，为了使盘条与沿条紧密衔接，还需要根据沿条两端坡茬的坡度及宽度，在盘条的两端片茬，其坡度及宽度与沿条两端的对应一致。

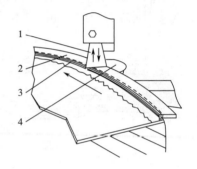

图7-14　机器整平沿条
1—锤头　2—沿条　3—缝线　4—送料轮

钉盘条通常采用10~12mm的圆钉，钉间距约为10mm，钉子距盘条外边沿约7mm。一般盘条要超出楦底边口2~3mm，且进出宽度均匀一致，便于后续工序的加工。

对皮质外底而言，钉盘条后再经过装勾心等工序就可直接合外底；对于胶质外底，则还需要钉插鞋跟皮，因为这类产品的后跟通常采用钉合的方式与外底连接，而胶底的弹性较大，要提高后跟的安装牢度，必须要有一个良好的基础，此时采用天然底革制成的插鞋跟皮可以提高钉跟牢度。钉插鞋跟皮操作一般在装勾心之后进行。为了增加钉合牢度，可采用先粘后钉的方法，即先把胶粘剂涂在插鞋跟皮和盘条之间，然后再钉合，钉合时可以钉圆钉，也可以用机器打钉，注意要将插鞋跟皮与盘条外沿并齐钉合。

对于缝通沿条和半沿条的产品则不需要这道工序。

（六）修沿条

沿条经过缝制、整平等工序操作后，还会存在宽窄不一的缺陷，修沿条就是根据外观要求的需要对沿条的外边缘进行修削。

修沿条后，要使沿条的侧面与沿条粒面保持互相垂直，不能出现坡茬；沿条的保留宽度要根据产品品种和穿用要求来确定。一般说来，沿条在第五跖趾部位的保留宽度最大，依次是在第一跖趾部位、前尖部位、跟口部位。跟口部位沿条保留宽度最小是考虑到要与盘条、插鞋跟皮等圆滑衔接；前尖部位保留宽度过大会造成前跷相对增大，也容易产生沿条下坠的现象；第五跖趾部位的宽度最大是根据人行走时脚掌肌肉群的运动情况考虑的，人在行走时为了保持重心平衡，脚前掌外侧肌肉群要向外运动，因而鞋前帮部位也会跟着向外增宽，如果第五跖趾部位沿条的保留宽度小于或等于其他部位，就会在视觉上给人造成一种错觉，沿条的外侧看起来好像特别窄，所以在修沿条时，第五跖趾部位沿条保留宽度要略大于其他部位 1.0~1.5mm。以男鞋为例：前尖部位为 6mm 左右；第一、第五跖趾部位为 7~8mm，且第五跖趾部位稍大于第一跖趾部位；跟口部位过渡部分为 3~4mm，其余部分的宽度要根据这些特征部位来确定，保证沿条侧面各处光滑连接即可；对于劳保鞋等特殊品种则应根据有关技术标准和具体要求确定修沿条的保留宽度；最后，在修沿条时还要根据成品鞋对沿条宽度的要求，为后续工序留出适当的加工余量。

一般要求缝沿条鞋的沿条宽度为：男鞋 5~7mm，女鞋 4~6mm。沿条的保留宽度与成鞋的结构造型有关，它体现着设计人员的审美观，也将随着社会流行格调的变化而变化。另外，保留宽度也和成鞋的曲挠性能要求有关，随着沿条宽度的增大，外底也更加宽大，使得成鞋在穿着中曲挠增大，易于使人疲劳。

（七）装勾心

鞋勾心装置于腰窝部位，用来加强腰窝段的承载能力，保持腰窝部位的鞋体造型；另外，对于沿条鞋而言，勾心可以填补由沿条所形成的空穴部位，提高成鞋的穿着舒适性。

线缝鞋主要选用钢勾心，勾心的安装位置和安装角度与胶粘工艺的要求大体相同，勾心的固定方法根据工艺的要求而定，装置勾心前要注意将内底固定钉起掉。

（八）填底心

填底心是为了垫平由沿条在内底表面所围成的凹陷。填底心后，要求底面形态与楦底型凹凸度相一致，便于后续的合底操作，使成鞋底面平整饱满，穿着舒适，延长成鞋使用寿命。

填底心的材料很多，常用的有碎毛毡、软木与树脂混合物、碎皮、沥青锯末、硬质EVA 等。选择填心材料要结合产品工艺的性能要求，合理使用，并注意废物利用以提高效益。如沥青锯末具有防潮作用，使用方便，故可用于一些要求防水防潮的产品；再如手工缝沿条的民品鞋，它要求穿着轻便，故可用碎皮作为填底心材料。

填料不同，填底心的方法也有所不同。采用软木与树脂的混合物、沥青锯末等做填料时，可用填底心机进行，操作时将所填充的材料平铺在底面的凹槽区，然后用带有电加热的半圆形平板将其压平到与沿条等高。以前也有使用烙铁进行压平的，其操作与填底心机大致相同。采用碎皮屑填底心时可以用粘贴的方法进行，要注意与内底黏合牢固。

（九）合外底

合外底是将整型加工后的外底与沿条等进行黏合，以便后续的修边、缝制外线的操作。合外底前先涂刷 PU 胶粘剂，这样可使产品结实耐用，尤其有利于沿条与外底的黏合。

（十）缝制外线

缝制外线是将沿条与外底边沿缝合在一起的操作，一般有机器缝外线和手工缝外线两种方式。缝制外线的质量不仅关系到成鞋的外观质量，也影响着外底与沿条的结合牢度。要求缝线针码均匀一致、清晰整齐，缝线轨迹符合鞋楦底型。

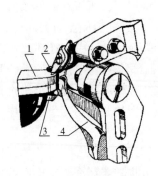

图 7-15　机缝外线示意图
1—外底　2—压脚　3—嘴子　4—挡尺

1. 机器缝外线

机器缝外线采用外线机缝制，如图 7-15 所示，它是以旋梭钩线、双线锁缝的方式将沿条与外底缝合。外线机由以下四大部分组成：基础构件部分、线迹形成部分、主轴和传动系统以及其他辅助装置。

缝制外线时要根据被缝物来选用合适的机针、缝线及锥子，确定针码密度和机器转速。一般说来，缝线上线（底线）采用 6 股苎麻线（浸水），下线（面线）可采用 6 股或 9 股苎麻线浸松香蜡后使用，也可采用 23.3tex/24 锦纶线。缝制前要调整好上、下线的拉力。缝制外线的针码密度通常是根据沿条材质来确定的。例如，PVC沿条的外线针码密度为 3~4 针/2cm，皮沿条的外线针码密度为 4~5 针/2cm。缝制后针码要均匀一致，缝线交结点处于沿条与外底厚度的 1/2 处，如图 7-16 所示。缝底后不许有翻线、缺针、跳针等质量缺陷，缝线轨迹符合楦底型，外底开槽后的缝线应全部落在容线槽内。

产品在缝制过程中，常常会产生各种质量问题，如断针、断线、跳针、浮线等，要根据具体情况加以分析并调节排除，下面予以简要介绍：

①断针：断针往往是由于针没有正确插入锥子刺穿的锥孔而造成的。可能的原因有：机针变弯；因为机件磨损使针的相对运动位置不准确；操作不正确等。

图 7-16　机缝外线线迹

②断线：机器工作时，下线在形成线迹之前在机件上往返拉动多次，这种摩擦减弱了下线的强度，当摩擦剧烈、运动阻力大而对线的拉力过大时则造成断线。可能的原因有：梭盘、梭子、挑线勾、针勾等零件有锐棱；梭挡间隙不正确；下线供线部分与刹线动作配合不正确；上线或下线的拉力太紧；选择的针号与线不匹配；蜡线没有预热；压脚顶牙磨损造成压脚跳动、工作不稳等。

③跳针：主要是由于没有很好地形成线环或钩线机构没有钩住线环，因此不能形成线迹造成的。可能的原因有：针勾、拉勾线道、挑线勾的位置不正确或者动作配合时间不正确；梭盘磨损后间隙过大而导致梭尖不能勾住线环。

④浮线：浮线是由于上、下线松紧程度不一致造成的。

2. 手工缝外线

手工缝制外线常用的工具有钩锥和扁锥，分别对应为钩锥缝法和对针缝法。扁锥的头部呈扁形，锥头锋利光滑，外形如图 7-17 所示。

手工缝制皮质外底品种属于中高档产品，一般采用外底面开暗槽、扁锥扎孔对针缝制法。它的缝制操作水平要求比较高，使用扁锥扎孔时锥体不能晃动，必须直挺而过，以防锥尖断裂；扎孔时要扎在沿条粒面上靠近帮面约1/3处，并从外底面暗槽线道内扎出；扁锥扎出的锥孔较小，缝线在沿条上扎入锥孔较浅、线迹美观。

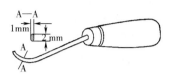

图 7-17 扁锥

对于胶质外底品种，由于胶质外底的收缩复原性好，衔线力较好，故外底面上不须开槽，一般多采用钩锥缝制法，并使缝线结合点位于外底与沿条厚度的1/2处，即靠近胶底一侧。

同机器缝制外线一样，手工缝外线的针码也因外底材质的不同而异。一般皮质外底的针码要小于胶质外底，民用鞋的针码要小于劳保鞋，通常皮质外底为5~6针/cm，橡胶底为4~5针/cm。对于半沿条产品，缝制时要求缝线将沿条的起止点压住，起、收针要处于沿条与盘条接缝处后面约1针的位置；在扎锥的同时，手指要顶住外底边缘相应的部位，确保缝外线后沿条不外翻、不变形；缝外线后线道排列边距要整齐一致，刹线时双手用力要均匀，保持线迹洁净平伏。

（十一）合槽皮

对于线缝鞋而言，在皮质外底上一般均要开暗槽。当外底缝制完毕后，必须将外底容线槽的槽皮覆盖黏合回原位，此工序称为合槽皮。

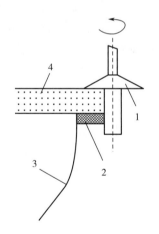

图 7-18 合槽机工作示意图
1—压轮 2—沿条 3—帮面 4—外底

合槽皮的方法可以分为手工、机器两种。手工合槽皮借助榔头、弯锥、平条板、钝木锉等工具来进行，效率较低。采用机器合槽皮时，首先在槽口附近刷上少量的水，使皮革回软，然后在槽口内两侧均匀地涂上胶粘剂（聚乙烯醇或氯丁胶），当胶粘剂晾干后，合槽机上的胶质压轮将翘起的槽口皮压回原位并与外底黏合，从而消除硬边或边沿裂痕的现象。为了使破缝处紧密结合，可用合槽机上有圆形光滑面的压轮再滚压一次。合槽机工作示意图如7-18所示。

合槽后，要求槽口皮与皮质外底贴合紧密，在贴合部位无裂损，成鞋外底边沿呈方形。对于开正暗槽的外底，其开槽痕迹在外底表面仍十分清晰。为掩饰开槽痕迹，美化外底外观，通常合槽后要在槽口处滚压花纹，即在外底槽口处轧出一圈花纹，花纹多为连续的菱形或椭圆形。滚压时，要先对滚压轮加热到60℃左右，用力均匀，使花纹压在槽口的破缝处，并且花纹要清晰流畅、深浅一致。

（十二）压道

采用天然底革做沿条的品种，在缝外线后沿条表面线迹不清晰，为了使沿条表面更加美观，通常需要做进一步的修饰即压道。压道也叫作沿条修饰，它是指在沿条表面按外线针迹做装饰效果处理并压出条纹。

传统的压道采用压道刀来进行，压道时要用力均匀，按外线针迹压道，每针压一道，道迹深浅一致，压道印间距一致，进出整齐。

压道也可以采用沿条压痕机来进行，它是利用加热的齿轮刀具来进行压道，如图7-19所示。要求压痕清晰，所压出的齿痕必须配合针距。

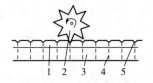

图7-19　机器压道示意图
1—沿条　2—齿轮刀具　3—外底
4—缝线　5—压纹

（十三）底面整饰

底面整饰是指修饰外底面的外观缺陷，使之符合鞋楦底部的形状。在以上各工序中，如合外底、缝制外线、合槽皮等都会影响到外底的外观和整体形状，例如合外底时留下的钉孔，合槽皮、缝外线、压道等操作使得外底产生一定的内应力等，所以必须对外底面进行整饰。

为了消除皮质外底产品在合外底时留下的钉孔，一般需要用特制的"米"字冲在钉孔处冲出花纹（钉花），以掩饰钉孔，使外底更加美观；同时，冲压压力使得皮革纤维更加紧密，也可防止水从钉孔处渗入鞋腔。操作时注意要将冲杆中心对准钉孔中心。

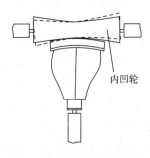

内凹轮

图7-20　外底滚压示意图

为了使皮质外底表面光滑明亮，有些企业常在外底面上刷石花菜水，用来填压外底表面微小的空隙，然后经过抛光，可使外底表面更加光滑平整。

可采用外底整型机来滚压外底底面，使之更加符合楦底曲面的形状。滚压示意图如图7-20所示。其中装在两轴之间的压轮是一个内凹型的部件，它可以倾斜一定角度向前移动，其倾斜角度、移动距离、施加压力都可以调整。经过滚压后的外底底面基本上符合楦底底面的形状。

四、透 缝 工 艺

透缝工艺是在鞋腔内部将帮脚、内底与外底（或中底）缝合为一体。

目前，由于胶粘工艺的广泛应用，传统的透缝工艺受到了极大冲击，采用透缝工艺独立完成结构结合的品种越来越少，透缝工艺成为辅助结合工艺和装饰加固工艺。它不仅可以与胶粘工艺相结合，而且还出现了多层次结构和交叉加工的组合，如透缝加缝外线结构、带中底透缝加缝外线结构，如图7-21及图7-22所示。

透缝工艺的工艺流程为：钉内底→绷帮成型→帮脚、大底打粗→刷胶→填底心→合底→脱楦→缝内线→排楦。

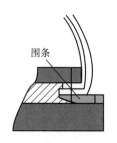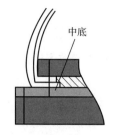

图 7-21　透缝加外线结构　　　　图 7-22　带中底透缝加外线结构

①钉内底：在成型内底前、后各钉一颗钉，使其固定在鞋楦上。

②绷帮成型：与胶粘工艺的绷帮操作相同，要将帮脚与内底平伏地黏合在一起。由于要缝内线，所以它的绷帮余量要大于缝沿条鞋的绷帮余量：缝一道内线时（如加固胶粘结合），绷帮余量与胶粘鞋的要求相同；缝两道内线时，则要按缝第二道线的位置再加 2~3mm 的余边量。

③帮脚、大底打粗、刷胶、填底心：方法同胶粘工艺。

④合外底：多采用胶粘定位结合法，工艺操作方法与胶粘工艺的相同。

⑤脱楦：缝制内线的需要。注意不得掀掉外底或使底心脱落，更不能撕裂鞋口。对于加固胶粘鞋的透缝工艺，要在一切装配完成之后再脱楦，避免二次排楦。

⑥缝内线：缝制内线可以有手工缝制和机器缝制两种方式。

手工缝制内线有三种方法：猪鬃引线缝制法、空心锥缝制法、钩锥缝制法。前两种方法缝制前需要在外底容线槽内扎孔，操作方法比较陈旧，现在已经很少采用；后者可以一边扎孔一边缝制，生产效率大为提高，目前应用较多。这种缝法既适用于皮革外底，也适用于胶底，其缝线针码类似于缝沿条的操作。缺点是缝合强度不高，当外底上的缝线被磨损后会直接影响成鞋的牢固度。

机缝内线一般都采用内线机来进行。根据针码的构成方式内线机可以分为两类：一类为单线缝内线机，其结构特点是没有线梭，只用一根缝线形成单线链式线迹，因此又被称为"码线机"；另一类为双线缝内线机，结构中有梭子部件，形成双线锁式线迹。

缝内线可采用苎麻线或锦纶线，缝线的选择要依据产品品种和缝制方法而定。缝线针码约为每针 10~12mm，前尖部位的针码可略小些，以利于拐弯，腰窝处则可略大些，缝线的起止点应放在跟口线以后 10mm 处。缝内线线迹距内底边 5~6mm，缝线后要求无翻线、断线、跳线等缺陷，线迹整齐一致。对于破缝开槽的外底或带有容线槽的注压、模压外底，缝线要全部落在容线槽内。

⑦排楦（闯楦）：根据鞋帮的松紧，用原号鞋楦或小半号的鞋楦闯入鞋腔内（最好用铰链弹簧楦）。

对于开暗槽的产品，还要进行合槽皮的操作，并要对底面进行修饰；如果是待加工的外底就需要进一步整型，以便与前掌和鞋跟结合。具体方法可参阅缝沿条工艺中的有关内容。

五、缝压条工艺

1. 缝压条工艺

缝压条工艺的特点是采用压条压住帮脚后与外底缝合。它的工艺流程为：绷帮成型→装勾心、填底心→翻帮脚、帮脚整平→合外底→缝压条。

缝压条工艺与缝沿条工艺的最大区别在于沿条所处的位置不同：前者处于帮脚和内底之上，而后者处于帮脚和内底之下，为区别沿条鞋中的沿条，故称其为压条。

缝压条工艺操作简便、生产周期短、效率高、成本低。压条鞋轻便舒适、结构简单，一般用来制作中、低档产品或轻便鞋。由于其结构的多变性，可以生产出各种不同性能、艺术效果及穿用效果的成品鞋。

①绷帮成型：与胶粘工艺的绷帮成型技术的要求基本相同，只是在帮脚的处理上稍有差异。缝压条工艺在绷帮成型时，帮面与内底之间不黏合，而只将帮里与内底黏合，帮面可用少量的钉子暂时固定在楦底上即可。操作时只在内底肉面边缘和帮脚帮里处分别刷胶，然后按绷帮要求黏合在一起即可。

要求帮里保留5~6mm的帮脚余量，主跟、内包头的保留帮脚余量一般小于3mm，帮脚要片削平整，以免过大的帮脚造成底面不平整而影响复外底。

②装勾心、填底心：装勾心的操作与胶粘工艺的相同，填底心的操作方法与其他产品的类似。

③翻帮脚、帮脚整平：翻帮脚及帮脚整平的作用是为后续的合外底及缝压条操作提供一个基础。绷帮后帮脚处的帮面会随着帮里折向内底一侧，此时需要将折向内底的帮面翻到鞋楦外侧，使帮脚与内底的肉面平齐，故也称为平帮脚。翻帮脚应在鞋里与内底黏合牢固之后进行。

为了使翻起的帮脚基本定型，在翻帮脚后还要用电烙铁熨烫帮脚。操作时，烙铁的温度应控制在80~100℃，熨烫的位置在楦底棱处帮面的肉面层上。

④合外底：合外底的操作方法及要求与胶粘工艺的类似，注意要将帮脚外翻的部分与外底平伏地黏合在一起。对于通压条产品，后跟部位的帮脚由于打剪口而不平整，此时应该用面革按剪口的实际形态加以垫平，以便在缝压条时使周边平伏。合外底后，要将楦面上翻帮脚时钉的固定钉拔掉以便于缝压条。

⑤缝压条：缝压条工艺所使用的压条可用天然底革或塑料制成，压条宽度一般为8mm左右，厚度为2~3mm。缝压条的起点位置一般在里侧跟口线后6~8mm的位置处，使用外线机或手工缝合，针码为4mm/针。

2. 压条的变异结构

①拎面结构：拎面结构是在缝压条结构的基础上省去了压条部件，而直接用缝线将帮脚与外底缝合在一起，故也叫作压面结构。

拎面结构的工艺操作要求与缝压条结构的基本类似，仅在翻帮脚时有所差异。拎面结构的后跟处通常不翻帮脚，而是在跟口线后6~8mm处打一个斜向过渡切口，使缝合外线时腰窝部位与后跟部位实现圆滑过渡。因省去了压条部件，所以不能在帮面子口部位钉钉。

拎面结构的成鞋更加轻便舒适且生产效率高，但是缝线质量、帮面材料等因素对成鞋的牢固度影响较大，所以拎面结构常用于生产童鞋或低档产品。

②半压条结构：半压条结构是指压条只缝在跟口线后 8~10mm 以前的部位，后跟部位则不用压条。半压条结构产品后跟部位的处理与拎面结构相同，其他要求与通压条结构相同。

③无内底压条结构：在某些缝压条产品中，不使用内底，而直接使用外底或加用中底来完成缝合结构，称为无内底压条结构。这种结构只在后帮使用皮革帮里，前帮一般没有帮里，其主跟、内包头直接粘衬在帮面革上，并且主跟、内包头和后帮皮革帮里的保留帮脚余量都较小，一般超出楦底棱仅 2~3mm。翻帮脚前可在帮面距楦底棱 2~3mm 处钉上条皮来暂时固定帮面，然后进行翻帮脚、合底、缝压条、出楦等操作，最后在成鞋内垫上通鞋垫即可。

④排楦成型压条结构：排楦成型压条结构有三种形式。一是直接将帮脚在楦底棱线处与垫式内底缝合，经过排楦成型后，在帮脚肉面刷胶，与外底黏合，然后缝压条，如图 7-23 所示；二是将帮脚、软垫式内底和包条皮缝合，排楦成型后，再进行垫心（垫心材料多用海绵）、安装中底、底边与包条皮里刷胶、用包条皮粘包中底边，最后缝外线、刷胶黏合外底，也可以在黏合外底后缝外线；三是所用的内底轮廓大于楦底面轮廓，内底超出的宽度为 3~5mm，沿着楦底棱线处将帮脚与内底缝合，排楦成型后，用帮脚包粘内底边，最后黏合外底。

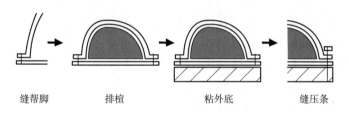

缝帮脚　　　　排楦　　　　粘外底　　　　缝压条

图 7-23　排楦成型压条结构

六、翻绱工艺

翻绱工艺是先将制好的帮套内外翻转，然后将帮面与底面的粒面相对，边口对齐进行缝合，然后将里外翻转即可成鞋套，该工艺也称反绱工艺。它是线缝组合工艺中一种较为传统的缝制工艺技法，也是线缝组合工艺中效率最高，操作最简便的一种工艺，具有结构简单、轻便舒适等优点，一般用来制作皮便鞋、室内便鞋和婴儿鞋。

1. 传统翻绱工艺

传统的翻绱工艺操作步骤是：先将外底反钉在楦底面上，把鞋帮套内外侧翻转，使帮里朝外进行绷帮，绷帮时只在前尖和后跟部位钉定位钉（12~16 颗钉），然后再用钩锥将帮脚缝合在外底里面上，缝合后起掉定位钉，垫上带有弹性的软质垫心，再在帮脚处扦缝鞋垫（布垫），出楦后再次将帮面和帮里翻转，经过排楦定型后出楦即为成品。

2. 新翻绱工艺

新翻绱工艺省去了绷帮定型的过程，操作步骤更为简便。先将帮套内外侧翻转，让鞋帮面与垫式鞋底的底面相对，缝合帮脚与底边，然后翻转鞋套，粘垫后进行排楦加温定型，最后出楦。也可先排楦定型，出楦后再粘垫。

新翻绱工艺对帮脚、外底、主跟的处理有所要求，一般帮脚要按楦底棱线放出 2 ~ 5mm 的缝合量。鞋底采用厚度为 2mm 的绒面革或软性苯胺革，边缘需要片边，片宽为 4mm、边口留厚 1mm，缝合量为 2 ~ 3mm。也可使用橡塑外底，它的底边有槽式边牙，边牙厚 2mm 左右，要求柔韧、不易撕裂，具有一定强力，帮脚与底槽边牙反缝即可。在主跟部位可喷热熔型树脂，定型后可以产生一定的弹性支撑力。

新翻绱工艺中缝合操作可在制帮缝纫机上进行，使用尼龙线双线缝合，针距为 2 ~ 3mm/针。

第二节　模压组合工艺

胶粘工艺和线缝工艺都是将帮套与事先加工整型好的外底组合在一起的，而模压工艺则不同。这种 20 世纪 50 年代发展起来的帮底组合工艺是利用橡胶的热硫化性能，将未硫化的外底橡胶胶料放入模压机的模具中，在一定温度和压力下使其发生硫化反应，在橡胶胶料硫化成型、形成外底的同时，也与鞋帮的帮脚和内底结合在一起。由于帮底结合是在模具内在一定的温度和压力下完成的，故被称为模压工艺。

与胶粘工艺相比，模压工艺具有以下特点：

①模压鞋与胶粘鞋的外观很相似。

②由于使用模具，产品底型的变化有局限性。

③需要使用专用的橡胶塑炼、混炼及模压设备。

④能耗高，粉尘污染大，固定资产投入多。

⑤劳动强度大，生产效率高。

⑥一般不生产高跟鞋，多用于品种少、需求量大的劳保和军用鞋靴的生产。

一、模压工艺的种类及特点

在民用产品的生产中，模压工艺已经基本上被胶粘工艺所取代。但由于模压鞋所具有的特点，使其在劳保、特种防护和军用产品的生产中仍占据一定的地位。目前在企业中使用的模压生产工艺主要有两种。

（一）缝帮套楦法

缝帮套楦法的主要工序：将鞋帮帮脚与内底用合毛机直接缝合→在模压机上套楦→模压硫化成型。

由于缝帮套楦法是先制出"鞋套"，再套楦模压，而未经过绷帮成型，因此，这种方法又称为排楦成型法。缝帮套楦法所用的内底尺寸小于楦底尺寸，以便将帮脚与内底缝合的棱埂向底心转移。缝帮套楦法的特点：

①为便于排楦成型，所用帮面材料必须柔软。

②内底选用帆布和无纺布等材料制成，以便于"鞋套"的缝制。

③不使用较厚、硬的主跟和内包头，以免影响"鞋套"的缝制。

④由于未经过绷帮工序，产品的成型稳定性差，易变形走样，主跟和内包头部位也容易产生不平伏的现象。

⑤生产效率高，成本低，劳动强度大。

（二）绷帮模压法

绷帮模压法的主要工序：绷帮→与内底结合→出楦→套铝楦→模压成型。

绷帮模压法的帮脚与内底采用绷粘的方式结合，它的特点是：

①与缝帮套楦法相比，绷帮模压法对帮面、内底、主跟和内包头等材料无特殊要求。

②由于经过了绷帮定型，产品的成型稳定性好，不易变形。

③与缝帮套楦法相比，生产效率低，成本高，劳动强度也大。

二、模压工艺的特殊要求

模压工艺的特殊要求主要包括对材料和帮脚处理两个方面。

（一）对材料的特殊要求

模压过程中，所用材料要经受一定温度和压力的作用，因此，模压工艺对帮面、内底及主跟和内包头材料有一定的特殊要求。

1. 对帮面、帮里材料的要求

在模压鞋的生产过程中，硫化温度一般都在150℃左右。而在硫化时，帮脚要与模具边缘及高温胶料接触。因此，要求材料的耐热性要好。帮面材料最好使用收缩温度高的天然皮革，而少使用植鞣革；帮里材料则多采用帆布或剖层天然皮革，否则帮面材料易出现卷缩、焦化等现象。

2. 对内底材料的要求

模压工艺多使用耐热性能较好的再生革。若产品的卫生性能要求较高时，可以使用铬-植结合鞣或纯铬鞣的天然底革。

植鞣底革的收缩温度一般在70℃左右，模压时往往出现焦化、破碎现象；弹性硬纸板的耐热性能好，但在穿用过程中容易分层，吸收脚汗后其周边易翘起，所以模压工艺一般也不采用植鞣底革或弹性硬纸板做内底。

3. 对主跟、内包头材料的要求

模压工艺对主跟和内包头材料也有耐热性的要求。现今企业多使用化学片类的合成材料，一些高档产品也采用天然底革的主跟和内包头。表7-3为模压皮鞋用主要材料的厚度要求。

表 7-3	模压皮鞋用主要材料的厚度要求		单位：mm
材料种类	男　　鞋	女鞋及大童鞋	童　　鞋
猪正绒面革、牛正绒面革	1.3~1.5	1.2~1.4	1.0~1.2
牛正面多脂革、牛绒面多脂革	1.5~1.8	1.3~1.6	1.0~1.2

续表

材料种类	男　　鞋	女鞋及大童鞋	童　　鞋
羊正面革、犊牛面革	0.9~1.4	0.8~1.0	0.8~1.0
鞋里革	0.7~1.0	0.6~0.8	0.6~0.8
橡胶外底	5.0 以上	4.5 以上	4.0 以上
再生革内底	2.4~2.6	2.2~2.4	2.0~2.2

（二）对帮脚处理的要求

模压工艺对帮脚处理的要求主要有两个方面：

1. 帮脚的固定

在绷帮操作工序、操作方法和技术要求等方面，模压鞋与胶粘鞋基本相同，帮脚的固定方法有四种。

①缝合固定法：如果采用缝帮套楦工艺时，首先将鞋帮帮脚粒面处砂磨 6~8mm，然后装置主跟、内包头，再与中底一起车缝，制成鞋套。

②胶粘固定法：同胶粘鞋一样，模压鞋的帮脚也可以用胶粘剂黏合在内底上。模压鞋粘帮脚多使用绷帮专用胶粘剂。由于模压时的温度很高，已接近或超过了热熔型胶粘剂的熔融温度，所以，如使用热熔胶或氯丁胶粘帮脚，模压时的高温会造成帮脚开胶，故一般都不使用热熔胶或氯丁胶。

③粘缝固定法：使用聚乙烯醇胶粘剂黏合帮脚时，由于其黏合强度略差，并且会影响鞋楦使用寿命，所以用缝内线的方法加强固定效果。

④钉合固定法：在劳保和军用产品的模压鞋生产中，一般都使用钢丝机将帮脚直接钉合在内底上，类似于订书机的钉合作用。

模压鞋的帮脚余量比胶粘鞋的要小，基本上与线缝鞋的帮脚余量相同。其目的是为了使帮脚平整。因为较大的帮脚余量会产生皱褶，使底面不平整，导致模压后胶外底的厚度不一致，从而影响产品质量。另外，如需要缝内线时，过大的帮脚余量也会影响缝内线操作。因此，模压鞋在绷帮后，如皮革伸长率较大而导致帮脚余量过大时，应将多余的帮脚割掉，再黏合固定帮脚。

2. 砂磨帮脚

为促进胶粘剂的扩散和渗透，使外底能与帮脚、内底结合得更牢固，黏合帮脚后的模压鞋也需要进行砂磨帮脚，砂磨帮脚的操作及质量要求与胶粘鞋的相同。砂磨时应注意，不可将缝合帮脚与内底的缝线砂断，也不可将固定好的帮脚剥开、掀起。

需要特别说明的是，虽然在制帮时已经将帮脚砂磨过，但由于后续工序如套楦、热定型等的影响易使皮革产生收缩，故模压前需要对帮脚进行补充砂磨。

由于模压时，外底胶料具有流动性，可以自动填平底心。

三、模压胶粘剂及外底胶料的制备

前已叙及，模压工艺所具有的特点，使得模压工艺的使用受到了很大的局限性。其中模压胶粘剂及外底胶料的制备是一个主要问题。

（一）模压用胶粘剂的制备

在模压操作之前，为便于底料与帮脚及内底结合牢固，需要在帮脚及内底上刷专用胶粘剂。

模压用胶粘剂俗称胶浆，它不是胶粘工艺中所使用的氯丁胶、树脂胶或热熔胶，而是根据模压工艺条件专门配制的混炼胶浆。这种胶浆的主要原料是天然橡胶，可根据需要调整配合剂的比例，以控制胶浆的硫化速度。

胶浆浓度的大小影响着外底的黏合强度。浓度大，胶粘剂不易渗入材料的内部，形成表面浮胶，结果是黏合强度低；而若浓度过低，胶粘剂的黏度则差，易渗透而难以形成胶膜，同样会影响黏合强度。

在模压前一般都要在帮脚及内底上刷一遍处理剂和两遍胶。与胶粘工艺一样，第一遍胶的浓度要低，以利于扩散和渗透，胶料与溶剂之比约为 1:3.3；第二遍胶的浓度要大，以便形成胶膜，胶料与溶剂之比约为 1:2.7。

（二）外底胶料的制备

混炼后的生胶胶料若存放时间过长，胶料会发生"自硫"反应，在高温季节更为明显。这种胶料的流动性差，模压后的外底往往具有缺胶、花纹不清、光泽差等缺陷。因此，模压鞋生产企业都自备炼胶车间，以便生胶完成塑炼和混炼后，可以进行模压操作，防止胶料发生自硫。

1. 原材料

制备外底胶料用的原材料主要是橡胶和配合剂。

（1）橡胶　包括天然橡胶、合成橡胶及再生胶。

①天然橡胶：天然橡胶由橡胶树产生的胶乳经过提炼加工而制成，其品种因干燥方法的不同而有烟片胶、皱片胶和风干胶三种，模压工艺中使用的是烟片胶。

②合成橡胶：合成橡胶是由低分子单体经过聚合或缩合反应制成的高分子聚合物。模压工艺中使用的合成橡胶品种有顺丁胶、松香丁苯胶和充油丁苯胶等。这类合成橡胶具有强度高、耐磨性好的特点，但工艺性能差，价格也较高。

③再生胶：再生胶是以废旧的橡胶制品及橡胶制品生产过程中产生的边角碎料为原料，经过粉碎、清洗、除杂、配料后，再进行塑炼和混炼而制成的，其性能较差，但价格低廉。在模压工艺中，再生胶是主要的填料。

（2）配合剂　橡胶生产所用配合剂主要包括硫化剂、硫化促进剂、活性剂、软化剂、防老化剂、补强剂、填充剂、着色剂等。由于前掌部位和后跟部位外底的耐磨性要求不同，因此，生产企业一般都制备出前掌胶和后跟胶两种，使用时分别放到底模的前掌及后跟部位。

2. 胶料的制备

模压鞋生产用胶料的制备包括塑炼、混炼和出片三部分。

（1）塑炼　除了一些恒黏度的品种外，天然橡胶的塑性很低。这种高弹性的材料不仅无法与配合剂混合均匀，而且加工难度很大。借助于热、机械力的作用或加入某些化学试剂等方法，使橡胶软化成为具有一定可塑性的均匀物质的过程称为塑炼。

通过塑炼可以增大生胶的可塑度，便于在混炼过程中配合剂的混入和均匀分散，便于出片；还可以提高胶料的流动性，使制品的花纹清晰，提高胶料溶解性和黏着性，使其易于渗入纤维的孔眼中。

天然橡胶的塑炼设备有开炼机、密炼机和螺杆塑炼机等，还可以使用化学塑解法进行塑解。

天然橡胶一般处于硬化的结晶状态，通过加温可解除结晶，使之变软，以利于切胶，同时在塑炼时节省大量的电能，防止损坏设备。天然橡胶的烘胶温度一般为 50~60℃，时间为 24~36h，冬季可延长到 72h 左右。

经过加温的胶块需用切胶机切成小块，便于输送和操作。一般天然橡胶切成 10~20kg 的胶块。

天然橡胶用开炼机塑炼时，最常用的方法是薄通塑炼法，即将胶料塞入两辊之间，通过辊压，使胶料软化。辊筒的温度为 30~40℃，一般不宜超过 50℃，辊筒转速为 13~15r/min，时间为 15~20min。然后将辊间距调整至 12~13mm，再薄通两次以上，至规定时间为止。最后下片停放、冷却 24h。

天然橡胶采用密炼机塑炼 3~5min 后，温度可达到 120℃以上。

塑炼的同时加入塑解剂，可以显著缩短塑炼时间，提高塑炼效果，并可将塑炼和混炼两过程合并进行。

（2）混炼 混炼的目的是将胶料与各种配合剂在炼胶机上混合均匀。混炼过程也是一个机械–化学过程，即橡胶大分子与填充剂生成结合橡胶的过程。

混炼质量对胶料的后期加工以及成品的质量有着决定性的影响。即使胶料的配比得当，如果混炼不好，也将会出现配合剂分散不均匀、胶料的可塑度过高或过低、易焦烧以及喷霜等缺陷，从而将使压延、压出、涂胶和硫化等操作不能正常进行，并导致最终产品性能的下降。

混炼设备有开炼机和密炼机两种。

开炼机混炼的灵活性较大，适用于生产规模小、胶料批量小而品种多的生产企业，但也具有许多不足之处，如劳动强度大、生产效率低、不安全、有污染、混炼的均匀性较差等。开炼机的混炼操作顺序为：包辊→吃粉→翻炼→加硫。

与开炼机混炼相比，密炼机混炼具有时间短、效率高、劳动强度低、操作安全、胶料质量好、环境污染小等特点，但不适宜浅色胶料和品种变换频繁的胶料的混炼。密炼机的混炼过程为：湿润→分散→捏炼。

胶料的混炼需要注意辊距与填料容量、辊筒的转速与速比、辊温、混炼时间以及加料顺序。

用开炼机混炼天然橡胶时，加料顺序为：生胶→固体软化剂→小料→炭黑、填充剂→液体软化剂→硫黄、超速促进剂。

用密炼机混炼天然橡胶时，加料顺序为：生胶→小料、填充剂或 1/2 炭黑→1/2 炭黑→油类软化剂。

（3）出片 经过塑炼和混炼后的胶料还需要在压延机上制成 7~8mm 厚的胶片。然后摊开晾置，使胶片自然冷却。如叠置堆放时，可在每层胶片之间用布或滑石粉隔离放置，防止胶片互相黏合、撕拉不开而影响使用。

四、模压硫化条件

橡胶硫化是橡胶分子由线形结构转变成网状结构的交联过程，橡胶经过硫化后，其内部结构发生了变化，从而使橡胶呈现出许多优异的性能，如耐磨性。要使硫化反应顺利进行，就必须控制好硫化的时间、温度和压力，也就是硫化的三要素。

从模压工艺的整个生产过程来看，模压工艺的核心是外底成型过程，也就是胶料硫化的过程。在进行模压时，必须掌握好模压硫化的条件，使三要素之间相互配合，保证产品质量。若三要素控制不当，则会影响成鞋的各项理化性能。硫化温度过高或时间过长时，胶底表面产生过硫现象，反之会产生欠硫现象，过硫或欠硫都会使成鞋耐磨性能下降；模压时的压力过大，容易使鞋帮面革被切断或压伤，并且会使模具的磨损加剧，反之压力过小时容易造成缺胶、底纹不清晰、胶底疏松、附着力和耐磨度降低等缺陷，从而影响成鞋穿着寿命。

模压时要根据不同产品的特点如外底厚度、帮面材料等因素掌握好硫化三要素。

五、模压工艺过程

模压过程是模压鞋生产的主要工序，主要包括：缝内线→套楦→装勾心、衬跟→加料→模压→开模出楦→修整。

1. 缝内线

对于绷帮模压的产品，经绷帮、砂磨帮脚后，需要在帮脚处缝内线。这是由模压的理化条件所决定的。在模压时呈熔融态的橡胶胶料在一定的压力和温度下充满整个模具型腔，由于压力较大，胶料在流动时很可能将帮脚揭起，从而使成鞋的外底厚度不一，甚至使被揭起的帮脚露出外底面而造成残次品。

缝内线可以采用手工、机器两种方式进行。机器缝内线时需先出楦，缝线一般选用苎麻线或锦纶线，苎麻线不需要浸蜡或浸油，防止在模压时发生质变降低帮底之间的黏合力。内线在内底周边距楦底边棱 10~13mm 处缝一圈，针码密度为 1 针/cm。由于在模压时模具型腔后跟部位面积较小，帮脚不易被流动的胶料揭起，为提高生产效率，目前许多企业对后跟部位不缝内线，仅在前帮部位缝内线，这样也有利于成鞋内底的平整性。

2. 套楦

套楦是指将帮套套在模压机的铝楦上。套楦前要检查并分清左右脚，并仔细核对帮套与铝楦是否同号。套楦时先套前帮，后用鞋拔子插入帮套将后帮套好。套楦后先检查是否套正，然后系好鞋带。对歪斜帮套的予以校正，防止模压时鞋帮破裂或胶底偏斜。

3. 装勾心、衬跟

模压鞋装勾心是在套楦工序之后进行，这是因为在套楦时腰窝部位要进行较大的弯曲，若在内底整型时已经将勾心与内底固定在一起，将会影响套楦操作。

模压鞋的勾心多采用硬度适中、略带弹性的非金属材料制成，一般为由弹性硬纸板制成的纸勾心，也可根据企业生产状况选用竹勾心，但是不能选用钢勾心或者铁勾心，这是由模压工艺的生产工艺条件所决定的：首先，由于工艺条件的限制，模压鞋一般不生产高跟鞋，多用于劳保和军用鞋靴的生产，所以对勾心的"强度"要求不是很高；其次，考虑到脱楦的方便和穿着的舒适性，要求勾心具有一定的"弹性"。综合这两方面的因素，从降低生产成本的角度上考虑，故多选用耐高温的纸勾心。

衬跟是指安装在模压鞋后跟部位的一个底部件。衬跟所起的作用有两个：其一是减少模压时橡胶胶料的用量，从而减轻成鞋重量、使成鞋穿着轻便；其二是平衡前掌部位与后跟部位的正硫化点。

在进行模压硫化时，由于外底在前掌和后跟部位的厚度不同，所以硫化条件的要求也不同。若以前掌部位胶料达到正硫化点为标准，则后跟部位会由于厚度大而产生欠硫；反之，若以后跟部位达到正硫化点为标准，则前掌部位又会造成过硫。在后跟部位的中心加上衬跟，平衡了前掌与后跟部位的胶料厚度，从而有效地解决了这一问题，使外底前掌和后跟两个部位同步达到了正硫化点。

为了防止外底变形，制作衬跟的材料不能有弹性。生产中常用软木、纸板、皮革等材料来加工制成衬跟。衬跟的规格尺寸和安装位置如图7-24所示。

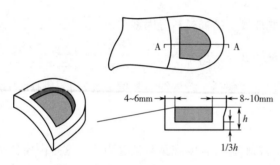

图7-24　衬跟的尺寸及安装位置

勾心和衬跟在使用前，应根据产品类别喷上模压用的黑胶浆或白胶浆，注意要使勾心和衬跟的每个面上都黏附有胶浆，以备模压时使用。操作时按照勾心和衬跟规定的安装位置，将两者分别黏合在内底上，要求黏合位置准确、粘贴牢固、不移位、不脱落。

4. 加料

加料是指将称量好的胶料分别放置在模具的前掌部位和后跟部位。

操作时，胶料应整齐摆放于模具中间位置，在高温、高压的作用下胶料呈现熔融状态，流向整个模具型腔。若胶料摆放不当，则会使胶料在模具型腔内的流速减缓，导致胶料分布不均，从而产生跑胶、缺花、底纹不清晰等缺陷。生产中胶料下裁的面积一般小于成鞋外底的面积，而胶料的厚度大于成鞋外底的厚度，这样做可以使压力集中，便于胶料熔融后迅速充满模具型腔。为了加快模压硫化速度，提高生产效率，也可将生胶胶料提前放在模压机上预热10～20min，然后开始加料、模压，但只能逐双预热，防止胶料提前硫化。

5. 模压

加料后，就可以开启模压机，使套有鞋套的铝楦下降，压紧在底模上，此时要注意检查鞋帮是否安放端正，如有歪斜应及时予以调整校正。模压时要严格按照生产规程进行操作，发现异常情况要及时调节排除，以保证产品质量。

模压开始时，由于各种原因，会有少量胶料从模具结合处挤出，通常称其为"水口胶"。"水口胶"出现时，操作人员应及时回收以便再利用。

6. 开模出楦

当预定的稳压时间结束时，自动计时控制装置发出信号，这时可启动机器打开合模，启动油缸使铝楦上升。旋转铝楦架，使模压好的成鞋翻转到机器上方，已套楦的另一只铝楦翻到下方，然后再加料进行模压。此时模压好的成鞋处于冷却阶段，等到冷却结束后方可进行脱楦，脱楦要求与其他工艺的脱楦要求相同。

7. 修整

模压鞋的修整主要是指修整子口余胶。子口余胶是指成鞋帮面与外底连接处被挤出的多余胶块，模压时虽然回收了一部分，但仍有一些较小的胶块需要清除。为了防止外底开胶，修整余胶必须在成鞋完全冷却后方可进行，清除后应使外底边沿光滑一致。

清除余胶可以用冲边锥来完成。操作时，将冲边锥锥刃蘸少许水后对准余胶，沿着帮脚周转冲除，注意不能冲伤鞋面，蘸水的目的是减小冲除阻力。另外也可以用热切割的方法，即将刀具通过电热丝加热到100℃左右，当刀口触及余胶时，使其呈熔融状态而被切割。

六、模压鞋的常见质量问题

在模压生产过程中，因为材料、工艺技术、模具等方面的原因经常会产生各种质量问题，如出现焦化、脆裂、缺花、欠硫、过硫、开胶、喷霜、压歪等缺陷。在生产中一旦发现质量问题，要及时分析问题产生的原因，做出相应的处理，严重者必须停止生产，最大限度地减少因产品质量带来的损失。下面就模压工艺过程中一些常见的质量问题加以分析。

1. 焦化、脆裂

焦化、脆裂是成鞋脱楦后出现在内底、帮面上的质量缺陷，主要表现为材料烧焦、发脆、易断裂。它严重影响产品的穿用寿命，因此必须及时分析原因并反馈信息。

产生原因：铝楦的楦温过高；内底、帮面没有选用耐高温的材料。

2. 缺花

缺花是指模压时胶料没有充满模具型腔，使外底出现缺角或凹陷。

产生原因：胶料称量或添加量不足；胶料塑炼不透，流动性差或者压力不足；胶料硫化速度过快或已焦烧自硫；胶料各部位出型厚度或形状大小配合不当；模具精度不高，逃料严重。

3. 欠硫

胶料尚未达到完全的硫化点，称为欠硫。

产生原因：胶料在硫化过程中突然失压或温度下降；选用的硫化温度偏低、稳压时间不足等。

欠硫现象一般在成鞋出楦时不易被发觉，在抽验测试时，往往几项物理机械指标达不到要求，有时经消费者实际穿着后才发现。欠硫的主要表现是耐磨性能差。

4. 过硫

胶料在一定的温度和压力下已达到最理想的硫化点，此时，如果继续升温延时，则胶底的理化指标反而会显著下降，这就是过疏。

产生原因：控制温度的系统失灵；稳压硫化时间过长。

调节排除的方法：经常检查加温系统的灵敏度，及时测试胶底的物理机械性能，严格控制稳压时间。

5. 喷霜

喷霜是指硫化胶或末硫化胶内部的配合剂因迁移而在制品表面析出的现象。通常析出物为白色的像霜一样的结晶，故称为"喷霜"，又称"喷出"。若表面喷出物为硫黄时，则称为"喷硫"。

产生原因：配方设计不当，易迁移材料使用过量；使用了易喷霜原材料；原材料质量不合格；配料称量不准确，造成某一材料过饱和，在贮存使用时析出表面；混炼、加硫分散不均匀，导致某一材料在局部区域过饱和；硫化欠硫，硫化胶交联密度过小；胶料耐老化性能不佳或模具粗糙，使胶料黏模，导致脱模时拉毛鞋底，也易引起喷霜；成品保管不善，易遭风吹、日晒、雨淋，从而导致喷霜产生。

修整方法：可用经 120# 汽油稀释的硅油溶液或经水稀释的乳化硅油溶液擦拭喷霜表面；用除霜剂擦拭喷霜表面；对喷霜鞋底进行再硫化并配合擦拭除霜剂处理。使用以上方法时，处理剂不得接触鞋底黏合部位。

6. 开胶

帮与底之间黏着力差，穿着不久就会产生帮、底分开，称为开胶。

产生原因：硫化不完全；涂刷胶浆不均匀，胶浆过稀或过稠，涂刷胶浆后，胶面上又沾有油类、水分和灰尘等污物；阴雨天防潮措施不佳以及选用压力偏低等。

调节排除的方法：每批胶料都要测试其可塑度，涂刷后的半成品一定要有防尘、保温等措施。还要经常检查压力系统，发现故障，应及时排除。

7. 帮面断裂

产品经过模压，楦边口把鞋帮面革切断或压伤，叫作帮脚断裂。

产生原因：模具与铝楦配合不正，内底大于模具，选用压力过大或模具上口不光滑。

调节和排除方法：发现帮脚断裂，应立即停止生产。如属楦模位置不正，则必须校正；模具上口不光，可用砂磨方法修饰光滑；压力过大则调节减小；内底大于模具的应停止生产，待纠正后方可继续生产。

模压时所需要的温度是由模压机上的电热装置提供给模具的。模压前应先开通机器电源，使模具达到预定的温度要求。生产时则应严格控制模具温度，不能忽高忽低，以防产生过硫或欠硫现象。模压温度是根据胶料配方和胶底厚度等因素决定的。生产男鞋时，模具温度一般控制在 140~160℃。绷帮法的模压鞋通常只对底模具加温，而不对铝楦加温。铝楦的温度是在模压过程中通过自然导热而获得的。如果也对铝楦加热，温度升高时，会将帮里及内底烫焦，穿用中内底受曲折易断裂。

此外，模具是否清洁对产品质量也有一定影响。模具在生产过程中会产生胶渍、锈斑等污渍，这会影响胶料在模具内的流动，产生底纹不清晰、底边不齐等质量缺陷。清洗模具时多采用稀盐酸，因而模压鞋的模具损耗较大。

第三节　注压组合工艺

注压工艺是利用塑料、橡胶等材料热熔冷聚的特点，通过注压机加热熔融，注压到模具型腔内塑造外底并与帮脚、内底结合，它是 20 世纪 60 年代新兴起的帮底组合工艺。

注压工艺的特点是生产效率高，劳动强度低，成本低，产品规格，造型一致，外底绝缘、耐油、防水、防静电，采用多次注塑，可塑造不同性能、不同色彩的多色底。注压工艺要根据底型来设计制造模具，频繁更换模具会使得生产成本大幅度提高，因而不适用于小批量的生产。

本节以注压工艺为中心，从材料、设备、工艺流程、质量分析等几个方面来阐述注压原理及方法。

一、注 压 材 料

注压工艺中采用的材料种类很多，它们的质量有较大的差别。主要表现在制成品的外形、舒适程度、手感、轻软度、绝缘性、透气性以及许多物理性能，如最大的抗张强度、伸长率、耐磨性及耐潮湿及化学品腐蚀的程度等方面。

根据注压工艺所注的材料，注压工艺可分为注塑、注胶、橡塑并注等三类。

（一）注塑材料

鞋用注塑材料品种繁多，常用的有聚氯乙烯（PVC）、聚乙烯（PE）、丙烯腈-丁二烯-苯乙烯三元共聚物（ABS）、聚氨基甲酸酯（PU）等。为满足皮鞋鞋底耐磨、耐腐蚀、易于注压、成本合理的要求，外底常用的材料是 PVC 和 PU。

1. PVC 塑料

PVC 塑料是以 PVC 树脂为基料，根据产品的性能要求，添加增塑剂、稳定剂、填充剂、润滑剂、着色剂、发泡剂、改性剂等配合而成。

PVC 塑料货源充足，因其良好的加工性能和适当的价格受到了企业的青睐。又因其材料固有的耐磨、耐寒、耐湿滑性能差而逐渐被挤入生产低档产品的行列。为了改善理化性能，科技人员用丁腈胶（NBR）、乙烯-醋酸乙烯-一氧化碳共聚物（Elvaloy）、氯化聚乙烯（CPE）、Chemigum P83（丁二烯-丙烯腈聚合物）等材料对其改性，取得了较好的效果，但由于条件的限制，部分材料依赖于进口，且价格昂贵，不利于扩大生产。据资料介绍，有的企业使用高聚合度聚氯乙烯（简称 HPVC）生产注塑鞋底，弥补了 PVC 的不足。HPVC 具有较高的冲击回弹性及耐寒性能，生产出的注塑底弹性较好，有橡胶的手感，耐磨性好，比普通软质 PVC 的温度敏感性小，低温下仍然能保持良好的弹性，避免了普通 PVC 注塑底冬天打滑发硬的缺点，可用于生产中高档注塑底。

2. 聚氨酯（PU）

聚氨酯（PU）是聚氨基甲酸酯的简称，由二元或多元异氰酸酯与二元或多元羟基化合物反应制成。PU 用途十分广泛，根据不同原料可得到不同性质的产品：例如可以为热塑性，也可以为热固性；可以制成柔软的弹性体，也可以制成很硬的塑料，或制成介于两者之间的产物。

PU 具有优异的耐磨、耐曲挠性，且质轻柔软，强度大，压缩形变小，耐油及化学稳定性良好，易于加工。因而是一种多功能多用途的材料。在制鞋工业中，PU 胶粘剂、PU 人造革、PU 合成革已经广为应用。

按照加工方法的不同，聚氨酯弹性体可分为混炼型、浇注型和热塑型三类。注塑用的聚氨酯材料是一种热塑型 PU 弹性体，简称 TPU。它易于加工，又非常耐磨，成品具有耐油、耐低温、耐老化的特点。

（二）注胶材料

注胶所用的主要原料是橡胶，包括天然橡胶、合成橡胶以及热塑性橡胶。其中以热塑性橡胶的注胶性能为最好。

1. 天然橡胶及合成橡胶

由于注压工艺是利用材料的热熔冷聚性能来完成帮底结合的，所以注压用的胶料必须具有良好的热流动性能，以便能快速注满模具型腔。在注压过程中，由于高温和摩擦所产生的热量使得胶料极易初硫定型，造成注不满模具或发生胶烧现象。所以必须使注压胶料具有较慢的初硫点，又有较快的正硫化点和较短的硫化时间。因此，胶料的设计与制备是注胶的关键，在注压前必须进行配方设计和试验。

天然橡胶在用作注压底材时要严格控制炼胶时胶料的可塑度，一般控制在 0.50 ~ 0.55。用于注压工艺的合成橡胶主要有顺丁橡胶和再生橡胶。

2. 热塑性橡胶

热塑性橡胶是一类兼有塑料和橡胶特点的新型高分子聚合物，简称 TPR 或 TPE，在常温下它具有普通硫化橡胶的弹性和强度，在高温下又具有热塑性塑料良好的加工性能，从而有效地实现了橡胶制品加工成型过程中的节约能源和提高生产效率的问题。

热塑性橡胶在制鞋工业中广泛应用的是苯乙烯-丁二烯-苯乙烯嵌段共聚物（SBS），SBS 具有良好的强伸性能、较高的弹性和表面摩擦因数（防滑性能好），并且具有很好的低温柔软性。

热塑性橡胶加工工艺简便，可根据产品性能需求及加工设备等条件加入适当的配合剂，如稳定剂、操作油、填充剂、着色剂和功能性添加剂等，以改善产品的物理机械性能。

注压热塑型橡胶的设备与注塑的设备基本相同。注压 SBS 时的温度应控制在 160 ~ 220℃，温度过高，胶料容易从喷嘴处溢出，且聚合物会发生降解；反之温度太低时，胶料流动性变差，并且由于分子取向强烈，制成品会产生严重的各向异性。SBS 的注射压力应控制在 25 ~ 30MPa，压力过高易出现溢料现象，甚至损坏模具；压力过低时会造成底纹不清晰、表面凹陷或不能充满模具等缺陷。在压力和温度之间，应该先调整温度，再调整压力。注压时间包括进料加热时间、注射时间、保压时间、冷却定型时间，这四个时间段形成一个周期，即是成型周期。其中以注射时间和冷却时间最为重要，决定着制成品的质量。

（三）橡塑并注材料

橡胶、塑料都是高分子化合物，并且性能各异、各有优缺点。实践证明，可以通过橡胶、塑料的并用获得更好的注压材料，即橡塑并用体系，用来改善和提高制成品的综合性能。

根据主体的不同，橡塑并用体系可分为以橡胶为主体的并用体系和以塑料为主体的并用体系。例如以聚氯乙烯（PVC）为主体，用粉末丁腈橡胶进行改性的橡塑并用体系，注压时流动性能好，且制成品的耐磨、防滑、耐低温曲挠、压缩变形、耐油等性能都得到了有效的改善。

橡塑并用体系在捏合造粒时，为了使橡胶便于和塑料混合，必须先将橡胶塑炼，以降低弹性、增大塑性，然后通过捏合机均匀地与塑料及其他配合剂捏合在一起，经过切粒机，制成颗粒料以备注压。

需要补充的是，现今企业常采用双密度连帮注压制鞋生产工艺，其具备较高的自动化水平和生产效率以及稳定的产品质量，越来越被重视。采用注压制鞋工艺生产的双密度鞋靴，具备模压鞋靴产品优良的防水性能、鞋底与帮面黏合良好等特点，还能实现良好的缓冲减震、耐温隔热等性能。目前该结构的鞋靴市场迅速扩大，尤其是职业鞋靴方面占比日益增大。

二、注压设备

目前在注压结合总装工艺中使用的设备是注压机。根据其结构形式的不同分为卧式、立式、转盘式和轨道式四大类，其中转盘式和轨道式的应用较为广泛。

注压机的主要技术参数包括工位数，输料轴转速、直径以及长径比，最大注射容积、压力、温度及速度，开合模行程及容模空间，功率消耗，生产量等。

注压机主要由供料系统、控制系统、注射系统和模具系统等四大部分组成。下面予以简要介绍。

1. 供料系统

供料系统用来贮放和传送原料。在早期的注压设备中，连续注压时直接将原料填入料筒中；对于定量注压件则需先称重，然后将原料填入料筒内，原料经过传送机构被送至预热机构进行预热。目前，国内大部分企业使用的注压机的供料系统已有较大的改进，大部分采用电脑模块控制注射量，既节省了人工成本，又提高了工效。

2. 控制系统

注压成型的关键在于生产所需的成型时间，即生产周期。随着注压成型机自动化程度的提高，影响生产周期的因素有螺杆返回时间、注射时间、注射保压时间、合模时间、启模时间和模具移动（返转）时间。控制系统主要是对温度、压力、时间以及料量等进行控制和调整。注压机的控制系统一般集中在一个由电气、电子目视元件组成的控制板（箱）上，采用PC和PLC控制器以及电脑视窗系统。现今部分注压机采用了触摸屏（GP）作为人机交互界面，新技术的应用大大提高了控制精度，使得设备操作简便、易于维护、可靠性增强。

3. 注射系统

注射系统的功能是把机筒内呈热熔状态的材料经注压嘴挤压进模具，它是注压机的动力机构。该动力机构的主要部件是注压推进杆，较早的注压推进杆有柱塞式、螺杆式、柱塞-螺杆式三种形式。

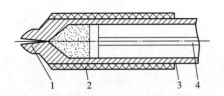

图 7-25　柱塞注压机工作示意图
1—注压嘴　2—加热保温装置　3—注压筒　4—柱塞

（1）柱塞式　柱塞式注压机构依靠柱塞杆直接将热熔料注压进模具。要求料粒在机筒中必须达到熔融状态，便于流动。该机构适宜于定量注压件，如图7-25所示。

（2）螺杆式　螺杆式注压机构依靠螺杆单向连续旋转所产生的轴向推力将热熔料注入模具，如图7-26所示。该机构的特点是物料混合均匀，注射力强。使用时由于摩擦力大，易升温，故应严格控制机筒温度。在配料时要求加入溶流性好的配合剂，防止由于剪切作用使外底的耐磨性降低。

（3）柱塞-螺杆式注压机　柱塞-螺杆式注压机构依靠螺杆的轴向推力和柱塞的挤压推力将热熔料注入模具。其效果最佳，如图7-27所示。

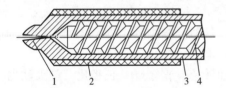

图 7-26　螺杆注压机工作示意图
1—注压嘴　2—加热保温装置
3—注压筒　4—螺旋注压杆

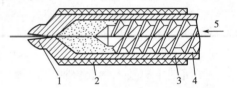

图 7-27　柱塞-螺杆注压机工作示意图
1—注压嘴　2—加热保温装置　3—注压筒
4—螺杆　5—注压前螺杆位置

注射系统是注压设备的核心部分。目前生产的注压设备的技术含量大大增加，如入料量和射出量使用高精密度电阻尺检测计量的准确性；对于不同原料的特性，搭配入料转速检测功能；有的注射器装备有部分排空螺旋，即注射加料仅加到填满模具所需的数量；对于多工位的设备，按照产品的不同，在每个独立工位用计算机或者模具上的微型开关控制注射容积使注射停止，注射各参数的精确化使成品鞋质量得到了很大的提高。

4. 模具系统

模具系统由楦模（阳模）、底模（阴模）、开合模装置和锁模装置组成。根据配置模具的数量，注压机可分单工位和多工位两种类型。单工位注压机采取单模固定形式，主要有立式和卧式两种；多功位注压机采取多工位多模具形式，主要有轨道式和圆盘式两种。多工位注压机可以同时进行套楦、注压、出楦作业，过程连续，生产效率高。目前已有四工位、八工位、十二工位、十六工位、二十四工位和三十六工位等多种形式。开合模装置多以液压为动力，部分设备备有油压驱动调模机构，调整量为2~4mm，用于鞋帮的正确定位，这些依靠计算机自动控制来完成。现国内大部分使用的圆盘式注压机，多采用德国和意大利技术，模具装置采用气动开合模具系统。锁模装置有液压和机械制动两种形式，采用精密仪器测试锁模力的均衡，不但降低了次品率，还有利于延长模具使用寿命。

除了以上介绍的部分，注压设备还包括预热保温系统、冷却系统、计量系统、安全系统等部分。

三、注压工艺

注压是注压结合总装工艺中最为关键的工序，对制成品的质量起着决定性作用。因此，注压前应根据制成品的特点进行原料配比、制定生产工艺；注压时要严格按照操作规程来进行，控制好注压温度、压力、时间等因素，并及时对制成品进行质量分析，以便改进和调整生产工艺。

根据生产过程注压工艺分为两个阶段：准备阶段和注压出楦阶段。下面分别予以介绍。

（一）注压前的准备阶段

1. 注压机的准备

在进行注压前必须对注压机进行全面检查，仔细检查模具型腔是否清洁；注射嘴与模具进料孔是否紧密吻合等；在检查后开始对注压机进行预热，使机筒和模具温度保持在 160~180℃。

2. 套楦前工序

（1）注塑鞋　注塑鞋的成型方法依据帮面材料和帮面结构来确定，有缝帮成型、绷帮成型和拉线成型三种方式。

对正面革和合成革可采用绷帮成型法：绷帮→与内底结合→砂磨帮脚→出楦→套铝楦。

对帮面材料比较柔软的如仿羊革鞋帮可采用缝帮成型法：将帮脚与内底合缝→套铝楦。

对于一些易撕裂的如纤维织物、软绒革制成的帮面也可采用拉线成型法：套楦→将帮脚拉线锁缝→拉线绷帮→出楦→套铝楦。

注塑鞋帮脚的固定方式有胶粘法、缝合法、粘缝结合法和钉合法四种方式。

为使注压外底与帮脚、内底牢固结合，注压前需要进行帮脚砂磨，其操作及质量要求与胶粘鞋相同。对于采用套楦拉线锁缝成型的鞋帮，可以不砂磨帮脚，直接注塑。

在注压时，由于胶料具有流动性，在一定压力下可以自动填平底心，故无须再填底心。

砂磨帮脚后要涂刷胶粘剂。胶粘剂可以选用能溶解 PVC 的丙酮或环己酮，使 PVC 在注塑过程中与酮类融合，产生很强的结合力。也可以选用强力更好的聚氨酯胶粘剂。胶粘剂必须涂刷两遍并进行烘干处理，严格控制烘干温度和烘干时间。最后还要注意保持胶面清洁无尘。

（2）注胶鞋　注胶鞋的成型可以采用绷帮成型或缝帮套楦成型方式。

注胶鞋鞋帮与内底的结合即帮脚固定的方法与注塑鞋的略有不同，因其用天然橡胶及合成橡胶的硫化胶料作为底材，采用模具硫化法生产。所以模具具备硫化的温度，注入的胶料也有一定的注射温度和注射压力。这就要求帮脚与内底的结合面必须承受一定的温度和压力而不被揭开，故帮脚与内底结合成型时常用热熔胶或白胶处理。

同注塑鞋一样，注胶鞋也需要对帮脚进行砂磨处理，然后刷胶。所刷胶浆为天然硫化胶浆，它由天然胶制成混炼胶料后再用汽油溶解而成，硫化速度快于注胶料。为防止胶浆自然硫化，采用的措施是将硫化剂和其他配合剂分开，分别炼成甲、乙两种混炼胶浆，然后将两种胶浆按比例配比、搅匀后使用。

（二）注压出楦阶段

启动注压机，调整好工位后，动力机构带动螺杆或柱塞开始将预热好的、呈熔融状态的原料注进模具型腔，保压 40~50s，使原料充满整个模具型腔并根据工艺条件留出冷聚时间，然后脱模出楦。

前已叙及，在整个成型周期中，以注射时间和冷却定型时间最为重要。为了定量地将不同尺寸模具的注射时间加以对比，在这里引出注射速率这一概念。注射速率即单位时间内所注射的原料的容积。注射速率越大，则注射时间越短。选取适宜的注射速率是保证鞋底高强度、低收缩率的重要条件。冷却定型时间取决于鞋底的厚度，时间过短会使鞋底变形，时间过长则使生产效率降低，并可能使脱模困难，鞋底内产生脱模应力。下面分别以注塑和注胶为例进行说明。

1. 注塑

注塑多采用多工位的圆盘式注塑机来完成。注塑时首先将套好铝楦的楦模（阳模）底边棱与底模（阴模）口紧密对齐吻合，然后将预热好呈熔融态的料液挤压注入模具型腔。熔融状态的材料迅速将聚氨酯胶膜熔化从而相互融合，在保压冷却后，鞋底与帮套通过胶接层的固化而胶结。

在注塑模具中设有溢料孔。当模具型腔被注压满后，多余的料液从溢料孔处挤出，触动微动开关使注塑停止。注塑嘴离开模具的进料嘴，圆盘转动一定角度，此时第二个工位上的模具到位，注压机筒向前推进，使注塑嘴插入底模模具的进料嘴中，进行注塑过程。依次循环，在不同工位完成套楦、注压、脱楦的工序。

2. 注胶

注胶采用注胶机来完成。注胶时首先将套好铝楦的楦模安装在注胶机上，底模合模，楦模下落，与底模紧密吻合。注胶机的注压嘴插入底模模具注胶孔内，加压将胶料注入模具型腔。充满模具型腔后多余胶液从溢胶孔挤出，顶动微动开关使注胶停止。胶料在模具型腔中硫化，按设定的硫化条件，控制打开底楦，使楦模上升，然后脱模出楦。

四、产品缺陷及质量分析

在注压成型过程中，用于原辅材料、配方、设备、模具结构及多种工艺因素的影响，鞋底常会出现一些质量问题，造成物理-机械性能下降或外观造型有缺陷等现象。如何及时发现并有效解决问题，就必须加强质检，准确分析成型不良的原因。

1. 成型不足

成型不足主要表现为鞋底底纹不清晰或料液未充满模具型腔，严重时表现为缺料。

产生的原因：供料不足；模具排气孔或溢料道设计不当，胶料温度不够；注入推进压力不足；螺杆或柱塞杆保压时间太短。

2. 收缩凹陷

收缩凹陷是指在注射口处、外底周边、后跟甚至整个外底表面出现凹陷不平的现象。产生的原因：料温过高，模具温度过低；保压及冷却定型时间不足；模具设计不当，厚薄相差太大或溢料。

3. 飞边、跑料

注压过程中，料液从模具缝隙中溢出称为跑料或飞边。产生的原因：注射压力过高；料量过多或料温过高；模具精度不够，楦模与底模配合不当或者模具变形；锁模力量不足；内底与模具子口配合不当；鞋帮结构或结合工艺不当。

4. 鞋底变形

鞋底变形指脱楦后的产品外观不平整，轮廓不分明，短时贮放后出现翘、歪、扭等现象。产生的原因：冷却定型时间过短；脱楦太早或方法不当，脱楦后存放方式不正确；成型后烘干定型不够；注胶欠硫时也会发生变形。

5. 鞋底内有气泡

鞋底内有气泡，外观看有凹坑，有的外观不明显，但剖开时能见到空洞。产生的原因：注压时温度太高，材料产生分解；材料含水量大；注入时带进空气或模具排气不好；保压时间不足。

6. 出现水印

水印即料流痕迹十分明显的现象。产生的原因：模具设计不当，如注射口位置不当或注射口尺寸过小；温度控制不当，应适当提高料温及模具温度。

7. 开胶

帮与外底之间结合的强度不够，导致帮底分离或部分裂开。产生的原因：帮脚砂磨起毛不符合要求；黏合界面不清洁，胶粘剂未涂匀或涂后停放时间偏长；注塑温度过低；起模不当；注胶欠硫。

8. 断帮

鞋帮在帮底结合处断裂。产生的原因：模具子口的压条过于锋利；楦模下降高度过大；内底过大，与模具配合不当；楦模压力过大；鞋帮结构设计不合理。

9. 焦点、底面发黏或帮茬外露

注压鞋的底面上出现可以直接观察到的有烧焦似的斑点叫作焦点。在底面上出现鞋帮脚的茬痕或茬边叫作帮茬外露。底面发黏是指注胶鞋鞋底发黏，抗张强力降低。产生的原因：欠硫、过硫会造成注胶鞋鞋底发黏；出现焦点是由于胶烧或注压筒内温度太高、滞留时间过长引起注压材料分解；鞋帮与内底结合不牢，被料液冲开揭起；楦模不正、底料设计太薄，不能压住帮脚都会出现帮茬外露；拉线成型时未能拢紧，使料液进入楦与帮脚之间，顶起帮脚外露。

以上简要介绍了在注压过程中容易产生的质量缺陷。在生产实际中，要仔细分析产生问题的原因，采取不同的措施去解决。

第四节　硫化组合工艺

硫化工艺出现于 20 世纪 60 年代，用于胶鞋的生产。硫化工艺是利用橡胶热硫化定型的原理，将生橡胶经过塑炼、混炼、出型等工艺制成橡胶坯料，鞋帮经过缝中底、套楦、粘围条、粘底和进入硫化罐硫化等一系列工艺性加工，在温度及压力的作用下，使帮底牢固结合。

硫化工艺具有生产效率高、生产成本较低、劳动强度低、机械化程度高的特点。其产品性能具有胶鞋的特色，外底柔软，防水性好，透气性较差，帮底易变形。

一、硫化前的准备

硫化前的准备工序主要包括胶料及其出型、胶浆和帮套的准备。

1. 胶料

与注胶鞋、模压鞋的胶料一样，硫化鞋的胶料也需要经过塑炼、混炼并返炼出型。另外，由于硫化鞋各部位受力不同，质量性能要求也不同，故硫化鞋各部件胶料的配方设计要针对不同情况而予以改变。如内围条、垫心所受的强力很小，因此含胶量很低甚至可以全用再生胶，相反，外底要求耐磨、高强力，因此要求含胶量相对要高一些。

2. 出型

将混炼好的胶料在压延机上压出所需要规格的部件叫作出型。例如，外底的厚度、形体和花纹，内胶条的厚度和宽度、外胶条上的压道印等，注意对同一批产品的外底要压出相同规格的厚度、形体和花纹。

3. 胶浆

硫化鞋所使用的胶浆有黑胶浆和白胶浆两种。

当内底采用轻革，或者在内底上衬有保暖材料时，胶浆不易透过内底表面渗到表层，此时可以选用黑胶浆，它与注胶鞋、模压鞋使用的胶浆相同，是用炭黑做填料配制而成的。相反，当使用织物材料作内底，或者用于白色或浅色产品时，黑胶浆会渗到内底表层使内底布变黑，因此多选用白胶浆。白胶浆一般是用白炭黑等填料配制而成。黑胶浆和白胶浆都属于天然胶粘剂，黏合力不高，只是起到暂时性的固定作用。

4. 鞋帮套的准备

硫化鞋与模压鞋的帮套相似，区别在于硫化鞋都使用中底，采用缝帮套楦即排楦成型的方法。具体操作方法可参照模压工艺中的相关内容。做好的鞋帮套直接套在铝楦上，以备下道工序使用。

需要说明的是，由于硫化工艺是在高温、高压下硫化定型的，因此帮面、帮里、主跟、内包头及内底均需选用耐高温的材料。

（1）鞋帮的准备　在制帮过程中，除绒面革外，采用其他正面革制成的鞋帮，在帮底结合部位都要进行砂磨处理，以便于牢固黏合；在与内底缝合的部位上，要进行片边处理，片宽 3~4mm，这样可在缝合后不会产生较大的棱埂。另外，在帮脚前后端点还要标定缝合的标志点，便于与内底正确缝合。根据具体情况也可在其他部位适当标点。

（2）内底的准备　由于采用缝帮套楦法，故内底材料要求柔软。可选用帆布、合布或纯铬鞣的天然底革。若采用天然底革时需要片压茬边：片宽8mm，边口留厚1mm。

内底尺寸的大小依据成鞋式样、结合牢度、材料及加工工艺等因素而定。通常有三种形式（以楦底尺寸为界）：一是小于楦底边缘3~4mm；二是与楦底等大；三是大于楦底边缘1~2mm。内底尺寸的不同决定着内底与帮脚缝合处在楦上的位置各不相同，故处理底口时所用的方法也不相同。

对应于缝制好的鞋帮，应在内底的相应位置上标定缝合标志点，避免发生缝合错位。

（3）主跟、内包头的安装　在帮底缝合之前，要先装置好主跟和内包头。为了便于缝合套楦，常采用柔软且弹性好的材料做主跟、内包头。另外，由于硫化鞋没有绷帮工序，这些材料不易定型，套楦后表面不平伏，所以需要使用胶粘剂黏合。

（4）帮底缝合　将帮脚与内底按照标定的标志点对齐后进行缝合。一般由后缝处开始合缝，缝到前尖部位时，用镊子或拔锥将帮脚皱褶均匀分布，以便排楦成型。缝合时距边2~3mm，针码密度为3.0~3.5针/cm。

（5）套楦整理　硫化鞋生产中使用铝楦。套楦后要进行修饰整理，包括系带、消皱、敲平等工序。耳式鞋要系好鞋带。对帮脚及底棱以上10~15mm周边处，特别是前尖部位需用烙铁熨烫来消除褶皱。帮底合缝茬要剪齐敲平。

（6）检验　套楦后必须及时逐双检验，发现问题及时修正，以降低次品率。

检验项目有端正度、牢度、对称度等。端正度检验套好的鞋帮前端中点是否与楦体前端中点重合，后帮合缝是否与楦体中心线重合等；牢度检验包括后帮合缝的缝线及帮脚-内底的缝合线是否有断裂现象；对称度则检验同双鞋各部位是否对称一致。

二、硫化鞋粘制工艺

（一）涂刷胶浆

1. 刷胶注意事项

刷胶前先要根据材料性质选好黑胶浆或白胶浆，然后将黏合面净化；刷胶时不能刷到砂磨面以外；对于绒面革不能让胶浆将鞋面沾污；刷子要垂直、用力来回刷几次，使胶浆充分渗透到纤维层内，并防止胶浆漏刷或堆积；刷胶后，要保持黏合面清洁无尘。

2. 刷胶方法

刷胶必须刷两遍。刷第一遍胶要求胶浆稀一些，便于渗透；第二遍要求胶浆浓度较大，以增强黏合力。第一遍胶刷完要晾15~20min至"指触干"，然后刷第二遍胶，晾20~30min后，再进行粘底。

（二）粘底

1. 填底心

经过套楦后，底心空隙较大。若不加以处理则会使成鞋鞋底凹陷，影响穿用。因此必须填平。填底心材料要与外底材料一起参与硫化反应，故要选用同类型材料，一般使用再生胶片。将其裁成底心形状，厚度与底心凹度相同，再进行黏合填平即可。也可裁成厚度小于底心凹度的底心形状，然后在胶料中加入发泡剂，硫化后底心材料发泡膨胀填平底心，并使内底富有弹性，穿着舒适。

2. 粘围条

粘围条可以掩饰帮脚褶皱，增加鞋帮与中底的黏结强度，改善成鞋防水性能，为黏合外底打下基础，起到承上启下的作用。

当内底尺寸小于或等于楦底尺寸时，要粘内围条和外围条；内底尺寸大于楦底尺寸，只粘外围条即可。

需要粘内围条时，将胶条平粘在帮脚四周缝合线以外的部分，一般从内怀腰窝处粘起，接头处要重叠 1.0~1.5mm，然后再粘外围条。外围条与假沿条相似，厚度为 3~4mm，宽度为 6~8mm，粘在楦底口的侧面，与内围条垂直相接或包过底棱。

粘围条时，胶条与帮脚、填底心材料之间不可避免地存在空隙，空隙中残存的空气会降低黏合强度，造成硫化开胶。因此在粘完胶条后，要用滚压轮在胶条上进行滚压，排除空气。最后再用花纹滚轮滚压一遍，压出清晰的花纹以增加成鞋美观性。

3. 粘外底

粘外底是将经过压延出型的外底复合黏合在中底之上。

黏合外底前，需将少量汽油刷在外底的黏合面上，一方面可以清洁黏合面上的油污、灰尘等，另一方面还可以将外底的黏合面表层溶解，增强黏合力。

粘底时要粘正，使沿条（外胶条）四周边缘宽度相等，并在专用设备上将外底挤紧合严，使外底与中底之间无空气残留。外底黏合后，要按照设计要求对外底进行修整。

由于在压延时具有方向性，故硫化鞋的胶料在压延后纵横方向的性能也不同：横向的强力小，伸长率大，而纵向则恰恰相反。所以在外底出型时，胶料必须要沿纵向一致下裁。

4. 检验

经过上述各工序的加工，即将进入硫化工序前，应该严格进行逐双检验，不符合要求的及时予以返修，防止其流入下道工序。检验完毕后将鞋挂上铁架等待硫化。

三、硫 化 工 艺

硫化是橡胶最普遍的加工过程之一，在硫化过程中发生着极复杂的物理-化学变化。通过硫化，橡胶的性质有了根本性变化。原来的长链分子变成立体网状分子，从而使塑性的未硫化胶变成高弹性的材料，获得良好的物理机械性能，制成的鞋底耐磨且强度高。硫化过程是硫化鞋生产工艺中最关键的工序。它是在硫化罐中进行的，一般称为罐法硫化。

（一）硫化设备

如图 7-28 所示，硫化罐是生产硫化鞋的专用设备。从外形上看，硫化罐是一个卧式筒形容器，一端带有封盖，可承受一定的压力，故封闭性能好。罐的上部安装有安全阀、温度计、压力表等仪器仪表，用来监测硫化过程中的各项指标数据的变化；罐的底部有铁轨与罐外轨道相连接，挂鞋铁架可沿轨道被送入罐中，在罐中设有固定装置使铁

架不能与罐壁相接触；罐内设置的供
热系统有双壁、单壁和单壁蛇管等三
种形式。双壁式硫化罐的加热是靠双
壁内通过的热蒸汽增加温度的，单壁
式硫化罐是靠直接通入的热蒸汽来增
加温度的，而单壁蛇管式硫化罐则是
靠蛇形管内通过的热蒸汽增加温度的；
罐壁上还有进气管和排气管等装置，
用来输入、输出压缩空气。

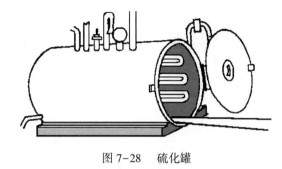

图 7-28　硫化罐

　　硫化罐上安装的各类仪器仪表和
其他阀门器件，要经常检查其灵敏度，以免发生意外事故。

　　（二）硫化条件

　　温度、压力和时间是贯穿于整个硫化过程中的三个重要条件。

　　温度是胶料硫化的唯一条件。只有在一定温度下，胶料才能硫化，使塑性降低、弹性增加。在相同条件下，温度越高，硫化时间则越短。实践证明，硫化温度每上升10℃，硫化时间则缩短50%，温度的升高使生产率得到了提高；但是过高的温度会引起鞋面革的性能大幅下降。温度高于皮革的临界收缩温度越多，鞋帮面革的破坏率就越大；温度太低时硫化时间太长，又会影响整个生产周期。

　　硫化罐内要施加一定的压力。因为胶料在温度升高后体积膨胀，此时如果不加压或压力不足，制成品中将会产生气孔，严重影响产品外观和穿用。

　　在生产实际中要把各个技术经济指标进行综合平衡来确定硫化的最佳温度、压力和时间。目前常用的硫化温度控制在 105～114℃，压力控制在 0.3～0.4MPa，时间为60～80min。

　　（三）硫化方法

　　硫化鞋在罐内进行硫化时，可分为热空气硫化法和混气硫化法。

　　1. 热空气硫化

　　在硫化罐内有由蒸汽管散热所提供的热量和由进气装置所提供的压缩空气。这种硫化方法的优点是可使成品鞋鞋底外观色泽光亮、平滑美观、鞋面干净无水渍。缺点在于硫化罐内存在大量的氧气，会使胶料发生氧化现象，面革中的水分、油分过多地散失，降低了强度。

　　2. 混气硫化法

　　混气硫化法是直接将热蒸汽压入罐内，通过热蒸汽循环装置使罐内各处温度均匀。其优点在于由于饱和蒸汽中含氧量极其微小，故减少了胶料的氧化作用和面革中水分、油分的蒸发，从而使胶料和面革的物理机械性能比热空气法有所改善。缺点是采用混气硫化时，由于有大量的冷凝水滴在鞋上，水渍影响了皮鞋的美观和光泽，胶底的外观光亮度也较差。

　　因此，目前硫化皮鞋生产多采用热空气硫化法。

（四）硫化操作

1. 检查、预热

在皮鞋进罐之前，必须先对硫化罐进行预热。操作步骤：检查压力表、温度计、进气阀和排气阀→关闭罐盖→关闭排气阀→放入压缩空气→排出冷凝水→开放蒸汽阀升温预热，使罐内温度达90℃→关闭蒸汽进气阀→打开排气阀，将罐内压力降至零→开启罐盖。

2. 进罐硫化

硫化操作步骤：将挂鞋铁架沿轨道送入罐内→关闭罐盖、拧紧螺丝→打开蒸汽阀加温→同时压缩机向罐内加压→观察压力表达到规定数值→关闭压缩机进气阀→观察温度计升温至110℃→保温45~50min→逐渐降温至90℃，硫化工序完成。

在硫化过程中操作人员要仔细观测，记录升温、保温、保压时间等参数，发现问题及时反映，避免发生事故。

当采用混气硫化时，排气阀要稍微打开一些，以排除冷凝水。硫化罐内各部位温度要进行测定，以保持平衡，避免温差过大。

3. 出罐

出罐的主要步骤有：在硫化结束后，关闭蒸汽进气阀→使硫化罐内的气压降至零→开启罐门→将铁架拉出罐外→排风冷却。

四、硫化鞋常见的质量问题

硫化鞋常见的质量问题包括欠硫、过硫、内胶条开裂、鞋口门破裂等。生产中要仔细分析，具体情况具体对待。

1. 欠硫与过硫

①欠硫：指在胶料尚未达到硫化点而未能完全硫化的现象。产生的原因包括混炼胶料不合格，胶料配方设计与硫化条件不相符；温度、时间控制不当。

②过硫：指在胶料在达到最佳硫化点后继续升温延时，使胶底的各项理化指标显著下降的现象。产生的原因包括混炼胶料不合格，胶料配方设计与硫化条件不相符；硫化罐控制温度系统失灵；硫化过程未严格执行操作规程。

2. 内胶条开裂

产生的原因包括鞋帮漏刷胶粘剂，鞋帮砂磨起毛不匀；黏合面不洁净或帮脚与胶条、胶件之间留有空气；滚轮滚压不匀、不足。

3. 鞋口门破裂

产生的原因包括面革含水率低、变脆，出楦过早或方法不当；帮结构设计不合理，缝线针码过小。

思 考 题

1. 勾锥法缝沿条有什么优缺点？

2. 里扎锥和外扎锥两种缝沿条方法各有什么优缺点？

3. 机器缝外线及手工缝外线时针码多大为宜？手工缝外线时缝线结合点为什么定在沿条与外底厚度的 1/2 处？

4. 模压产品经常出现哪些质量问题？造成这些质量问题的原因是什么？

5. 与胶粘工艺相比，模压工艺有何特点？

6. 模压皮鞋为什么要使用衬跟？对衬跟材料有什么要求？

7. 注压工艺的原理是什么？有何特点？

8. 注压用原材料有哪些？所制成的外底各有何优缺点？

9. 注压工艺中常出现的缺陷及其原因有哪些？

10. 硫化鞋如何粘制装配？

11. 简述硫化鞋的硫化操作过程。

12. 硫化过程中应注意哪些事项？为什么？

13. 硫化鞋常见哪些质量问题？应如何解决？

第八章　成鞋整饰与检验

在完成帮底结合工序后，成鞋进行包装之前还需要进行整饰加工，以提高产品的外观质量；再经过成鞋的质量检验，方可进行包装。由于皮鞋是一种与季节密切相关的消费品，皮鞋生产企业都是在产品的消费季节来临之前，提前安排好产品的开发及生产，因此，在产品上市之前，一般还有一定的贮存时间。

第一节　成 鞋 整 饰

在皮鞋生产过程中，由于所用原材料的质量差异、加工操作不当等原因，使得成鞋的外观质量受到影响，而且同一批产品的外观质量也不尽一致，因此需要进行整饰加工，以提高产品的外观质量，并且使批量产品的质量达到均匀一致。此外，通过整饰加工，还可以赋予成鞋其他的视觉效果。

成鞋整饰是皮鞋生产过程的最后工序，对产品的综合质量、销售及企业的经济效益有着重要作用，是企业必须重视的问题。

帮底结合的方法不同，整饰加工的内容、加工程序及方法也各不一样，但总体上是由削磨、整理和涂饰三部分组成。

一、削　　磨

削磨操作包括修削和砂磨两部分。

（一）修削

修削整型操作主要用于线缝组合工艺产品，特别是天然皮革外底产品。

线缝鞋所用的外底多为天然皮革外底和片型合成底料，边沿的修削整型是在帮底结合之后、出楦之前进行的。削磨整型有手工、机器以及手工-机器结合法三种方式，整型加工对象包括底沿、底盘形状、底面、跟体形状及跟沿等。

1. 天然皮革底的修削整型

外底的材质不同，其底边沿的修削操作也有所差异，如在天然底革上裁断出的外底往往有毛边和底沿偏斜的瑕疵，经过铣削加工，可以使外底边沿与底面垂直，实现部件的规格化。

外底边沿的修削可以用革刀或三角刀的手工方法，也可以用机器削磨或手工与机器相结合进行。

制鞋企业普遍采用削磨机对外底边沿进行修削整型，其工作原理和金属切削相似。削是指用铣刀进行切削，磨则是指用砂轮进行砂磨。在转动的轴头上装置铣刀即可进行切削，装上砂轮则可进行砂磨。削磨机的加工效率高，且削磨后的外底边沿平整光滑。

机器铣削外底边沿时，是采用装置在铣底沿机主轴上的铣刀作为切削工具。由于外底边沿的形体有直形、弧形、尖角形等，因此，铣刀必须根据底沿形体的要求加以设计。所选用铣刀的齿数越多、转速越高，切削量则越小，铣削操作平稳，铣削后的外底边沿就越光滑；齿数少振动则大，切削面也就越粗糙。一般铣刀的角度为60°，铣沿要求铣刀转速为3000r/min以上。

削磨机有立式和卧式两种。立式削磨机的铣刀轴与水平面垂直，铣刀横向旋转，鞋平放在高度可调的操作平台上，易于铣削操作；卧式削磨机的铣刀轴与水平面平行，铣刀纵向旋转，操作时将帮底结合的子口抵住挡板，沿铣刀旋转的反方向边拉动边旋转鞋子，即可完成外底边沿和跟沿的切削。

铣削操作是按底型样板和标样进行的。一般铣削操作从内怀的腰窝部位开始，铣削至头角及后跟转弯处时要放慢速度；铣削完毕后要检查铣削质量。要求底沿形体符合设计要求，表面光滑平整，无刀痕波纹，子口清晰，同双对称一致。另外，外底沿的宽度应依据产品造型需求来确定，并非完全相等，一般前掌部位要略宽于腰窝部位，前掌部位的外侧略宽于里侧0.8~1.0mm。

对于粘有沿条的外底，在铣削外底边沿的同时，对沿条的外侧边缘也进行了铣削，使沿条边沿与外底边沿整齐一致，符合外底的标准样板。

2. 胶外底的修削整型

如果线缝鞋采用胶外底时，外底边沿的削磨操作大多数是在底部件的整型加工中进行的，在帮底结合之前已经完成铣削砂磨，部分是在合外底之后进行铣磨的。

胶外底的铣磨加工程序与天然皮革外底基本相同，且更为简单、省工。

采用手工方法修削胶底沿时，刀要沾水，刀刃要不间断地上下错动锯削；中间尽量不要间断，一刀切削到头，使刀口光滑、无刀痕。

除硬质橡胶、仿皮底用铣刀铣沿外，一般橡胶底都不用铣刀，而是直接用铁刺轮或砂轮砂磨。

当然，胶外底的底沿也有多种形体，可根据底沿的造型，制作与底沿相对应的形体砂轮来砂磨成型。

3. 模压鞋、注压鞋外底的修削整型

模压及注压工艺都是借助于底料受热产生流动性及模具的作用，在形成外底的同时实现帮底结合的。在模压和注压过程中，往往有多余的底料沿模具的边口及左右两侧边模间的缝隙中溢出，此外，注压孔中遗留下的塑料柱和胶柱也会滞留在外底边沿上。这些余料被称为水口料。因此，模压及注压鞋的底沿修削主要是去除水口料，使外底造型完美。

去除水口料可采用机器或手工方式进行。在切割前，先将水口料与鞋底主体剥离，然后再沿着底盘轮廓线进行切割。

机器切割水口料所采用的切割设备是将多齿刀片装在机轴上进行切割的，工作效率高，但易将子口处帮面划伤，要求操作者有熟练的技术。

对于外底侧沿上一些不规则孔洞造型的部位，机器切割无法进行的，可采用手工切割辅助进行修整，手工切割水口料时有热切割和冷切割两种方式。

热切割时，使用电加热切割刀。当刀口触及水口料时，水口料局部呈熔融状态，向前推动刀具，水口料即可被割掉。由于水口料受热熔融，因而切削后的刀口较光滑。切割胶料时，刀要加热到100℃左右；切割塑料时，刀则加热到150℃左右。热切刀刃不必锋利。

冷切割使用的切割刀刀刃必须锋利。切割前，刀要蘸些水，以减少阻力；切割时要上下错动切割，拉刀距离要大，以保持切割刀口光滑、平整、无痕。

（二）砂磨

1. 跟底边沿的砂磨

无论是天然的还是合成材料的外底，其底边沿在铣削之后，形状虽已达到标准，但光洁度还不够，边沿上还留有刀痕，必须进行砂磨处理，使跟底边平整、光滑。

跟底边的砂磨是在砂磨机上进行的，砂磨轮的形体必须与底沿的形体相吻合。操作时可在砂布轮上先包垫一层海绵或软胶片，再包裹砂布，或直接选用离心式橡胶轮，以便在砂磨时产生一定的缓冲作用。所用砂布为1#或0#，需根据修削的质量来确定。

砂磨皮底前在外底边沿处刷少量的水，并让水分渗入底沿纤维中，可以降低皮纤维的韧性和弹性，有利于将底沿砂磨光滑，避免出现长绒和不光滑的缺陷。

砂磨时，双手托住皮鞋，轻靠砂布轮，从跟口的一侧开始，砂磨一圈后回到起点。要求用力均匀，砂磨量一致，防止砂磨力过大而使皮质发焦。砂磨后应将砂尘和磨灰刷掉。

跟体侧面往往难以铣削成型，一般先用粗砂轮砂磨，然后刷水润湿，再用细砂轮磨光。

2. 跟底面的砂磨

由于天然底革的粒面上不可避免地带有各种伤残和缺陷，因此，必须根据外底粒面的质量好坏确定是否砂底面。如底革粒面花纹均匀、色泽一致，或订单要求保留外底的粒面，则可不砂磨底面。如外底粒面粗细不匀或有明显的伤残缺陷，则需要进行砂磨，然后再进行涂饰，以确保外底面的外观质量。

合成材料的外底面一般不需要进行砂磨。

外底面及跟面的砂磨也是在砂轮机上进行的。所用的砂轮要宽一些，避免出现砂磨痕迹，可选用离心式橡胶轮，缓冲砂磨时产生的削磨振动，使砂磨均匀、细腻，深浅一致。所用砂布的砂粒要细（一般为0#砂布），以免将较薄的天然底革粒面砂坏，产生一道道的砂磨痕迹。操作时，一般先砂磨前掌部位，然后再砂磨腰窝部位。

（三）清边

1. 清边

跟底边经过修削、砂磨后，已基本平整光滑，但在底边沿的上下两面、沿条与盘条的相接处等位置，还会有毛糙的卷边；另外，沿条压道之后边棱也不平整，需要清理边棱，简称清边或收沿。可以使用清边机或清边刀，配合修边锉进行清边。

使用清边机或清边刀将外底边沿或沿条边棱上上翘的卷边清除，宽度为1.5~2.0mm，修至跟口后逐渐变窄，最后等于子口的边沿宽度。底面边沿的毛边，可用细砂布板砂掉。图8-1为清边机示意图。

在跟口后不易进行清边的位置，以及跟面皮与包鞋跟皮相接处，可以使用修边锉进行锉平。注意用锉刀的光面靠挨帮面，用钝面进行锉、磨，使子口线规整，外底边沿的上下口光滑、平整。

对于线缝鞋而言，为掩盖底边沿或底面上的剖缝槽口，还需要使用压缝花轮在相应的部位进行修饰。图8-2为滚压底缝的示意图，所用压缝花轮须预先加热至60℃左右。

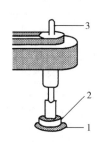

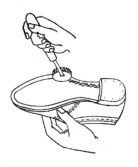

图8-1 清边机示意图　　　　　　图8-2 滚压底缝示意图
1—砂布层（衬垫海绵）　2—砂轮　3—砂轮轴

2. 冲卷跟皮

卷跟鞋的外底是在鞋跟跟口线处向下折回、黏合在鞋跟跟口面上。一般粘贴在跟口面上的外底宽度都略大于跟口面的宽度，需要冲修整齐。冲卷跟皮也属于跟底边整饰过程中的清边内容。

冲卷跟皮一般采用冲边锥或割皮刀进行手工冲修。要求冲修动作平稳、速度均匀，使跟口面处的卷跟皮与鞋跟跟口面的两侧平齐，边口顺畅、光滑。

二、整　理

皮鞋生产要经过多道工序的加工与装配。除了原辅材料、操作等方面的原因使成鞋的某些方面受到损伤外，各加工工序及装配操作也会留下加工痕迹和有待完善之处，需要进行修饰加工。

（一）盘钉

线缝鞋的制造过程中有"钉盘条和钉外底"的操作，尽管可以使用带有"倒钉板"的鞋楦，但倒伏在内底上的钉杆和钉尖仍然会影响穿用的舒适性，必须在出楦后进行处理。将透过内底的钉尖扳倒整平的操作称为盘钉。盘钉方法有手工盘钉和机器盘钉两种。

机器盘钉使用的盘钉机及螺旋形盘钉器如图8-3所示。操作中将旋转的螺旋形盘钉器插入鞋腔，与钉尖接触并将钉尖拨倒；可操作升降杆使之上下往复升降，借助盘钉器撞击倒伏的钉尖，将钉尖和外露的钉杆碾平。

（二）冲鞋里

在设计冲里工艺的鞋里时，为方便绷帮成型，使后帮上口平齐并达到预定的高度，

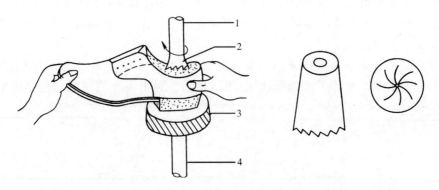

图 8-3　盘钉机及盘钉器
1—转杆　2—拨齿头　3—升降台　4—升降杆

一般在鞋帮里上口都留有一定余量的帮里，用来钉规帮钉。在脱楦后进行成鞋整饰时，必须冲去多余的帮里。

冲鞋里操作可在冲鞋里机上进行，要把上口预留的帮里冲平顺，使之与面部接口对齐，不能有落差、冲断线、冲里凸凹不平等现象。如不能用机器冲里的，可用剪刀将鞋里剪掉。对于　些特殊结构的鞋款，需用捶平机将鞋子口门周圈、合缝位、主跟出口位、鞋里褶皱等均匀捶平。

（三）平钉孔

如采用钉钉法绷帮成型时，内底上会留下固定帮脚的钉孔，使得内底面凹凸不平。如不进行处理，在穿用时会硌脚和磨损袜子。

平钉孔的方法：用拉锉将钉孔毛刺锉平；或用竹板推擀毛刺，将其擀平，然后将鞋腔内的屑沫倒出，用毛刷刷净。

（四）粘贴鞋垫

为遮盖内底上的轻微伤残、钉孔、钉帽和合成内底的粗糙外观，提高鞋的穿着舒适性，美化外观，需要在鞋腔内粘贴鞋垫。

1. 鞋垫的种类

从形体上看，鞋垫的种类有整垫、大半垫、后跟垫；从材质上看，鞋垫又有底革垫、海绵垫、仿革垫之分。

2. 鞋垫的规格

①采用天然底革内底的满帮鞋多使用半垫或大半垫。半垫的长度为脚长的 26%~30%；大半垫的长度则为内底后端点至跖趾线后 10~15mm。

②代用材料内底一般都使用满垫。满帮鞋的满垫长度在前尖部位要小于内底 1.0~1.5mm，跖趾部位以前的肥度小于内底 0.5mm，内怀腰窝部位要大于内底 1~2mm。

③经过包边的凉鞋内底，所用鞋垫尺寸要小于内底周边 1mm。

3. 粘贴鞋垫的工艺流程

①单鞋粘贴鞋垫：鞋垫过胶或刷胶→贴垫心→贴硬衬→刷内底胶水→粘贴鞋垫。

②靴子粘贴鞋垫：贴硬衬→刷内底胶水→贴垫心→刷垫心胶水→粘贴鞋垫。

4. 技术要求

①羊皮、猪皮、PU 鞋垫可以用过胶机直接过胶，周圈经片边处理厚度不均一的鞋垫应采用手工刷胶。

②贴垫心时，将垫心片边出口的一面朝向中底，距鞋垫后段边口 4~5mm 处粘贴牢固，使垫心周圈均匀一致、鞋垫无变形。

③如果鞋跟装配钉露于内底面时，为提高穿用的舒适性，应在钉跟位贴硬衬，保证硬衬盖住所有钉帽。硬衬尺寸小于内底后跟 4~5mm，长度根据衬垫部位需要加以确定。硬衬边棱必须平伏，避免影响鞋垫表面的平整度。

④刷内底胶水时，不能堆胶、漏胶或刷到鞋里上。

⑤鞋垫要粘贴平伏，不得有空松、开胶或凸凹不平等现象。

三、涂　饰

通过涂饰加工，不仅可以提高产品的外观质量和档次，使批量产品的质量达到均匀一致，而且还可以赋予成鞋其他的视觉效果。

成鞋的涂饰方法与制鞋材料及工艺有关。采用天然底革的产品，除帮面的涂饰与其他产品相同外，还必须对底部件进行涂饰。

（一）底部件的涂饰

1. 皮跟、皮底边的处理

用 120# 砂纸砂磨皮跟、皮底边→手工涂刷专用染料水，晾干→用 220# 砂纸砂磨→上填充蜡，用棉布轮用力抛磨→上抛光蜡，用羊毛轮抛光。

2. 皮底面的处理

①自然光泽：用 220# 砂纸砂磨底面→用天然海绵手工涂刷光亮底乳液，晾干→上填充蜡，用棉布轮用力抛磨→上抛光蜡，用羊毛轮轻轻抛光。

②晶莹光泽：用 180#~220# 砂纸砂磨底面→单方向涂刷或辊刷木纹乳膏，晾干→上填充蜡，用棉布轮用力抛磨→上抛光蜡，用羊毛轮轻轻抛光。

③擦色效果：与晶莹光泽的处理方法相同，只是不需要上抛光蜡。

3. 木跟的处理

用 120# 砂纸砂磨跟面→手工涂刷专用染料水，晾干→用 220# 砂纸砂磨→手工涂刷专用颜料乳膏，晾干→上填充蜡，用棉布轮用力抛磨→上抛光蜡，用羊毛轮抛光。

4. 合成底料底边的处理

直接喷涂专用着色喷漆，晾干即可。

5. 生胶底、TPR 底、聚苯乙烯底底面及底边的处理

喷涂亚光油墨，晾干即可。

（二）帮面涂饰

帮面涂饰操作主要包括补伤和美化修饰两部分。

1. 清洁去污

在皮鞋生产过程中，各种操作或机械加工都会在帮面及帮里上或多或少地留下加工的痕迹，这些痕迹对成鞋的外观有着不良的影响，必须在清洁去污工序中去除。

制鞋企业多使用清洁剂对帮面进行清洁处理。常用的清洁剂有水性和溶剂型两类，水性清洁剂对帮面涂层无不良影响，可以有效地清除帮面的污渍、油渍、汗渍及水银笔迹；溶剂型清洁剂主要用于漆皮、光面皮等产品，可使去污后的表面具有一定的自我防护功能，表面上也不易留下指纹、汗液等。

清洁去污时，按照工艺要求选择相应的清洁剂，准备生胶块、软布、镊子等辅助工具。

①余胶：用生胶块或软布蘸有机溶剂擦拭。对羊绒、磨砂牛皮、鞋里遗留的胶水用生胶片擦拭干净；对鞋里、鞋垫边遗留的胶水用清洁剂清洗干净；对鞋垫边遗留的胶丝用镊子夹掉。

②水银笔迹：用软布蘸丙酮擦拭，也可在生产中选用高温消失笔。

③油渍：用软布蘸汽油擦拭。

④白色或浅色帮里上的污物：用毛刷蘸草酸刷洗。

⑤漆皮：需按顺向将污渍清洗干净。

⑥绒面革帮面上的糨糊、胶渍：用铁丝刷或细砂布砂磨，然后洒上相应的鞋粉。不得损伤帮面，造成明显的修复痕迹。

因为有些清洁剂不适合于某些经过特殊处理的皮革表面（如苯胺革），因此在使用前，必须仔细阅读有关清洁剂的使用说明，避免产生质量问题。在清洗过程中，对易掉皮色的彩色皮面应轻擦轻洗，不能有擦变色、擦坏鞋面和大底边擦掉色等现象。

2. 熨烫加工

对帮面、帮里出现的皱褶、压痕等，可采用加热熨平、烘烤等方法，使其收缩平整。也可在后整理工段中使用按摩整型机来消除表面皱褶。

帮面如有轻微的松面、干燥定型不足、塌软不挺实等缺陷时，可在相应的部位抹水、烘烤塌软部位，或将专用形体烙铁加热至80℃左右，蘸蜡烫烙。熨烫时，烙铁温度不可过高，防止烫焦鞋帮。也可以使用填充性处理剂进行表面填充。

鞋里的皱褶要刷水后熨烫平整。如有多余的里子积存，则需要拆开鞋口线，刷胶后，将鞋里上提，粘平整，然后补缝边线，再冲剪掉多余的里革边。

3. 补伤

在皮鞋生产过程中手工和机械操作可能会造成帮面脱色、裂浆、划伤、砂伤、硌伤等外观缺陷，在成鞋整饰工序中要加以修补。

①表面轻度伤残：首先用细砂纸磨平整伤残处，然后用画笔蘸涂饰剂后进行涂饰，或上色烫蜡，接着再用细砂布磨平整修补部位，最后抛光复原。

②深度伤残：如皮纤维外露，或底沿、皮跟侧面有缺陷露孔等。首先用砂布磨平缺陷边缘或伤口处的纤维，然后用铬铁将松香蜡烫补平伤口，接着涂刷涂饰剂，烫蜡磨平后抛光。

（三）填充、上光

在皮鞋加工制作过程中，皮革表面的毛孔往往因机械拉伸、干燥等外界因素的作用而扩大，使得表面粗糙度加大，而油脂和水分的不足又使得帮面缺乏光泽。为改善鞋的外观质量，需要进行相应的处理。

1. 表面填充

用于鞋面填充的材料有：

①水性填充剂：是一种具有渗透和填充效果的材料，对处理表面有遮盖效果，使处理后的皮革表面更加自然、饱满。可以使用棉布、天然海绵均匀涂抹，或用喷枪喷涂。可在鞋头和后跟部位重复喷涂几次，产生"头尾亮"的效果。

②填充蜡：是粗蜡质的蜡块，能够将皮革表面上的毛孔填充，使皮面顺滑。使用时，将蜡块靠在布轮上，蜡块受热后黏附在布轮上，然后对皮鞋表面进行填充和抛光。布轮转速为 800~1000r/min。

2. 上光

其目的是提高成鞋表面的光泽。所使用的材料主要有：

①渗透性乳蜡：可使皮革表面的毛孔收缩，使其粒面更加细致，手感更加柔软。用棉布或天然海绵涂抹，与抛光蜡配合使用。

②上色乳蜡：可使皮革表面的色泽更加均匀、柔和。用棉布或天然海绵涂抹，与抛光蜡配合使用。

③即亮乳蜡：是自亮型光亮剂，可提高皮革表面的光泽，改善手感。用棉布或天然海绵涂抹，与抛光蜡配合使用后效果更佳。

④蜡水：分遮盖性和透明性两类，但产品的品种却很多，适用对象也各不相同。主要用于改善皮革表面的光泽、手感及平滑性。一般采用喷涂的方法，但也可用棉布或天然海绵涂抹。

⑤镜面亮光剂：是一种高光泽的光亮剂，主要用于鞋头的特殊处理。一般采用喷枪在极低的压力下进行喷涂，然后自然晾干。

⑥抛光蜡：是适用于鞋面、鞋底和鞋跟表面处理的材料，往往与其他表面处理剂配合使用，采用布轮或羊毛轮进行抛光处理。

3. 特殊处理

其他表面处理剂还有：

①手感剂：改变皮革表面的手感（如油皮的油感、胶状手感等）。

②防水剂：防水、固定皮革表面色泽。

③PU/PVC 专用处理剂。

④柔软剂：防止绷帮过程中帮面的破裂。

⑤助烫剂：在低温熨烫下消除表面轻微皱褶。

⑥硬化剂：处理"一刀光"产品的皮革断口。

⑦特殊效果处理剂：赋予皮革特殊的视觉效果（如仿古效果）。

4. 实例

①全粒面革：采用刷涂法，用水性清洁剂进行表面清洁→用天然海绵刷涂蜡乳，晾干→使用中速（500~1000r/min）棉布轮，上填充蜡→手涂或喷涂蜡水，晾干→上抛光蜡，在羊毛轮上抛光。

②修面革：选用作用缓和的清洁剂进行表面清洁，其余的与全粒面革相同，上填充蜡时力度要加大。

③压花革：手涂封底蜡→使用中速（500~1000r/min）棉布轮打磨→采用刷涂法用水性清洁剂进行表面清洁→手涂或喷涂蜡水，晾干→上抛光蜡，在羊毛轮上抛光。

④绒面革：根据绒面色差的大小，在绒面固定剂中配加一定的染料→喷涂绒面固定剂，喷嘴压力 0.4MPa，喷嘴直径 0.5~1.0mm→喷涂绒面手感恢复剂（喷嘴压力、喷嘴直径同上）。

⑤多脂革、油变革：喷涂油脂乳液，以增强表面油脂感，使色泽更加均匀，手感更加柔软。

⑥软革、纳帕革：采用刷涂法用水性清洁剂进行表面清洁→用天然海绵刷涂高渗透性蜡乳，晾干→使用棉布轮轻轻打磨→再次刷涂高渗透性蜡乳，晾干→上抛光蜡，在羊毛轮上抛光。

⑦变色革：同多脂革。

⑧植鞣革：用天然海绵刷涂高封底性蜡乳，晾干→上填充蜡，使用棉布轮打磨→手涂或喷涂蜡水，晾干→上抛光蜡，在羊毛轮上抛光。

⑨羊革：用天然海绵刷涂高封底性蜡乳，晾干→上填充蜡，使用棉布轮打磨→喷涂光亮剂，晾干→上抛光蜡，在羊毛轮上抛光。

⑩漆革：用软布蘸漆革清洁剂在表面上"打圈"清洁→快速干燥→干布清抹。

⑪白色革：喷涂白色革专用光亮剂，喷嘴压力 0.3~0.4MPa，喷嘴直径 0.5~1.0mm，无须抛光。

⑫仿古效果：用天然海绵刷涂蜡乳，晾干→使用中速（500~1000r/min）棉布轮，上少量的填充蜡，观察效果→用天然海绵刷涂封底蜡蜡乳，晾干→上抛光蜡，在羊毛轮上抛光。

⑬刷色效应：用粗蜡、棉布轮将鞋面刷成褪色效果→采用刷涂法用水性清洁剂进行表面清洁→喷涂填充蜡，晾干 10~15min→喷涂光亮剂，晾干 10~15min→上抛光蜡，在羊毛轮上抛光。

⑭烧焦效果：涂刷鞋乳，晾干 5min→用马尾轮抛光→上烧焦效果蜡，用马尾轮擦成双色效果→喷涂光亮剂，晾干 5~10min→上粗蜡，用布轮抛光→上抛光蜡，在羊毛轮上抛光。

5. 说明

①采用喷涂法时，要注意喷嘴与被喷面之间的距离，要求均匀、一致。

②光亮剂分无色光亮剂和有色光亮剂两类，使用有色光亮剂时要防止污染鞋里，喷饰过程中不得在鞋面上留下流痕。

③喷涂时必须在有排毒条件下进行，以免有毒溶剂对环境污染和对操作者人身的危害。企业多采用水帘式喷箱进行喷涂，如图 8-4 所示。

④刷涂时使用宽度为 30~50mm 的软扁毛刷。要注意光亮剂的浓度和刷子含光亮剂的饱和程度，防止在鞋上留下刷痕和流淌堆积。

⑤喷刷之后都需晾干或烘干，防止沾落灰尘。

⑥使用鞋油上光时，要使用相应颜色的鞋油或无色鞋油，防止沾污浅色缝帮线和缝底线。抹涂鞋油要抹到涂匀，抛光后不许有存积的鞋油。

⑦抛光操作时，两手握紧鞋子，采用圆弧方式顺向从鞋头至后跟均匀地把鞋面各个部位抛光到位，使皮面毛孔细腻、光泽自然、无色差、无堆蜡现象。

⑧抛光特殊结构鞋款时应注意力度和方式，保护鞋花、饰扣、条带等装饰件，避免碰伤或抛变形。企业多采用吸尘调速抛光机进行抛光，如图8-5所示。

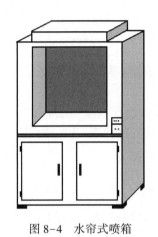

图8-4 水帘式喷箱

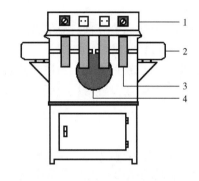

图8-5 吸尘调速抛光机
1—控制面板 2—电机 3—抛光轮 4—吸尘口

第二节 成鞋检验

在整个鞋靴生产过程中，操作工人要按照技术标准在每道工序之后进行自检，以便及时发现不合格的部件并防止其流入下道工序，同时下道工序对上道工序的部件也要进行质量检查即互检。在鞋帮总装、绷帮成型等某些重要工序之后的检验为半成品检验。

经过若干道工序，将各种鞋用材料加工成成品鞋，在包装储运之前即在出厂前必须进行一次综合性的质量检验，即成鞋检验，这是极为重要的一道工序，只有成品检验员签发合格证时（合格验印），才能作为合格产品出厂。成鞋检验是确保产品质量合格的重要措施，是一项原则性很强、方法非常灵活的工作。

一、成鞋检验的标准及对检验人员的要求

1. 检验标准

成鞋质量检验，应按国家颁发的标准或行业标准进行，出口鞋则应依据国际标准执行。当生产新品而无任何可依据的标准时，可由企业报请上级主管部门备案和批准后，自行制定质量检验标准，即为企（厂）标。生产技术工艺规程和标样说明，都是产品标准的实施要求和说明。

2. 对检验人员的要求

质量检验是一门综合性技术，它要求质检部门的检验人员具备深厚的专业知识和丰富的实践经验，熟练掌握鞋靴设计及造型原理、皮革制品材料学、皮鞋工艺学以及设备

等方面的知识；熟知生产工人的操作过程和技术水平，既要掌握生产设备条件，又要掌握人员技术条件。

质检部门不仅要耐心细致地把好产品质量关，而且要分析总结产生质量问题的原因，发现问题及时反馈，协助工程技术人员了解事故原因并提出改进意见，拟定提高产品质量的方案和技术措施，使产品的合格率不断提高。

二、成鞋检验的基本方法

成鞋检验项目包括三个方面：感官质量检验、物理机械性能检验和限量物质检验，有些产品还需要进行异味检验。

以轻工行业标准 QB/T 1002—2015《皮鞋》为例，在出厂检验中规定，感官质量为全检项目，帮底剥离强度、鞋帮拉出强度等物理机械性能检验、限量物质检验、异味检验等为抽检项目。

1. 感官检验

感官检验主要依据人体的各种感觉器官，如视觉、嗅觉、听觉、触觉以及长期积累的实践经验来检验商品的品质。按照产品质量检验标准，检验人员通过目测、手摸、推敲、弯折和尺寸测量等手段来判断、辨别成鞋质量的优劣，并且结合成鞋结构制定不同的检验顺序和方法来检验其外观和内在质量的状况。感官检验要求对成鞋进行逐双检验。

在成鞋检验中，感官检验具有简便快捷、灵活易行等优点，故而被普遍采用。在检验鞋类的缝制质量、帮面质量、色泽差异等方面，可当场确定成鞋的品质。

感官检验有一定的片面性，除受检验环境、检验条件等客观因素限制之外，还受质检人员的经验积累以及技术熟练程度等主观因素的影响，所以检验结果的准确性是相对的。随着制鞋工业的逐步发展，部分感官检验项目已被理化测试所替代。

2. 物理机械性能检验

物理机械性能检验即借助仪器设备进行的定量测试，用来检验成鞋内在质量的优劣。一般采用定期抽样检验法。如对原辅材料进行抗张强度、伸长率、耐曲挠等性能的检验，底部件的硬度、耐磨性能的测试，以及成品鞋的耐磨、耐折和剥离强度的检验，以测出的数据与物理性能指标的对比来确定产品的优劣和是否合格。

3. 限量物质检验

限量物质检验包括可分解有害芳香胺染料、游离或可部分水解的甲醛两项。

其中对可分解有害芳香胺染料的要求为：纺织品可分解有害芳香胺限量值不大于 20mg/kg，皮革可分解有害芳香胺限量值不大于 30mg/kg。游离或可部分水解的甲醛含量的要求为：直接接触皮肤类部件，如皮鞋的帮里、内底或内垫等，不大于 75mg/kg；非直接接触皮肤类部件，如帮面、外底等，不大于 300mg/kg。

三、成鞋检验的主要内容

（一）感官检验

1. 整体外观检验

采用手感或目测法来检验整鞋是否端正、对称、平整、平稳、平正、色泽一致、清洁、标志齐全清晰，鞋帮、鞋里、鞋底、鞋跟等各部位有无缺陷。

2. 原辅材料检验

（1）鞋帮面检验　帮面检验包括面革厚度、色泽、粒面、绒面粗细、材质与部位搭配是否合理以及伤残使用情况。另外，还应着重检验有无松面、管皱、裂面、裂浆和脱色等问题。具体检验操作方法如下：

①帮面松面检验：将皮革表面（粒面）向内弯曲约90°，如出现细小而连续的小纹（或没有出现皱纹），放平后即消失为不松面；表面出现较大皱纹，且放平后皱纹不能消失，为松面。

②帮面裂浆、裂面检验：将手伸进鞋腔内，用食指和中指顶紧帮里，目测帮面变化，如涂饰层出现裂纹为裂浆，若皮革层粒面出现裂纹即为裂面。该检验项目一般与松面检验相结合，不同点在于一为按压、一为顶紧。

③帮面脱色检验：对皮鞋、皮凉鞋进行脱色检验，用吸透清水（手指压不滴水为准）的白色脱脂棉或纱布，在材料10cm长度内用手按压往复摩擦10次，观察脱脂棉或纱布有无明显污染。

（2）鞋底部件检验　检验鞋底长度、宽度和厚度尺寸、跟面尺寸、跟口高度、鞋跟高度等项目是否符合设计及工艺要求。

3. 产品结构造型检验

结构造型检验主要针对设计失误所造成的产品结构问题。如前帮长度、前跷、后帮曲线长度、口门位置、鞋口大小，保险皮、护跟皮、拉链、松紧布、锁口线等的安装位置，皮靴鞋靴腰口的尺寸、靴兜跟围的大小，鞋楦的选用及有无结构严重不合理现象等。

4. 操作质量检验

操作质量检验主要是检验鞋帮装配质量和帮底结合质量，它是装配车间的重点检验项目，应根据不同品种制定相应的检验规程。

（1）鞋帮部件装配质量的检验　目测缝线针码是否整齐均匀，线道是否整齐，缝合线道有无越轨、并线重针、跳线、断线、开线、浮线等，检测针码密度时用游标卡尺测量单位长度内的针数；部件结合处和面里结合是否平整等；帮部件边沿口是否整齐均匀、圆滑。

当帮面用刻、凿、穿、编、镶等工艺手段进行美化时，还应予以逐项检验。如花眼、花边的位置是否准确，排列是否得当；嵌线皮外露部分的宽度是否一致；装饰配件、鞋钎、鞋眼的位置与牢度等。

（2）帮底结合总装质量　帮底结合总装检验项目有绷帮质量是否满足"三点共线"；主跟、内包头、内底的位置和硬度是否合乎要求；帮底结合是否紧密规整；沿条鞋缝底线路、线码质量是否合格；沿条、盘条是否牢固、平整；鞋跟安装是否牢度、平正、对称，鞋跟装配是否牢固；包鞋跟皮是否平整，跟口是否严实等；勾心的安装位置是否准确等；砂磨修饰的光洁度、平整度等。

5. 总体结构检验

总体结构检验包括部件对称端正度检验和规格尺寸检验等项目。

（1）对称端正度检验　主要检验部件的形体是否对称一致，结构是否端正。如鞋帮后合缝线是否歪斜；鞋跟中心线是否与楦体中心线重合；同双鞋对应部件所在位置是否对应一致；耳式鞋两鞋耳连线是否垂直于楦体轴线等。

（2）规格尺寸检验　检验成鞋的外在及内在尺寸。可用鞋用带尺、游标卡尺、钢直尺、高度游标卡尺、宽度角尺、水平平台、灰色样卡等工具来完成。如检验前帮长度、后帮高度、外底长度和宽度及厚度、前跷高度、鞋跟高度、外怀帮高、鞋耳长度、口门位置等，确定其是否合乎标准；检验缝帮及缝底针码密度等是否合乎标准，检验同双鞋特征部位的尺寸差异。

此外，还需检验内底长度是否合理，检验时需剪断鞋帮进行测量。厂内抽检时可以用被检产品同品种同型号的内底替代。

6. 包装检验

包装检验主要检验项目有：包装方法、包装材料的选用是否合理；包装方法及防皱、防霉、防尘方法是否得当；鞋号、型号与内外包装是否一致等。

（二）物理力学性能检验

1. 耐磨试验

耐磨试验用于检验成鞋鞋底和成型底（片）的耐磨性能。

耐磨试验是在磨耗试验机上，按照 GB/T 3903.2—2017《耐磨试验方法》进行试验。将试验的外底紧固在试验机天平左端，调整好试验机，以一定负荷、一定速度、一定时间对着力部位外底进行磨耗试验，最后用游标卡尺测量试验磨痕两边的长度。以磨痕长度（mm）表示试验结果。

2. 耐折试验

耐折试验用于检验成鞋和鞋底（片）的常温耐折性能。

耐折试验是在耐折试验机上，按照 GB/T 3903.1—2017《耐折试验方法》进行，对成鞋或大底进行常温耐折性能试验。根据产品标准要求决定是否割口，若割口，可在鞋底跖趾关节曲挠中心部位割 5mm 长的透口。将装入可折叠鞋楦的鞋夹持在试验机上，依据产品标准确定好割口与否后，调整好试验机以一定角度、一定频率进行曲挠试验，经过一定曲挠次数后，查看帮底结合部位有无开胶、帮面有无裂面、鞋底有无新裂纹及割口增长情况（如试验前已割口），并测量其长度。

3. 剥离强度试验

剥离强度试验用于检验成鞋鞋底与鞋帮之间的黏合强度，通常用剥离试验仪。

剥离试验是在剥离试验仪上，按照 GB/T 3903.3—2011《剥离强度试验方法》进行。将成鞋装上鞋楦夹持在剥离试验仪上，以剥离刀将鞋头处的外底与鞋帮从结合处剥开，测得剥开时所需的力值为剥离力，根据剥离力和剥离刀口宽度计算剥离强度。试验结果用剥离强度表示，计算方法如下：

$$\sigma = F/b$$

式中：σ 为剥离强度（N/cm）；F 为剥离力（N）；b 为刀口宽度（cm）。

4. 硬度测试

硬度试验用于测试鞋底（包括成鞋和成型底）的硬度。

硬度试验是按照 GB/T 3903.4—2017 用手持式硬度计进行试验。试验时用手将硬度计压针匀速压在成鞋外底或成型底表面上，压紧后硬度计指针的指示值即为硬度值，测试环境温度（23±2）℃。每组试样为一双成鞋或成型底，一般检验每只测三点，仲裁检验每只鞋测 5 个点，取算术平均值。

硬度测试所用的邵氏 A 型、D 型硬度计应符合 GB/T 531.1—2008 的要求，邵氏 C 型硬度计应符合 HG/T 2489—2007 的要求。邵氏 A 型硬度计适用于橡胶或软的塑料材料，邵氏 C 型硬度计适用于硬质的塑胶材料，邵氏 C 型硬度计适用于微孔或发泡材料。

表 8-1 为物理机械性能检验项目标准。

表 8-1　　　　　　　　　　物理机械性能检验标准

项目	指标				
	皮鞋	皮凉鞋	休闲鞋	轻便胶鞋	普通运动鞋
耐磨性能	耐磨，磨痕长度/mm，≤　（注：天然底革不测耐磨）			磨耗量/cm³，≤	
	优等品 10.0 合格品 14.0	优等品 10.0 合格品 14.0	14.0	2.0	透明底 1.4 非透明底 1.6
耐折（曲挠）性能	耐折/mm，≤　（注：预割口 5mm，连续曲挠 4 万次的裂口长度，天然皮革外底不割口）			耐曲挠性能	整鞋耐曲挠
	优等品 10.0 合格品 20.0 （注：天然皮革外底不测）	优等品 10.0 合格品 20.0	20.0 （注：曲挠部位含花纹厚度≥25mm 时不测）	2 万次，围条、外底无裂缝，帮面无裂面	4 万次，鞋底无裂痕，帮面无裂面
剥离（黏合）强度	剥离强度/（N/cm），≥　（注：缝制、粘缝、特殊工艺不测剥离强度）			围条与鞋帮黏合强度/（N/mm），≥	
	优等品、合格品分别为： 男鞋 90、70；女鞋 60、50		40	1.6	2.0
硬度（邵尔 A）	跟高≤50mm、跟高＞50mm 的成型底鞋跟硬度分别为：≥55、≥70			≤75	非胶钉外底≤75 胶钉外底 60～85

5. 其他专项测试

对于某些行业特殊用鞋（靴），要根据实际需要进行专项测试。如对高压绝缘胶鞋（靴）需进行电气绝缘性能测试；对防火鞋进行阻燃、防水、隔热性能测试；对于耐酸碱皮鞋进行化学腐蚀检验等；对于某些运动鞋的外底还需进行拉伸强度、扯断伸长率、磨耗量、密度的测试，围条与鞋帮间的黏合强度的测试等。

表 8-2 为特殊劳保安全鞋检验标准。

表 8-2 特殊劳保安全鞋检验标准

项 目	指 标
鞋帮拉伸性能	皮革抗张强度≥15MPa 环境温度：（20±2）℃；相对湿度：（65±5）%
外底耐磨性	除全橡胶和全聚合材料鞋外的非皮革外底：密度≤0.9g/cm³ 材料的相对体积磨耗量≤250mm³；密度>0.9g/cm³ 材料的相对体积磨耗量≤150mm³
成鞋鞋帮/外底结合强度	除缝合底外，结合强度 ≥4.0N/mm，试验中如果鞋底有撕裂现象，则结合强度≥3.0N/mm
鞋帮耐撕裂性	皮革≥120N 试样至少调节 48h；温度：（20±2）℃；相对湿度：（65±5）% 环境温度：（20±2）℃；相对湿度：（65±5）%
外底撕裂强度	≥8kN/m（材料密度>0.9g/cm³） ≥5kN/m（材料密度≤0.9g/cm³） 试样至少调节 16h；温度：（23±2）℃；环境温度：（23±2）℃
外底耐折性	连续曲挠 30000 次切口增长≤4mm

电性能要求	电绝缘皮鞋和电绝缘布面胶鞋		
	种类	试验电压	泄漏电流
	皮鞋	6kV	≤1.8mA
	布面胶鞋	5kV	≤1.5mA
		15kV	≤4.5mA
	电绝缘全橡胶鞋和电绝缘全聚合材料鞋		
	试验电压	泄漏电流	
	6kV	≤ 2.4mA	
	10kV	≤ 4mA	
	15kV	≤ 6mA	
	20kV	≤ 8mA	
	30kV	≤ 10mA	
	试样至少调节 3h；温度：（15~35）℃；相对湿度：45%~75% 环境温度：15~35℃；相对湿度：45%~75%		

项 目	指 标
外底水解	连续曲挠 150000 次，切口增长≤6mm 温度（70±2）℃；饱和水蒸气环境中调节 7d，再在温度（23±2）℃环境中调节 24h 低温箱内温度：（-5±2）℃
成鞋刺穿力	穿透鞋底所需的力≥1100N
防静电鞋电性能	在干燥环境中调节后，100kΩ≤R≤1000MΩ 环境温度：（20±2）℃；相对湿度：（30±5）% 在潮湿环境中调节，100kΩ≤R≤1000MΩ 环境温度：（20±2）℃；相对湿度：（85±5）%

续表

项 目	指 标
耐油鞋耐油性能	在（23±2）℃的温度下将测试片放在三甲基戊烷中浸泡（22±0.5）h，体积增大≤12%；在（23±2）℃的温度下将测试片放在三甲基戊烷中浸泡（22±0.5）h，试样体积收缩≥0.5%，或硬度增加超过 10 个邵尔 A 单位，则进一步取样和测试，连续曲挠 150000 次切口增长不应超过 6mm

除正常生产产品的常规检验外，对于新产品正式生产前还要做试穿检验，并要做出试穿结果报告。

思 考 题

1. 成鞋整饰操作有哪些？
2. 上光所用的材料有哪些种类？各有何用途？
3. 成鞋检验项目有哪几类？感官检验和物理机械性能检验的项目有哪些？
4. 限量物质检验的主要内容有哪些？